edition suhrkamp 2387

In der Hirnforschung zeichnet sich eine Revolution des Menschenbildes ab. Benjamin Libet hat in Experimenten nachgewiesen, daß jeder bewußten Handlungsentscheidung Hirnaktivitäten vorausgehen, welche die Handlung bereits festgelegt haben. Was folgt daraus? Hirnforscher wie Gerhard Roth und Wolf Singer behaupten: Unser Wille ist nicht frei, unsere Handlungen sind determiniert. Wenn diese Behauptung zutrifft, ergeben sich daraus schwerwiegende Konsequenzen für unser Selbstverständnis als verantwortlich Handelnde. Aber ist der subjektive Eindruck, frei zu handeln, wirklich bloße Illusion? Sind die Laborbefunde selbsterklärend? Wer entscheidet über deren Deutung? Natur- oder Geisteswissenschaftler? Der Band dokumentiert die Debatte zwischen Hirnforschern, Philosophen, Theologen, Historikern, Literaturwissenschaftlern und Strafrechtlern.

Christian Geyer ist Redakteur bei der *Frankfurter Allgemeinen Zeitung*. In der edition suhrkamp hat er herausgegeben: *Biopolitik. Die Positionen* (es 2261).

Hirnforschung und Willensfreiheit
Zur Deutung der neuesten Experimente

Herausgegeben von
Christian Geyer

Suhrkamp

edition suhrkamp 2387
Erste Auflage 2004

Originalausgabe

Satz: Jung Crossmedia Publishing, Lahnau
Druck: Nomos Verlagsgesellschaft, Baden-Baden
Umschlag gestaltet nach einem Konzept
von Willy Fleckhaus: Rolf Staudt
Printed in Germany
ISBN 3-518-12387-4

3 4 5 6 – 09 08 07 06 05 04

Inhalt

Christian Geyer
Vorwort

Dieser Band dokumentiert den neuesten Stand einer Provokation. Der Stachel sitzt tief, den Hirnforscher in unsere Kopfhaut getrieben haben. Anders ist es kaum verständlich, daß sich so viele Philosophen, Juristen, Literaturwissenschaftler herausgefordert fühlen, wenn in der Hirnforschung die Revolution des Menschenbildes geprobt wird. Unser Leben ist eine Illusion. Das ist der lapidare Befund, mit dem Neurowissenschaftler die Szene aufmischen. Sie sagen: Wenn du denkst, du denkst, dann denkst du nur, du denkst. »In Wirklichkeit« denke niemand, sondern das Gehirn spiele ein Spiel der Neuronen, bei dem das Selbst kein Wörtchen mitzureden habe. Um so schlimmer, heißt es, daß das Selbst auch noch auf die Illusionen hereinfällt, die ihm vom Neuronenspiel permanent vorgeführt werden. Zu diesen Illusionen gehört das Selbst selbst und die ganze Art, wie es seine Lebenswelt erlebt – also nicht nur sein Denken, sondern auch sein Fühlen und Wollen, sein Glauben, Hoffen und Lieben.

Der verästelte Streit um die Willensfreiheit, der in diesem Band auf überschaubarem Terrain geführt wird, ist also auch ein Stellvertreterstreit. Gestritten wird nicht nur um die Freiheit, sondern um das menschliche Erleben schlechthin. Um die Möglichkeit oder Unmöglichkeit von Freiheit ringt die Geistesgeschichte seit je. Daß ein uraltes Thema noch einmal so komprimiert in den Vordergrund drängt, daß es Affekte und Überlegungen der verschiedensten Art auslöst, hat auch etwas Schräges und Schrilles, etwas liebenswert Anachronistisches, wenn man so will. Mit anderen Worten: Die Gehirn-Debatte versprüht den Charme einer Minderheiten-Debatte.

Die Hirnforschung, soweit sie als Schema eines Menschenbildes auftritt, hat sich schon immer als die hohe Schule der Illusionslosigkeit empfohlen. Der Wissenschaftshistoriker, der die aktuelle Diskussion betrachtet, dürfte von einem déjà-vu-

Erlebnis ins andere fallen. Er stellt fest, daß die Loipe schon im neunzehnten Jahrhundert gespurt wurde. Damals lieferte die Auseinandersetzung um die Einheit des Ich und die geistige Freiheit die Folie für die große Lokalisationsdebatte. Die Frage, in welchem Ausmaß die geistigen Funktionen im Gehirn lokalisiert werden können, war jahrzehntelang der Zankapfel zwischen den wissenschaftlichen und weltanschaulichen Lagern.

Im Rückblick läßt sich sagen, daß Physiologie und Neurologie im Verbund mit innovativen anatomischen Konzepten die beständigsten, bis heute gültigen Beiträge zur Lokalisationswissenschaft geleistet haben. Ohne diesen historischen Vorlauf wären die großen therapeutischen Erfolge, die sich die Neurowissenschaften heute zuschreiben können, nicht denkbar. Doch gab es immer schon einige Hirnforscher, die weitergingen als ihre Kollegen und aus dem experimentellen Ausschnitt, in welchem sich ihnen der Mensch zeigte, Fundamentalaussagen über die menschliche Natur ableiten wollten. Die Erkenntnisrichtung, auf die hin man seine Daten auswertete, war das Gehirn als Determinator menschlicher Qualitäten. Die Vielzahl von Untersuchungen an Genie- und Verbrechergehirnen, die im neunzehnten Jahrhundert durchgeführt wurden, verdanken sich dieser strikt naturalistischen – oder in den Termini von damals: materialistischen – Prämisse. Die Vision war eine Art zerebrale Charakterologie. Sie wollte Elite, Kriminalität und Psychopathie an der zellulären Struktur der Hirnrinde festmachen.

Über all diesen Versuchsanordnungen schwebt die Formel von der »Unrettbarkeit des Ich«, mit welcher der Physiker und Philosoph Ernst Mach den Wiener Kreis, aber auch Schriftsteller wie Hugo von Hoffmannsthal und Robert Musil prägte. Die schockartige Wirkung von Machs Formel deutet der Züricher Wissenschaftshistoriker Michael Hagner als Ausdruck der Labilität des bürgerlichen Selbstverständnisses. Man kann das alles wunderbar nachlesen in Hagners Buch »Homo cerebralis – Der Wandel vom Seelenorgan zum Gehirn«, das die Hirndebatte des neunzehnten Jahrhunderts in ihrer ganzen Bandbreite schildert. Eine wissenschaftsgeschichtliche Einschätzung der aktuellen Hirndebatte nimmt Hagner auch in seinem Beitrag vor, der in diesem Band ab Seite 250 zu lesen ist.

Was bedeutet es, wenn die Positionen von damals in ihren Grundzügen heute wieder auftauchen? Gewiß: das Deutungsspektrum innerhalb der Neurowissenschaften ist breit, und die Linien der Auseinandersetzung verlaufen durchaus nicht nur zwischen Geistes- und Naturwissenschaftlern. Aber Aufmerksamkeit ziehen derzeit vor allem solche Hirnforscher auf sich, die als unerschrockene Einheitswissenschaftler auftreten und mit ihren experimentellen Waffen noch einmal einen Umsturz in der Anthropologie wagen möchten. Der Gestus erinnert bisweilen an den Begründer der »Schädellehre« Franz Joseph Gall, der schon um 1800 angetreten war, »die ganze menschliche Natur zu erforschen«, als erste Maßnahme die Freiheit als Illusion entlarvte und unter der Überschrift des »geborenen Verbrechers« eine Reform des Strafrechts forderte.

Der Kitzel von damals ist geblieben. Eine Akademie, ein Lions-Club oder auch nur ein Kegelverein, die einen Hirnforscher heute zum Thema Willensfreiheit sprechen lassen, brauchen sich um volle Säle nicht den Kopf zu zerbrechen. Am Eingang dieser Säle ist die Tafel angebracht: »Der freie Wille ist eine Illusion. Eltern haften trotzdem für ihre Kinder.« Für sich genommen, dürfte uns diese Tafel eigentlich nicht verstören. Sind wir denn, ganz unabhängig von den Entzauberungen der Hirnforscher, nicht längst alle zu Desillusionierten geworden? Verstehen gerade wir geisteswissenschaftlich Sozialisierte uns nicht mit besonderer Leichtigkeit darauf, uns mit einem »Als ob« abzufinden? Sind wir nicht lange vor den Neuronen bereits durch das Schicksal und das Milieu determiniert worden? Ist uns nicht bereits im Leben als poststrukturalistischem Text die Freiheit abhanden gekommen? Haben wir uns nicht damit abgefunden, daß wir alle träumen, daß alle Welt Fragment, Dialektik und Konstruktion ist, das eigene Ich nicht ausgenommen?

Die Antwort muß wohl lauten: Ja und Nein. Ja, weil sich ohne eine traumwandlerische Sicherheit keine Theorie bauen läßt. Nein, weil die Praxis keine Träumer braucht. Lassen wir uns von Kant unser diesbezügliches Lebensgefühl in Erinnerung rufen: »Der praktische Begriff der Freiheit hat in der Tat mit dem spekulativen, der den Metaphysikern überlassen bleibt, gar nichts zu tun. Denn woher mir ursprünglich der Zustand, in welchem ich jetzt handeln soll, gekommen sei, kann mir ganz gleichgültig sein; ich frage nur, was ich nun zu tun habe, und da ist die Freiheit eine notwendige praktische Voraussetzung und eine Idee, unter der ich allein Gebote der Vernunft als gültig ansehen kann. Selbst der hartnäckigste Skeptiker gesteht, daß, wenn es zum Handeln kommt, alle sophistische Bedenklichkeiten wegen eines allgemein täuschenden Scheins wegfallen müssen. Ebenso muß der entschlossenste Fatalist, der er ist, solange er sich der bloßen Spekulation ergibt, dennoch, sobald es ihm um Weisheit und Pflicht zu tun ist, jederzeit so handeln, als ob er frei wäre, und diese Idee bringt auch wirklich die damit einstimmige Tat hervor, und kann sie auch allein hervorbringen. Es ist schwer, den Menschen ganz abzulegen.«

So steht es also um uns: Wenn die Praxis kommt, kneift die Theorie. Das ließ sich bisher mit einem Augenzwinkern überspielen, gemäß der ebenfalls kantianisch abgesicherten Losung: Was in der Praxis gilt, gilt in der Theorie noch lange nicht. Nun aber, da die Hirnforscher auf den Plan treten, steht es anders. Nun ist es keine Theorie, die die Praxis in Frage stellt, sondern die Praxis selbst; keine Metaphysik, sondern Physik und Chemie; keine Spekulation, sondern das exakte Experiment. Hört hier der Spaß der fröhlichen Theoriearchitekten nicht auf? Kann man es sich jetzt noch leisten, so weiterzumachen wie bisher? Läßt sich noch von Weisheit sprechen, wenn man nun nicht etwa wider bessere Spekulation, sondern wider besseres Wissen sein altes Leben fortsetzt? Es gibt kein richtiges Leben im falschen. Denn das alte Leben, das sich bislang immer noch die Praxis zugute hielt, stellt sich ja jetzt – als bloße Theorie heraus. Als Praxis tritt jetzt die experimentell beglaubigte Perspektive der Hirnforschung auf, als Theorie fungiert die als verstiegen entlarvte Perspektive der Lebenswelt.

Muß da nicht auch dem letzten kantianischen Durchwurstler das Lachen vergehen? Die Hirnforscher sind wahrhaftig nicht die ersten, die uns die Idee der Freiheit austreiben wollen. Aber sie haben als erste das Vorzeichen der Spekulation gegen das Vorzeichen der Exaktheit ausgetauscht. Daran liegt es, daß ihre

Kränkungen so verstörend wie verlockend wirken. Es ist jedoch die Frage, ob wir uns von der Exaktheit tatsächlich derart beeindrucken lassen, daß wir sie für einen Sprengsatz der Praxis halten. Alle Vorbehalte, die gegen die Experimente vorgebracht werden, die der Hirnforscher Benjamin Libet in den späten siebziger Jahren durchgeführt hat, laufen – von Nuancen im einzelnen abgesehen – auf jene Einwände hinaus, mit denen man sich immer schon gegen naturwissenschaftliche Totalerklärungen von Mensch und Welt zur Wehr gesetzt hat. Diese Einwände sind schnell aufgezählt: die Strukturierung des experimentellen Befunds durch die Situation des Experiments; die Abbildung des untersuchten Organismus auf das behaviouristisch gefaßte Reflexmodell von Reiz und Reaktion; die Entkoppelung der beobachteten Funktion von einer Genese der langen Dauer; die Tatsache, bei der Erklärung der Befunde auf das Vokabular der Lebenswelt angewiesen zu sein, der man doch gerade ein falsches Bewußtsein unterstellt.

Damit wird nur klargestellt, daß kein noch so exakter Befund für sich selbst spricht, daß er vielmehr abhängig ist von möglichst leicht handhabbaren Deutungsschemata. Leicht handhabbar aber heißt in den Naturwissenschaften anders als im Leben, Experimente so anzuordnen, daß ihre Befunde unter identischen Bedingungen jederzeit reproduzierbar sind. So bleibt jeder Befund ein theoretisches Produkt, sosehr er sich auch als *factum brutum* maskiert. Mithin würden die Experimente von Libet und anderen nicht etwa eine neue Praxis gegen eine alte Praxis in Stellung bringen, sondern alles wäre wie bisher: Theorie steht gegen Theorie. Dann aber wäre der intellektuelle Spielraum zurückgewonnen, auf den es hier ankommt: der Spielraum, sich für die Praxis zu entscheiden, ohne sich dabei als ein Verräter der Theorie fühlen zu müssen. Zur Ironie der Hirnforschung gehört, daß Libet selbst inzwischen diese Ansicht vertritt. In einem Aufsatz von 1999, den wir als Anhang zu diesem Buch erstmals in deutscher Übersetzung dokumentieren, stellt Libet klar, »daß die Existenz eines freien Willens zumindest eine genauso gute, wenn nicht bessere wissenschaftliche Option ist als ihre Leugnung durch die deterministische Theorie« (Seite 268).

Versuchshalber könnte man den Spieß natürlich auch umdrehen und der Frage nachgehen: Was macht die Idee, unser Wille sei unfrei, eigentlich so sexy? Welche psychische Disposition ist nötig, um die Psyche zu verabschieden, um die Evidenz seiner Erlebens-Perspektive (»Ich kann auch anders«) zu den Akten nehmen und statt dessen die Perspektive des Labors übernehmen zu wollen (»Freiheit ist eine Illusion«)? Vermutlich ist es die Abstraktion selbst, die exakte Entlastung vom Konkreten, die attraktiv wirkt. Wie viele Enttäuschungen mit der Konkretion des eigenen Ichs müssen vorangegangen sein, bevor man geneigt ist, dieses Ich in den Abstraktionen der Hirnforschung zum Verschwinden zu bringen?

Tatsächlich hatte sich die Introspektion als Reiseführer ins Ich schon lange als untauglich erwiesen, wie Robert Gernhardt festhielt: »Ich horche in mich rein. In mir muß doch was sein. Ich hör nur Gacks und Gicks. In mir, da ist wohl nix.« Wenn aber im Ich sowieso nix ist, so mag man sich sagen, dann lieber ein Ende des Hineinhorchens mit deterministischem Schrecken als ein introspektiver Schrecken ohne Ende. In dieser Situation mag das Angebot der Abstraktion, das die Hirnforschung macht, als ein Angebot erscheinen, das man nicht ablehnen kann. Vermittelt es doch das beruhigende Bewußtsein, das Bewußtsein ruhig abschalten zu können. In der Ruhe liegt die Kraft.

Fragt man nach der Attraktivität der erfahrungsfreien Perspektive, dann stößt man auf die Verheißung dieses umfassenden Ruhiggestelltseins. Sie ist der Witz der neurobiologischen Anthropologie und gibt ihr das Aussehen einer therapeutischen Maßnahme. Unversehens weiß man sich entlastet von den tausend Gründen, die einem täglich durch den Kopf rauschen und nun, da sie sich in neuronale Kausalbeziehungen übersetzen lassen, ihr drückendes Gewicht verlieren. Das Mentale ist bloß ein Epiphänomen des Neuronalen, so heißt dieser Entlastungsvorgang in der Sprache der Gehirnforschung. Worte, Schrift und Gedanken sind demnach ohne jede kausale Relevanz für irgendeinen Lebensvollzug. Relevant sind lediglich ihre materiellen Substrate, die Schallwellen oder Lichtfrequenzen, die als Materie auf die Neuronen wirken – gemäß den

Energieerhaltungssätzen der Physik, wonach nur Materie auf Materie Energie ausüben kann. Die soziokulturelle Welt als neuronales Makrogeschehen.

Ist das nicht der erlösende Verfremdungseffekt, auf den wir alle gewartet haben? Ist das nicht die Transgression des letzten Stadiums, die phantasmagorische Auflösung der Kategorien im Sinne Batailles? Neben Feuer, Wasser, Luft und Erde plaziert sich die Nervenzelle als Urgrund des Seins. Nicht das abenteuerliche Herz, nicht Rausch, Zerstörung, Wunder sind hier die Medien, um das Unmögliche zu denken, sondern das hochaufgelöste Magnetresonanzbild. Es ist die Verheißung eines Elementarismus, der ohne Dionysisches auskommt und allein von der Präzision des Klinischen regiert wird. Statt Gacks und Gicks hört man das Herz aller Dinge im neuronalen Erregungsmuster pochen. Was da pocht, sind keine Leidenschaften und Interessen, sondern die Vollkommenheit des endlich Nicht-mehr-Änderbaren. So würde bei gelungener Perspektivenübernahme der Hirnforschung eine Distanz ins oft viel zu nahegehende Leben einkehren, die Helmuth Plessners Forderung nach einer »exzentrischen Position« im Übermaß berücksichtigt. Das Joch unserer Kultur wäre abgeschüttelt, die Illusionen der eigenen Identität schlagartig aufgelöst. Der Wunsch nach einer souveränen Existenz, nach einer durchgreifenden Verhaltenslehre der Kälte, hätte eine wirkliche, eine naturale Perspektive bekommen. Warum sein unstetes Erleben nicht von allem Zufälligen und Willkürlichen reinigen, es aus allem Zeitlichen und Unklaren herausreißen und in den Bereich des Notwendigen, des Kristallinisch-Gesetzmäßigen überführen? Warum an seiner Freiheit verzweifeln, statt sein Bewußtsein von den Transmittern in einen Tiefschlaf des Bewußtseins versetzen zu lassen? Der Schlaf als höchste Wachheit, das Koma als der wahrhaft desillusionierte, der eigentlich sehende Zustand – welch eine Möglichkeit zum Ausruhen hält die Hirnforschung da für den reizüberfluteten Kopf unserer Tage bereit. Es gibt ein richtiges Leben im falschen.

Und doch helfen alle Überlegungen, warum ein Leben auf der neurowissenschaftlichen Intensivstation das wahre Leben wäre, nicht recht weiter. Kant hatte schon recht: Es ist tatsächlich schwer, den Menschen ganz abzulegen, sosehr er sich auch bemüht. Sir John Searle, einer der renommiertesten Vertreter der sogenannten Philosophie des Geistes, drückt das Dilemma so aus: »Wir können unseren freien Willen nicht wegdenken.« Searle geht der Unvereinbarkeit der Perspektiven – der Erlebens- und der Laborperspektive – auf den Grund. Stellen Sie sich vor, sagt er, Sie haben in einem Restaurant die Wahl zwischen Kalb- und Schweinefleisch und sollen sich entscheiden. Man könne sich nicht einfach weigern, in einem solchen Fall den freien Willen auszuüben. Wenn man zum Kellner sage: »Sehen Sie, ich bin Determinist – che serà, serà, ich werde einfach warten und sehen, was ich bestelle«, dann werde einem diese Weigerung, den freien Willen auszuüben, als eigene Handlung nur verständlich, wenn man sie als Ausübung des freien Willens auffaßt.

So prallt die Perspektive der Hirnforschung regelmäßig an jener der Lebenswelt ab. Das ist für die Bewertung der neurowissenschaftlichen Anthropologie keine Kleinigkeit. Denn selbst wenn sie zuträfe, könnten wir es nicht wissen, weil sie sich in ihrer Eigenlogik in unserem Bewußtsein nicht geltend machen kann. Die Laborperspektive, in der man sich selbst als eine unfreie Funktion autopoietischer Nervennetze zu denken hätte, gewinnt vor unserem inneren Auge keinerlei Anschaulichkeit, sie hat nur als Abstraktum Bestand. Wir können uns beim besten Willen nicht ausmalen, daß die psychologische Erfahrung von Freiheit eine einzige Zwangsvorstellung sein soll. Damit verliert die Aufforderung mancher Neurobiologen, die Unvereinbarkeit der Perspektiven gefälligst »auszuhalten«, ihren Sinn. Es gibt nichts auszuhalten, weil es nichts gibt, was einem unvereinbar vorkäme. Die Laborperspektive kann sich in unserer Erlebensperspektive nicht bemerkbar machen. Wie sollen die beiden Perspektiven dann aber unvereinbar sein, wenn kein Bezirk sichtbar ist, in dem sie sich überschneiden?

Doch nicht nur die Gegenwart, auch die Vergangenheit läßt sich als Lackmustest für das neurobiologische Paradigma begreifen. Ein Vorschlag des Frankfurter Mediävisten Johannes Fried, in der Geschichtswissenschaft den »neuronal turn« zu vollziehen (Seite 111), wird von seinem Rostocker Kollegen

Markus Völkel durchgespielt (Seite 140). Völkel sieht sich dabei vor eine »extreme Denksportaufgabe« gestellt: »Was sollte uns wohl dazu bewegen«, fragt er, »die Kathedrale von Chartres, den Code Civil oder die Machetennarben der Opfer von Ruanda als ›reine Epipänomene neuronaler Prozesse‹ zu deuten?« Eine Brücke der Gehirnforschung in die konkrete Lebenswelt fehle ebenso wie in die tote Vergangenheit. Und selbst wenn es sie gäbe, so Völkel zu Frieds Vorschlag, wäre ihre Erklärungskraft verschwindend gering. Denn schließlich müsse die »zelebrale Erklärung« in jedem Einzelfall nachweisen, wo sie die lebensweltliche Erklärung bestätigt, in welchem Fall sie uns wenig Neues sagen würde, oder wo sie im Widerspruch dazu steht. Hier scheinen die Grenzen der Objektivierbarkeit dann doch erreicht. Es ist schwer, die Geschichte ganz abzulegen.

Die Abstraktion, die die Gehirnforschung anbietet, ist in der Tat eine totale – und so gesehen keine, die einer konkreten Freiheitsidee je in die Quere kommen dürfte. Searle warnt gleichwohl davor, auf philosophischer Ebene einem Kompatibilismus das Wort zu reden. Damit ist jene Position gemeint, die Willensfreiheit und Determinismus für miteinander verträglich hält. So, wie er diese Begriffe definiere, schreibt Searle in seinem Essay »Freiheit und Neurobiologie«, seien Determinismus und Willensfreiheit nicht miteinander verträglich. »Die These des Determinismus behauptet, daß allen Handlungen kausal hinreichende Bedingungen vorhergehen, die sie determinieren. Die These der Willensfreiheit behauptet, daß manchen Handlungen keine hinreichenden kausalen Bedingungen vorhergehen. Wenn man Willensfreiheit so definiert, dann ist sie die Negation des Determinismus.« Searle besteht auf den »Lücken«, die sich zwischen Überlegen, Entscheiden und Handeln ergeben.

Typischerweise empfindet man die Gründe, die für eine Entscheidung den Ausschlag gaben, nicht als kausal hinreichend im Sinne eines Erzwingens dieser Entscheidung. Dieses Lückenbewußtsein nennt Searle Freiheit. Mit dem Lückenbewußtsein gewinnt man nicht nur die Freiheit, sondern auch das Selbstbewußtsein zurück, das in der zerebralen Privatsprache nicht nur einen Knacks bekommen hatte, sondern gänzlich verlorengegangen war. Die logische Struktur der Aussage »Akteur S vollzog die Handlung H wegen des Grundes G« hat gerade nicht die Form »A verursachte B«, sondern »Ein Selbst S vollzog die Handlung H, und beim Vollzug von H handelte S nach dem Grund G«. Von der Handlung aus gesehen ergibt sich das Selbstbewußtsein also wie von selbst, bekommt man »das Selbst sozusagen umsonst«, wie Searle formuliert. Es gibt dann »kein zusätzliches metaphysisches Problem des Selbst«. Erst die Handlungsanalyse sprengt die Introspektion, die die Hirnforschung als Altlast der Subjektphilosophie übernommen hat, und öffnet das reduktionistische Schema von Reiz und Reaktion für den Gesamtzusammenhang eines intersubjektiv agierenden Organismus.

Tatsächlich gehört es zur methodischen Ironie der Neurowissenschaften, daß sie die von ihr selbst leergeräumte Funktionsstelle des privilegierten Bewußtseins neu besetzen. An die Stelle eines sich selbst organisierenden Bewußtseins tritt das sich selbst organisierende neuronale Erregungsmuster. Aber es ist nun einmal nicht das Gehirn im Tank, das der Gehirnforscher für seine Experimente verwendet, sondern das Gehirn im Kopf des lebenden Individuums. So sieht es zumindest wie eine kleine Unhöflichkeit aus, von diesem Individuum erst ausgiebig zu profitieren und es dann andererseits kühl als Illusion zu verabschieden. Vielleicht ist es aber auch mehr als eine kleine Unhöflichkeit. Vielleicht ist es ein großer Kategorienfehler, aus dem viele kleine Kategorienfehler folgen.

Am meisten dürfte dem Epiphänomenalismus der Einwand zu schaffen machen, den schon Dualisten wie John Eccles und Sir Karl Popper geltend machten: daß der Epiphänomenalismus allem zuwiderläuft, was wir über die Evolution wissen. Wie will man dem Mentalen die effektive Kausalität absprechen, wo doch die Prozesse der bewußten Rationalität ein so wichtiger, überdies biologisch so kostspieliger Teil unseres Lebens sind? Auch Searle, der kein Dualist ist, hält es mit den Prinzipien der Evolution für unvereinbar, wenn ein Phänotyp dieser Größenordnung überhaupt keine funktionale Rolle im Leben und für das Überleben des Organismus spielen würde.

Der Annahme, daß bewußte Prozesse funktional so leerlaufen wie der Blindarm, liege eine falsche Analogiebildung zugrunde. Physiologisch gesehen, sei der Epiphänomenalismus eher mit der Behauptung zu vergleichen, daß das Sehen oder die Verdauung keine Rolle spiele. Dann doch lieber frei sein – um vom Organismus zu retten, was zu retten ist.

Zu retten ist – nimmt man es genau – der Epiphänomenalismus eigentlich nur, indem man eine neue Welt errichtet. Dazu jedoch bedürfte es einer dezidiert poetischen Energie. Die Lebenswelt selbst müßte in ein Labor, die menschliche Geschichte in eine Folge von Libet-Experimenten verwandelt werden. Damit stünden wir vor einer Denksportaufgabe, die uns wirklich aus dem Häuschen bringt. Doch nur wer sie löst, würde in der Lage sein sich vorzustellen, was der Hirnforscher meint, wenn er sagt, der Mensch sei sein Gehirn.

Im Vorgriff darauf ist dieser Band ein Versuch, die zerebrale Utopie zu vermessen. Wolf Singer, einer der entschiedensten Deterministen unter den Hirnforschern, hat einen Grundsatzbeitrag verfaßt, der Einwände seiner Kritiker aufnimmt und damit die deterministische Theorie gleichsam auf dem neuesten Stand verkörpert (Seite 30). Zusammen mit Gerhard Roth (Seite 66 und 218) dominieren die Thesen Singers die öffentliche Debatte. Sie sind denn auch der Bezugspunkt für die meisten der hier vorgestellten Repliken aus Philosophie, Theologie, Rechts- und Literaturwissenschaften. Um so wichtiger schien es, neben Singer und Roth auch andere, in der breiten Öffentlichkeit weniger bekannte Kognitionsforscher zu Wort kommen zu lassen: Niels Birbaumer, Holk Cruse, Christoph Koch, Gerd Kempermann, Wolfgang Prinz oder Cornelius Weiller. Daß der *neuronal turn* nicht nur in der Geschichtswissenschaft, sondern etwa auch in der Theologie Früchte trägt, zeigt Friedrich Wilhelm Grafs Beitrag über erste Versuche, den »neurobiologischen Gottesbeweis« zu führen (Seite 143). Wenn die in diesem Band beleuchtete Neurodebatte dem Leser denn auch nur das eine zeigen sollte: Mit dem Gehirn ist nicht zu spaßen.

Wolfgang Prinz
Der Mensch ist nicht frei. Ein Gespräch

Frage: Sie arbeiten im Bereich der Handlungssteuerung. Welchen Nutzen bringen hier bildgebende Verfahren?

Wolfgang Prinz: Die experimentelle Psychologie hat sich bisher bei der Erforschung der Handlungssteuerung wesentlich auf reaktionszeitmessende Methoden gestützt. Dabei passiert folgendes: Wir bieten einen Reiz dar, bitten die Versuchsperson, so schnell wie möglich nach einer bestimmten Regel auf diesen Reiz zu antworten, und messen die Zeit, die zwischen Reizdarbietung und Reaktion vergeht. Mehr kann man nicht messen. Das EEG und die bildgebenden Verfahren geben uns zusätzlich eine enorme Datenmenge, aus der wir Schlußfolgerungen ziehen können. Wenn man sich mit dem EEG die Entwicklung von Vorbereitungs- und reizgetriggerten Potentialen ansieht, kann man die Prozesse im Gehirn messen, die sich von der Reizverarbeitung bis zur Reaktion erstrecken. Und wenn man bildgebende Verfahren einsetzt, kann man sehen, welche Strukturen im Gehirn an bestimmten Prozessen beteiligt sind und welche nicht.

Frage: Gibt es durch den Einsatz bildgebender Verfahren schon neue Ergebnisse?

Wolfgang Prinz: Ja. Zum Beispiel wenn es um die Zusammenhänge von Wahrnehmungen und Handlungen geht. Es wurde schon, bevor bildgebende Verfahren eingesetzt wurden, aus Verhaltensexperimenten die Idee entwickelt, daß es im Gehirn nicht zwei Abteilungen für Handlungen und Wahrnehmungen gibt, sondern eine Reihe von Strukturen, die für beides gleichzeitig zuständig sind. Durch den Einsatz bildgebender Verfahren wird diese Idee gestützt.

Frage: Können Sie ein Beispiel dafür nennen, in welchem Bereich diese Einsichten wichtig sind?

Wolfgang Prinz: Ein gutes Beispiel sind Bewegungsimitationen: Eine Versuchsperson schaut entweder einer anderen Person, die sich bewegt, nur zu, oder versucht, ihre Handlungen zu imitieren. Es gab schon länger die Idee, daß die Beobachtung von Handlungen anderer Personen mit einer motorischen Simulation im Gehirn des Beobachters einhergeht: daß der Beobachter also bis zu einem gewissen Grad gleichsam mitgeht, nachvollzieht, was er sieht. Diese Idee ist durch die bildgebenden Verfahren bestätigt. Man weiß jetzt, daß an der Wahrnehmung von Handlungen Gehirnstrukturen im prämotorischen Bereich beteiligt sind, also Bereiche, die an der Vorbereitung von Handlungen mitwirken.

Frage: Wo könnte oder sollte die Forschung in Ihrem Bereich – in der Erforschung der Handlungssteuerung – in Zukunft ansetzen?

Wolfgang Prinz: Da gibt es vieles. Ein Punkt, der mir sehr wichtig ist und an den ich gemeinsam mit Kollegen heranzugehen versuche, ist, zu verstehen, welche Entwicklungsgrundlagen für alltagspsychologische Konzepte bestehen: wie Kinder anfangen, Handlungen anderer Personen und eigene Handlungen zu verstehen – ob das Selbst- oder das Fremdverständnis zuerst da ist. Bisher gibt es schon recht viele Studien mit sprachfähigen Kindern, also mit Kindern im Alter von zwei, drei Jahren. Aber es verdichten sich die Anzeichen, daß für sehr viel von dem, was später sprachlich artikuliert wird, die Grundlage schon früher gelegt wird. Das bedeutet, daß man sich auch mit noch nicht sprachfähigen Kindern beschäftigen sollte, was aber von den Untersuchungsmethoden her sehr schwierig ist. Das versuchen wir gerade.

Frage: Sie gehen von Ihrem Forschungsbereich der Handlungssteuerung immer wieder auch in philosophische Bereiche, beschäftigen sich mit dem Leib-Seele-Problem, also der alten philosophischen Frage, wie Gehirn und Geist zusammenwirken, oder genauer: ob es überhaupt einen Dualismus von Geist und Gehirn gibt, und der Frage nach der Willensfreiheit. In diesem Zusammenhang haben Sie den Satz geprägt: »Wir tun nicht, was wir wollen, sondern wir wollen, was wir tun.« Was meinen Sie damit?

Wolfgang Prinz: Die Formulierung bezieht sich auf die Experimente des Neurophysiologen Benjamin Libet von 1979, die dem Alltagsverständnis unseres Handelns widersprechen. Wir glauben, daß wir, wenn wir handeln, uns erst entscheiden und dann tätig werden. Ich als mentaler Akteur kommandiere meinen physischen Körper: Ich tue, was ich will.

Die Wissenschaft erklärt unser Handeln aber anders. Der Interpretation des Libet-Versuchs zufolge findet eine Entscheidung früher im Gehirn als im Bewußtsein einer Person statt. Das kann nur bedeuten, daß unser bewußter Willensimpuls so etwas wie ein Ratifizieren einer Entscheidung ist, die das Gehirn schon getroffen hat: Ich will, was ich tue. Allerdings muß man beachten, daß die Libet-Situation einen sehr engen Zeitrahmen hat. Und wie weit man von dieser Situation auf andere Situationen schließen kann, ist noch eine offene Frage.

Frage: Sind die Libet-Experimente ein Hinweis darauf, daß wir durch unsere Gehirne determiniert sind?

Wolfgang Prinz: Ja. Aber um festzustellen, daß wir determiniert sind, bräuchten wir die Libet-Experimente nicht. Die Idee eines freien menschlichen Willens ist mit wissenschaftlichen Überlegungen prinzipiell nicht zu vereinbaren. Wissenschaft geht davon aus, daß alles, was geschieht, seine Ursachen hat und daß man diese Ursachen finden kann. Für mich ist unverständlich, daß jemand, der empirische Wissenschaft betreibt, glauben kann, daß freies, also nichtdeterminiertes Handeln denkbar ist.

Frage: Die meisten Menschen sind doch aber davon überzeugt, daß sie freie, autonome Akteure sind.

Wolfgang Prinz: Das sind unsere alltagspsychologischen Intuitionen. Die Alltagspsychologie ist dualistisch: Sie unterscheidet zwischen mentalen und physischen Sachverhalten, und sie glaubt, daß der Geist den Körper regiert. Wenn wir wissenschaftlich denken, ist diese dualistische Position unhaltbar. Die Wissenschaft liebt Monismus und Determinismus.

Frage: Welche Konsequenzen müßte es haben, daß Wissenschaft und Alltagspsychologie dieselben Gegebenheiten – unser Wahrnehmen, Denken und Handeln – unterschiedlich deuten?

Wolfgang Prinz: Es muß erst einmal gar keine geben. Wir leben ja auch in anderen Bereichen mit Inkompatibilitäten, also müßten wir sie auch hier aushalten können. Die Inkompatibilität besteht hier im übrigen nicht nur zwischen Wissenschaft und Leben, sondern auch zwischen den Wissenschaften: Die Natur- und Geisteswissenschaften kommen nicht zusammen, da die meisten Überlegungen zu einer Philosophie des Geistes alltagspsychologische Intuitionen als Fundament nehmen. Gerade die wären aber aus der Sicht des Naturwissenschaftlers zu hinterfragen.

Frage: Was meinen Sie damit?

Wolfgang Prinz: Viele Philosophen glauben, daß zwischen mir und der Außenwelt ein Wahrnehmungsvorgang vermittelt und daß die Wahrnehmung richtig oder falsch sein, daß sie also auch »danebengehen« kann. Dagegen gilt für sie als ausgemacht, daß ich, wenn ich über mein Seelenleben rede, ganz unmittelbar bei mir selbst bin. Es gibt dann keinen Wahrnehmungsprozeß, keine Distanz, keine Vermittlung, und das, was ich über mich selbst weiß, kann nicht falsch sein. Dieser Auffassung zufolge sind unsere alltagspsychologischen Intuitionen natürliche Gegebenheiten: Jeder, der ein menschliches Genom hat, bildet diese Dinge – ein subjektives Ich, Bewußtsein – aus. Diese Idee ist falsch. Ich halte das Ich für ein soziales Konstrukt. Es kann sich genau so entwickeln, wie wir es kennen. Es kann sich aber auch anders entwickeln.

Frage: Wie kommen Sie darauf?

Wolfgang Prinz: Man kann das am Beispiel von multiplen Persönlichkeiten verdeutlichen. Wir halten es für natürlich und normal, daß in einem physischen Körper eine – und nur eine – mentale Person wohnt. Wenn man aber die Entstehung des Ich entwicklungspsychologisch verfolgt, kann man feststellen, daß das Ich keineswegs ein natürliches Organ der Seele ist, sondern ein Konzept, das sich nur unter bestimmten Bedingungen entwickelt. Wenn die Entwicklung nicht ihren »normalen« Gang nimmt, etwa bei frühkindlicher Traumatisierung, geschieht es, daß Menschen verschiedene Ichs, verschiedene psychische Subjekte ausbilden, also multiple Persönlichkeiten werden. Das ist ein Indiz dafür, daß mentale Prozesse, so wie wir sie selbstverständlich erfahren, nicht natürliche Gegebenheiten sind, sondern Ergebnisse einer sozialen Konstruktion. Ebenso ist es mit dem freien Willen.

Frage: Aber unsere Erfahrung sagt uns doch, daß wir lernen können, bestimmte Dinge zu tun und andere zu lassen – auch entgegen unseren Impulsen. Erziehungs- und Moralsysteme sind also – zumindest teilweise – wirksam. Sind das nicht Hinweise darauf, daß wir uns entscheiden können, daß wir also doch frei sind?

Wolfgang Prinz: Nein, aus wissenschaftlicher Sicht nicht. Aber die Feststellung, daß unsere Vorstellungen vom Ich und der Willensfreiheit soziale Konstruktionen sind, bedeutet nicht, daß sie wirkungslos sind. Unsere alltagspsychologischen Intuitionen schweben ja nicht in irgendwelchen Nebelwolken über unseren Köpfen, sondern sind selbst ebenfalls in unseren Gehirnen implementiert und realisiert, ebenso wie etwa mein Wissen über den Eiffelturm oder die Geographie Europas. Die Frage ist nun, was unsere alltagspsychologischen Intuitionen für die Mechanismen bedeuten, in denen unsere Handlungen zustande kommen.

Man könnte sich das zum Beispiel so vorstellen, daß es ein primäres System gibt, das Handlungen produziert, und ein zweites System, das die Handlungsproduktion beobachtet und nach den Kategorien der Alltagspsychologie interpretiert. Und beide Systeme interagieren – schließlich sind beide im Gehirn implementiert. Man wird also vermutlich damit rechnen können, daß die Prozesse, die entscheidend für die alltagspsychologischen Intuitionen sind, auch an Handlungsentscheidungen mitbeteiligt sind. Auf diese Weise können dann auch Moral- und Erziehungssysteme kausal wirksam sein. Wir wissen allerdings noch nicht, was das bedeutet und wie das funktioniert. Nur eines bedeutet es mit Sicherheit nicht: daß wir die freien autonomen Subjekte, für die wir uns halten, auch tatsächlich sind.

Frage: Wenn Sie sagen, daß man aus wissenschaftlicher Sicht nicht von einem freien Willen sprechen kann, heißt das dann, daß Mörder und Drogenhändler nicht mehr verurteilt werden sollten?

Wolfgang Prinz: Doch – solange wir uns für das Rechtssystem entscheiden, das zur Zeit gültig ist. Das muß dann auch heißen, unsere Kinder weiterhin in diesem alltagspsychologischen System zu sozialisieren. Dazu gehört auch, daß sie sich frei fühlen und versuchen, ihr Leben so gut wie möglich zu gestalten. An Erziehung – und übrigens auch an therapeutische Prozesse – zu glauben heißt ja gerade auch, an einen Determinismus zu glauben, sonst könnte man es ja gleich seinlassen. Auch Personen, die gläubige Vertreter der Willensfreiheit sind, glauben ja im übrigen an einen weitgehenden Determinismus menschlichen Handelns. Unsere Willensfreiheit gilt auch in der Alltagspsychologie als eingeschränkt – etwa durch Charaktereigenschaften oder durch Alkoholkonsum, was ja auch das Strafrecht berücksichtigt. Der Unterschied zwischen Alltagspsychologie und Wissenschaft ist nicht, daß die eine uns für komplett frei und die andere uns für unfrei hält, sondern darin, daß die Alltagspsychologie uns teilweise für frei hält.

Frage: Müßte die Sichtweise der Wissenschaft nicht zur Folge haben, ein neues Rechtssystem zu etablieren?

Wolfgang Prinz: Wir müssen keineswegs, solange wir die Inkompatibilität der alltagspsychologischen Intuitionen und der wissenschaftlichen Erkenntnisse aushalten können. Wir könnten aber andererseits auch ein anderes Rechtssystem etablieren. Etwa eines, das nicht auf dem Schuld- und Verantwortungsprinzip beruht, sondern darauf, daß man für Handlungen, die anderen schaden, zahlen muß, ohne daß man dem Handelnden Freiheit und Schuldfähigkeit unterstellt.

Frage: Wenn man das Ich als soziales Konstrukt erklärt und den Determinismus insofern erweitert, als auch die Alltagsintuitionen in ihm Berücksichtigung finden, kann man die Diskrepanz zwischen der wissenschaftlichen Ansicht von unserem Ich und unseren alltagspsychologischen Intuitionen aufheben. Aber hat man damit verstanden, wie das Ganze funktioniert – wie wir etwa zu unseren Vorstellungen von uns selbst kommen? Ist darüber schon etwas bekannt?

Wolfgang Prinz: Nein. Die Biologen können erklären, wie die Chemie und die Physik des Gehirns funktionieren. Aber niemand weiß bisher, wie es zur Ich-Erfahrung kommt und wie das Gehirn überhaupt Bedeutungen hervorbringt.

Das Interview führten Sabine Schmidt und Julia Wolf

Niels Birbaumer
Hirnforscher als Psychoanalytiker

Bis vor wenigen Jahren wurden schwierige philosophische und kulturelle Fragen, für die man gerne eine »wissenschaftliche« Antwort gehabt hätte, häufig an die Psychoanalyse verwiesen. Aus dieser Ecke kamen immer dieselben Antworten: das Verhaftetsein unseres Willens im triebhaften Unbewußten, die Lösung gesellschaftlicher Konflikte durch Katharsis und Abreaktion oder die Einsicht in den unstillbaren Appetit auf Sex mit Mutter oder Vater. Befriedigt wurde die Determiniertheit unseres Handelns und die Mechanik der Psyche zur Kenntnis genommen, die Scheinlogik psychoanalytischer Argumentation überzeugte sogar zeitweise gescheite Leute wie Adorno. Die Primitivmechanik und Pseudokausalität psychoanalytischer Erklärungen hatte den zusätzlichen Vorteil, daß man sich die anstrengende und oft langweilige Literatur der Philosophie und Rechtsgeschichte ersparen konnte. Kant, Hume und Schopenhauer wußten eben noch nicht, wie der menschliche Seelenapparat funktionierte, darüber kann man sich heute nur freuen.

Diese »aufklärerische« Rolle hat nun die Hirnforschung übernommen, ohne zu bemerken, daß sie bei philosophisch-sozialhistorischen und rechtlichen Fragen antiaufklärend wirkt, auch wenn das von den Hirnforschern nicht beabsichtigt ist. Die Sicht der Mechanik des menschlichen Gehirns unterscheidet sich dabei nur in der Wortwahl, nicht in Aufbau und Logik von der Psychoanalyse: An Stelle des »Ich« rutschte der »Neokortex«, an Stelle des »Es« das »limbische System« und an Stelle des »Über-Ichs« der »mediale Präfrontalkortex«. System A hemmt oder erregt System B, und das Resultat ist ein Verhalten, vollständig determiniert von der Elektrophysiologie der Hirnmechanik. Freier Wille und Verantwortung sind eine Illusion unseres Gehirns, welches die Ursachen für ein Verhalten fälschlich zeitlich vor die Handlung verlegt, obwohl die Entscheidung schon längst ohne jede Mitwirkung von Bewußtsein oder

Entscheidungsprozessen davor gefallen ist. Gern wird dazu ein Experiment von Benjamin Libet zitiert, bei dem langsame Hirnpotentiale lange vor dem Bewußtwerden der Entscheidung für eine Handlung auftraten und somit die Handlung und Entscheidung bereits längst vor jeder bewußten Entscheidung »determiniert« ist. Die in den Medien besonders beliebten Hirnforscher haben allerdings nicht über langsame Hirnpotentiale gearbeitet, sonst wüßten sie, daß diese hirnelektrischen Erregungsveränderungen lokale präparatorische Erregungsveränderungen großer Nervenzellverbände repräsentieren, welche für eine Vielzahl von bewußten und nichtbewußten Vorgängen eine mobilisierende Wirkung auf die neuronalen Verarbeitungsvorgänge ausüben. Weder freier noch unfreier Wille läßt sich beobachten, da wir kein neuronales Korrelat von Freiheit kennen. Freiheit ist zwar auch ein Konstrukt des Gehirns wie alles Verhalten und Denken, das der Mensch produziert, aber es ist auch und primär ein historisch, politisch und sozial gewachsenes Phänomen, das sich nicht nur auf Hirnprozesse rückführen läßt. Jeder vernünftige Mensch stimmt mit uns Hirnforschern darin überein, daß die *gemeinsame Endstrecke* allen Verhaltens und Denkens im Gehirn liegt (wo sonst?), aber eben nur die Endstrecke. Davor liegen eine lange Geschichte sozialer Vorgänge, welche in einer schwer zu quantifizierenden Art und Weise auf unser Hirn einwirken. Das Gehirn wirkt als eine Art Filtersystem eingebettet in die sozialen und historischen Prozesse und bildet dynamische Knotenpunkte der neuronalen Erregung an bestimmten Stellen in Abhängigkeit von Gedächtnis- und emotionalen Bewertungsprozessen, welche selbst wieder Resultat der historischen, biographischen und sozialen Abläufe darstellen. Ohne diese können wir die Verhaltens- und Denkprodukte unseres Hirns – sofern sie sich auf soziale Abläufe beziehen – weder verstehen noch einordnen.

Die Hirnforschung, speziell die junge »Social Cognitive Neuroscience«, untersucht zwar zunehmend jene Hirnregionen, welche bei einzelnen sozialen Verhaltensweisen und Konflikten aktiv sind; daraus lassen sich aber keine kausalen Schlüsse über die verschiedenen Determinanten von Sozialverhalten ableiten, nicht einmal die entscheidenden neuronalen

Prozesse werden sichtbar: Das »Wo« sagt aber wenig zum »Was«.

Nehmen wir das Beispiel eines Befundes an schwerstkriminellen Psychopathen, den wir kürzlich erhoben haben: Wir konnten eine fast vollständige Abwesenheit von neuronaler und metabolischer Aktivität in jenen Hirnregionen konstatieren, welche antizipatorische Angst und Sozialisation steuern. Bedeutet dies nun, daß psychopathische Kriminalität ein Hirnphänomen ist und deshalb diese Personen nicht schuldfähig sind? Mit dem Nachweis des zerebralen Defektes kann nichts über die Ursache gesagt werden, denn die Hirnvorgänge sind stets Resultat sozialen Lernens und der genetischen Anlage, beide müßten zu den Hirnvorgängen in eine kausale Beziehung gesetzt werden, was experimentell nicht durchführbar ist. Wir müßten zum Beispiel eine gesunde Person durch psychologisch-soziale Einflüsse zum Kriminellen machen und den Verlauf der Hirnvorgänge dabei aufzeichnen; nur so kann eine direkte und kausale Beziehung von einer Genkombination zu den defekten neuronalen Prozessen und dem kriminellen Verhalten nachgewiesen werden. Dies wurde oft versucht, kann aber nicht gelingen, da die Zwischenschritte vom Gen zum Verhalten nicht beobachtbar sind und selbst wieder Umwelteinflüssen unterliegen.

Bescheidene Zurückhaltung bei der Generalisation und Interpretation neurobiologischer Daten ist daher notwendiger denn je, vor allem auf seiten jener Hirnforscher, welche auf lukrative molekulare oder pharmakologische Therapien hoffen oder scheinbar einleuchtende Erklärungen für philosophische, politische, historische, biographische und soziale Tatbestände und Vorstellungen den Medien liefern.

Wolf Singer
Verschaltungen legen uns fest: Wir sollten aufhören, von Freiheit zu sprechen

Ein epistemisches Caveat

Die Aufklärung der neuronalen Grundlagen höherer kognitiver Leistungen ist mit epistemischen Problemen behaftet. Eines folgt aus der Zirkularität des Unterfangens, da Explanandum und Explanans eins sind. Das Erklärende, unser Gehirn, setzt seine eigenen kognitiven Werkzeuge ein, um sich selbst zu begreifen, und wir wissen nicht, ob dieser Versuch gelingen kann. Ein weiteres Problem rührt daher, daß sich das Gehirn evolutionären Prozessen verdankt, die nicht notwendigerweise zur Ausbildung eines kognitiven Systems führten, das unfehlbar ist.

Wir können nur erkennen, was wir beobachten, denkend ordnen und uns vorstellen können. Was für unsere kognitiven Systeme unfaßbar ist, existiert nicht für uns. Die Grenzen des Wißbaren werden demnach durch die Beschränkungen der kognitiven Fähigkeiten unseres Gehirns gezogen. Zu fragen ist also, wie es mit der Verläßlichkeit und den Begrenzungen dieses kognitiven Apparates bestellt ist. Und diese Frage fällt in den Zuständigkeitsbereich der Neurobiologie. Unsere kognitiven Funktionen beruhen auf neuronalen Mechanismen, und diese sind ein Produkt der Evolution. Nun deutet wenig darauf hin, daß die evolutionären Prozesse daraufhin ausgelegt sind, kognitive Systeme hervorzubringen, welche die Wirklichkeit so vollständig und objektiv wie nur irgend möglich zu erfassen oder – falls die Welt eine entsprechende Schichtenstruktur aufweisen sollte – gar die Tiefenstrukturen hinter den Phänomenen zu erkennen vermögen. Im Wettbewerb um Überleben und Reproduktion kam es vorwiegend darauf an, aus der Fülle im Prinzip verfügbarer Information nur jene aufzunehmen und zu verarbeiten, die für die Bedürfnisse des jeweiligen Organismus bedeutsam sind. Wie die hohe Selektivität und Spezialisierung unserer Sinnessysteme ausweist, betrifft dies nur einen winzigen Ausschnitt der uns inzwischen bekannt gewordenen Welt. Organismen, die sich in andere ökologische Nischen hineinentwickelten, interessieren sich notgedrungen für andere Eigenschaften der Welt und haben ihre Sinnessysteme entsprechend angepaßt. Zusätzlich zu dieser Optimierung der Signalaufnahme kam es darauf an, die verfügbare Information möglichst schnell in zweckmäßige Verhaltensreaktionen umzusetzen. Umfassende Weltbeschreibungen sind dem kaum dienlich. Es erscheint deshalb wenig wahrscheinlich, daß die Evolution kognitive Mechanismen hervorgebracht hat, die solches zu leisten vermögen. Eine Fülle von Beispielen belegt, daß sich unsere kognitiven Systeme die Welt in der Tat auf sehr pragmatische und idiosynkratische Weise zurechtlegen. Obgleich unsere Sinnessysteme nur diskontinuierliche Ausschnitte aus dem physiko-chemischen Kontinuum der Welt aufnehmen, erscheint uns die Welt dennoch als kohärent. Der Grund ist, daß wir Fehlendes ergänzen und über Ungereimtheiten hinwegsehen, um ein schlüssiges Gesamtbild zu erhalten. Unsere Sinnessysteme sind zwar hervorragend angepaßt, um aus wenigen Daten sehr schnell die verhaltensrelevanten Bedingungen zu erfassen, aber sie legen dabei keinen Wert auf Vollständigkeit und Objektivität. Sie bilden nicht getreu ab, sondern rekonstruieren und bedienen sich dabei des im Gehirn gespeicherten Vorwissens. Dieses speist sich aus zwei Quellen: Zum einen ist es das im Laufe der Evolution erworbene Wissen über die Welt, das vom Genom verwaltet wird und sich in Architektur und Arbeitsweise von Gehirnen ausdrückt. Zum anderen ist es das zu Lebzeiten durch Erfahrung erworbene Wissen. Gehirne nutzen dieses Vorwissen, um Sinnessignale zu interpretieren und in größere Zusammenhänge einzuordnen. Unsere als objektiv empfundenen Wahrnehmungen sind das Ergebnis solcher konstruktiver Vorgänge. Diese wissensbasierten Rekonstruktionen können dazu beitragen, die Unvollkommenheit der Sinnessysteme teilweise zu kompensieren. Vorwissen kann genutzt werden, um Lücken aufzufüllen, und logisches Schließen kann helfen, Ungereimtheiten aufzudekken. Zudem lassen sich durch technische Sensoren Informationsquellen erschließen, die unseren natürlichen Sinnen nicht zugänglich sind. Der Erfolg wissenschaftlicher Erkenntnisprozesse belegt die Wirksamkeit der kombinierten Anwendung von Meßinstrumenten und logischem Schließen, das in der mathematischen Formulierung von Zusammenhängen seine stringenteste Form gefunden hat. Interessant ist jedoch, daß diese Erkenntnisstrategie oft zu Erklärungen führt, die unanschaulich und gelegentlich sogar für die Intuition unplausibel sind. Wir lassen uns jedoch überzeugen, daß auch kontraintuitive Interpretationen zutreffen, wenn sich aus ihnen gültige Voraussagen ableiten oder auf ihrer Grundlage funktionierende Apparate bauen lassen. Aber auch bei diesen rationalen Erklärungen handelt es sich natürlich um Konstrukte unseres Gehirns, denn auch Denkprozesse beruhen auf neuronalen Vorgängen. Sie gehen auf Leistungen der Großhirnrinde zurück, genauso wie die Wahrnehmung. Deshalb bleibt die Sorge, Denken könne auch nicht verläßlicher oder objektiver sein als Wahrnehmen. Je mehr uns die Neurobiologie über die materielle Bedingtheit unserer kognitiven Leistungen aufklärt, um so deutlicher wird, daß wir uns vermutlich vieles nicht vorstellen können und daß wir die Grenzen nicht kennen, jenseits deren unsere Kognition versagt.

Diese Vorbehalte stellen alle abschließenden Behauptungen in Frage, denn dem Argument ist schwer zu begegnen, daß jedwede Erkenntnis vorläufigen Charakter hat und sich durch Einbettung in neue Bezüge wesentlich verändern kann. Dennoch können wir nicht umhin zu versuchen, das jeweils Wißbare so zu ordnen, daß es sich in Modelle fügt, die uns kohärent und widerspruchsfrei erscheinen. Offen bleibt, nach welchen Kriterien unser Gehirn seine internen Zustände, in denen sich die Ergebnisse von Datenerfassung und logischen Schlüssen letztlich manifestieren, als kohärent und stimmig beurteilt.

Unser Menschenbild zwischen Selbsterfahrung und neurobiologischer Fremdbeschreibung

Zum einen sind da die Attribute unseres Menschseins, die sich uns aus der Ersten-Person-Perspektive erschließen, unsere Gefühle, Wahrnehmungen und Selbsterfahrungen. Die Rede ist von Phänomenen, die wir nur selbst wahrnehmen können, die erst durch unser Erleben in die Welt kommen. Glück, Schmerz, Leid, Stolz, Schmach und Kränkung sind nicht, wenn sie nicht erfahren werden. Und gleiches gilt für die Inhalte unserer Wertungen, für moralische Urteile und ethische Setzungen. Schließlich sind da die Phänomene, die aus unserer Wahrnehmung erwachsen, über eine geistige, mentale Dimension zu verfügen, die uns befähigt, frei über uns befinden zu können, zu werten und zu entscheiden. Diese immateriellen Phänomene erleben wir als ebenso real wie die Erscheinungen der dinglichen Welt, die uns umgibt. Sie sind uns allen gleichermaßen vertraut, weshalb wir Bezeichnungen für sie erfinden konnten, auf die wir uns einigen können. Wir sprechen von freiem Willen und wissen, was wir darunter zu verstehen haben. Wir begreifen uns als Wesen, die über Intentionalität verfügen, die fähig sind zu entscheiden, initiativ zu werden und zielbewußt in den Ablauf der Welt einzugreifen. Wir erfahren uns als freie und folglich als verantwortende, autonome Agenten. Es scheint uns, als gingen unsere Entscheidungen unseren Handlungen voraus und wirkten auf Prozesse im Gehirn ein, deren Konsequenz dann die Handlung ist. Diese Überzeugungen erwachsen aus der Erfahrung, daß wir uns unserer eigenen Empfindungen, Wahrnehmungen, Erinnerungen, Absichten und Handlungen gewahr sein und auf diese Einfluß nehmen können. Wir erleben, daß wir diese mentalen Prozesse vor unserem inneren Auge Revue passieren lassen und sie zu Objekten unserer Wahrnehmung machen können. Phänomene, die wir als geistige oder psychische oder seelische bezeichnen, erleben wir als Realitäten einer immateriellen Welt, an deren Existenz unsere Selbsterfahrung jedoch ebensowenig Zweifel aufkommen läßt wie unsere Sinneswahrnehmungen an der Existenz der dinglichen Welt.

Wir begreifen uns also als beseelte Wesen, die an einer immateriellen, geistigen Sphäre teilhaben, deren Erscheinungen nur der subjektiven Erfahrung zugänglich sind. Zugleich aber, und hier tritt der Konflikt auf, wissen wir uns mit der gleichen Gewißheit als der materiellen Welt zugehörig. Wir rechnen uns zu den Organismen, die ihr In-der-Welt-Sein einem kontinuierlichen evolutionären Prozeß verdanken. Dabei erscheinen uns alle Komponenten dieses Prozesses und die zugrundeliegenden Selbstorganisationsmechanismen als der dinglichen Welt zugehörig, als Naturphänomene, die sich aus der Dritten-Person-Perspektive, also aus der Perspektive eines Beobachters, objektivieren und beschreiben lassen: die Ausgangsbedingungen, die herrschten, bevor Leben in die Welt kam, die physiko-chemischen Wechselwirkungen, die reproduktionsfähige Strukturen ermöglichten, und die evolutionären Gesetzmäßigkeiten, die schließlich die Ausdifferenzierung zu Pflanzen und Tieren einleiteten. Wir gehen davon aus, daß es im Prinzip möglich ist, all diese Phänomene im Rahmen naturwissenschaftlicher Beschreibungssysteme fassen und erklären zu können.

Zu diesen, von der Position eines Beobachters aus beschreibbaren Eigenschaften von Organismen gehört auch deren Verhalten. Wie sich feststellen läßt, ist dieses durch die Organisation des Organismus und insbesondere durch sein Nervensystem determiniert. Das Verhalten von Organismen ist selbst Gegenstand von evolutionären Ausleseprozessen, nicht weniger als die Form eines Flügels. Tiere, deren Verhaltensrepertoire optimale Anpassung an sich verändernde Bedingungen erlaubt, haben im evolutionären Wettbewerb die besseren Chancen. Aus dieser Perspektive erscheint Verhalten somit als eine Variable der belebten, aber dennoch dinglichen Welt, in welcher sich die Evolution ereignete. Folglich muß sich jede Komponente des von außen beobachtbaren, meßbaren und objektivierbaren Verhaltens als Folge von Prozessen darstellen lassen, die im Rahmen naturwissenschaftlicher Beschreibungssysteme faßbar sind.

Diese, wie ich glaube, zwingende Einsicht bereitet keinerlei Schwierigkeiten, solange wir mit Verhalten nur jenes von einfach organisierten Tieren meinen. Wir haben kein Problem mit der Einsicht, daß tierisches Verhalten vollkommen determiniert ist, daß die jeweils folgende Aktion notwendig aus dem Zusammenspiel zwischen aktueller Reizkonstellation und unmittelbar vorausgehenden Gehirnzuständen resultiert. Wir haben auch keine Schwierigkeiten anzuerkennen, daß die jeweiligen Gehirnzustände determiniert sind durch die genetisch vorgegebene Organisation des jeweiligen Nervensystems, durch die epigenetischen Einflüsse, die diese Organisation während der Entwicklung modifiziert haben, durch die vielen Lernprozesse, die ebenfalls Modifikationen der funktionellen Architektur von Nervennetzen bewirken, und schließlich durch die unmittelbare Vorgeschichte, die in der Dynamik neuronaler Wechselwirkungen nachschwingt. Wenn es dann doch etwas anders kommt als erwartet, dann nehmen wir an, daß zufällige Schwankungen dafür verantwortlich sind.

Die zunehmende Verfeinerung neurobiologischer Meßverfahren hat nunmehr die Möglichkeit eröffnet, auch die neuronalen Mechanismen zu analysieren, die höheren kognitiven Leistungen komplexer Gehirne zugrunde liegen. Somit werden auch diese, oft als psychische bezeichneten Phänomene zu objektivierbaren Verhaltensleistungen, die aus der Dritten-Person-Perspektive untersucht und beschrieben werden können. Zu diesen mit naturwissenschaftlichen Methoden untersuchbaren Leistungen zählen inzwischen auch solche, die uns bereits aus der Ersten-Person-Perspektive vertraut sind. Darunter fallen Wahrnehmen, Vorstellen, Erinnern und Vergessen, Bewerten, Planen und Entscheiden, und schließlich die Fähigkeit, Emotionen zu haben. Alle diese Verhaltensmanifestationen lassen sich operationalisieren, aus der Dritten-Person-Perspektive heraus objektivieren und im Sinne kausaler Verursachung auf neuronale Prozesse zurückführen. Somit erweisen sie sich als Phänomene, die in kohärenter Weise in naturwissenschaftlichen Beschreibungssystemen erfaßt werden können.

Natürlich sind diese beobachtbaren kognitiven Leistungen mit den zugrundeliegenden neuronalen Prozessen nicht identisch. Wir verwenden deshalb unterschiedliche Beschreibungssysteme zur Darstellung von Verhaltensleistungen und neuronalen Prozessen, und wir sagen, Verhaltensleistungen seien emergente Eigenschaften neuronaler Vorgänge. Damit soll ausgedrückt werden, daß die kognitiven Funktionen mit den physiko-chemischen Interaktionen in den Nervennetzen nicht gleichzusetzen sind, aber dennoch kausal erklärbar aus diesen hervorgehen.

Dieser Sichtweise steht die von unserer Selbsterfahrung genährte Überzeugung entgegen, daß wir an einer geistigen Dimension teilhaben, die von den Phänomenen der dinglichen Welt unabhängig und ontologisch verschieden ist. Weil wir diese geistige Dimension einer verschiedenen Seinswelt zuordnen, gehen wir davon aus, daß sie aus der dinglichen Welt, die in der Dritten-Person-Perspektive erfaßt wird, nicht ableitbar ist. Wir erfahren unsere Gedanken und unseren Willen als frei, als jedweden neuronalen Prozessen vorgängig. Wir empfinden unser Ich den körperlichen Prozessen gewissermaßen gegenübergestellt. Wir erfahren uns als wertende, mit Intentionalität ausgestattete Wesen, die sich selbst und anderen Verantwortung zuschreiben für das, was sie tun, und wir empfinden uns in der Lage, mit unserem Gewissen in Zwiegespräche einzutreten, mit unseren kategorischen Imperativen zu argumentieren, unsere Stimmungen zu beherrschen und uns über diese Handlungsdeterminanten hinwegzusetzen. Uns erscheint unser wahrnehmendes, wertendes und entscheidendes Ich als eine geistige Entität, die sich der neuronalen Prozesse allenfalls bedient, um Informationen über die Welt zu gewinnen und Beschlüsse in Taten umzusetzen. Damit das Gewollte zur Tat wird, muß etwas im Gehirn geschehen, was das Gewollte ausführt. Es müssen Effektoren aktiviert werden, und dazu bedarf es neuronaler Signale. Entsprechend müssen die Sinnessysteme eingesetzt werden, also wiederum neuronale Strukturen, um etwas über die Welt zu erfahren. Bei alldem begleitet uns das Gefühl, daß wir es sind, die diese Prozesse kontrollieren. Dies aber ist mit den deterministischen Gesetzen, die in der dinglichen Welt herrschen, nicht kompatibel.

Wir haben offenbar im Laufe unserer kulturellen Geschichte zwei parallele Beschreibungssysteme entwickelt, die Unvereinbares über unser Menschsein behaupten. Diese Inkompatibilität zwischen Selbst- und Außenwahrnehmung hat die Menschheit beschäftigt seit sie begann, über sich nachzudenken. Was zunächst nur Ahnung war, wandelt sich jetzt jedoch zu einem nicht mehr verdrängbaren Problem. Verantwortlich für diese Zuspitzung zeichnen vor allem die Naturwissenschaften und in ganz besonderem Maße die Neurowissenschaften. Liefern diese doch zunehmend überzeugendere Beweise dafür, daß menschliche und tierische Gehirne sich fast nicht unterscheiden, daß ihre Entwicklung, ihr Aufbau und ihre Funktionen den gleichen Prinzipien gehorchen. Da wir, was tierische Gehirne betrifft, keinen Anlaß haben zu bezweifeln, daß alles Verhalten auf Hirnfunktionen beruht und somit den deterministischen Gesetzen physiko-chemischer Prozesse unterworfen ist, muß die Behauptung der materiellen Bedingtheiten von Verhalten auch auf den Menschen zutreffen.

Was bedeutet nun dieser Konflikt zwischen zwei, wie es scheint, gleichermaßen überzeugenden, gleichermaßen zutreffenden, aber inkompatiblen Menschenbildern für unser Selbstverständnis? Wie könnten Lösungen dieses Konfliktes aussehen und was würde folgen, falls wir solche tatsächlich fänden? Eine Möglichkeit ist, daß es in der Tat ontologisch verschiedene Welten gibt, eine materielle und eine immaterielle, daß der Mensch an beiden teilhat und wir uns nur nicht vorstellen können, wie die eine sich zur anderen verhält. Solche dualistischen Weltmodelle durchziehen die Geistesgeschichte des Abendlandes seit Anbeginn, und Descartes hat die Unterschiede zwischen geistigen und materiellen Sphären wohl am deutlichsten herausgestellt. Aber diese Sichtweise wirft eine Reihe sehr unangenehmer Probleme auf. Eines von ihnen ist, daß dualistische Positionen mit bekannten Verfahren weder durch Nachdenken noch durch Experimentieren bewiesen oder falsifiziert werden können. Als Arbeitshypothese für Erklärungsversuche sind sie somit wenig hilfreich. Dualistische Weltsysteme können behauptet werden, aber sie sind nicht ableitbar, müssen also geglaubt werden. Diese Unangreifbarkeit vermittelt jedoch nur scheinbare Sicherheit, denn es ergibt sich eine Fülle von Folgeproblemen.

Dualistische Weltmodelle bleiben die Antwort auf die Frage schuldig, wann im Lauf der Evolution oder der Individualentwicklung das Geistige vom Materiellen Besitz ergreift und sich zu erkennen gibt. Geschieht dies bei der Verschmelzung von Ei und Samenzelle oder später während der Embryonalentwicklung, oder erst bei der Geburt, oder gar erst dann, wenn Menschenkinder kognitive Leistungen ausbilden, über die Tiere nicht verfügen? Dasselbe Problem ergibt sich bei der Betrachtung der Evolution. Wir nehmen für uns in Anspruch, beseelt zu sein und über eine einzigartige geistige Dimension zu verfügen. Aber warum sprechen wir dies Schimpansen ab, obgleich sie uns in so vielem gleichen? Der Versuch festzulegen, wann der Phasenübergang vom Materiellen zum Geistigen stattfand oder je neu stattfindet, trifft angesichts der Kontinuität evolutionärer und ontogenetischer Prozesse auf unüberwindbare Schwierigkeiten. Als Ausweg bliebe der Panpsychismus, die Annahme, alles sei beseelt. Aber diese Sicht führt ihrerseits zu einer Fülle von Konflikten bei dem Versuch, materiellen Erscheinungen beseelte oder mentale Qualitäten zuzuschreiben.

Ferner stellt sich das besonders unangenehme Problem der Verursachung, für das wir ebenfalls keine denkbaren Lösungen wissen. Wenn es diese immaterielle geistige Entität gibt, die von uns Besitz ergreift und uns Freiheit und Würde verleiht, wie sollte diese dann mit den materiellen Prozessen in unserem Gehirn wechselwirken? Denn beeinflussen muß sie die neuronalen Prozesse, damit das, was der Geist denkt, plant und entscheidet, auch ausgeführt wird. Wechselwirkungen mit Materiellem erfordern den Austausch von Energie. Wenn also das Immaterielle Energie aufbringen muß, um neuronale Vorgänge zu beeinflussen, dann muß es über Energie verfügen. Besitzt es aber Energie, dann kann es nicht immateriell sein und muß den Naturgesetzen unterworfen sein. Umgekehrt stellt sich das Problem, wie sich das Immaterielle über die Welt draußen informiert. Wenn wir die Augen schließen, sind wir blind, und auch unser geistiges Auge scheint keine Möglichkeiten zu haben, sich von den Ereignissen draußen ein Bild zu machen. Offenbar muß sich auch der Geist der Augen und der nachgeschalteten neuronalen Mechanismen bedienen, um die Welt wahrzunehmen. Wie also werden die Sinnessignale, die energietragenden elektrischen Entladungen der Nervenzellen in die

Sprache des immateriellen Geistes übersetzt? Auch dieses Problem ist in keinem der uns zugänglichen Beschreibungssysteme lösbar. Falls die Prämisse gilt, daß Weltdeutungen widerspruchsfrei sein müssen, um zutreffend zu sein, bleiben drei Möglichkeiten: Unsere Selbsterfahrung trügt, und wir sind nicht, wie wir uns wähnen, oder unsere naturwissenschaftlichen Weltbeschreibungen sind unvollständig, oder unsere kognitiven Fähigkeiten sind zu begrenzt, um hinter dem scheinbaren Widerspruch das Einende zu erfahren.

Für alle drei Lesarten lassen sich gute Argumente ins Feld führen. Damit diese Abhandlung nicht in ein fatalistisches, alles relativierendes Ignoramus mündet und jede weitere Überlegung gegenstandslos macht, sollen zumindest jene Beschreibungen und Erklärungen als gegeben und zutreffend angesehen werden, die sich aus der Dritten-Person-Perspektive der wissenschaftlichen Betrachtung als konsensfähig, widerspruchsfrei und gemäß der Kriterien von Wiederhol- und Voraussagbarkeit als beweisbar erwiesen haben. Dabei soll jedoch nicht aus dem Blick geraten, daß auch dieses Wissen sich den kognitiven Leistungen menschlicher Gehirne verdankt.

Evolution als kontinuierlicher Prozeß

Wenden wir uns also trotz dieser epistemologischen Bedenken wieder der eingangs formulierten Frage zu, ob, und wenn ja, über welche Erklärungen die aus der Ersten-Person-Perspektive erfahrenen Phänomene als Folge der Evolution komplexer Gehirne verstanden werden können. Zu prüfen wäre also zunächst, ob uns die Evolution irgendwelche Anhaltspunkte für Diskontinuitäten oder Entwicklungssprünge gibt, die uns das In-die-Welt-Kommen von mentalen Phänomenen erklären könnten, die wir einer anderen Seinskategorie zurechnen als die physiko-chemischen Prozesse im Gehirn. Spätestens seit Abschluß der Sequenzierung des humanen Genoms steht fest, daß sich die molekularen Bausteine von Nervenzellen im Laufe der Evolution kaum verändert haben. Die Nervenzellen von Schnecken funktionieren nach den gleichen Prinzipien wie die

Nervenzellen der Großhirnrinde des Menschen. Dies gilt für die molekularen Bestandteile ebenso wie für die anatomische Grundstruktur, für die Mechanismen der Signaltransduktion innerhalb der Zellen ebenso wie für die Kommunikation zwischen Nervenzellen. Ein vergleichbarer Konservatismus kennzeichnet auch die strukturelle Organisation ganzer Gehirne. Obgleich die Evolution im Reich der Wirbeltiere eine beträchtliche Artenvielfalt hervorbrachte, ist die Hirnentwicklung von erstaunlicher Monotonie gekennzeichnet. Die Gehirne werden größer, aber an den Grundstrukturen ändert sich wenig. Es finden sich immer die gleichen Zentren, und diese weisen immer die gleiche Feinstruktur auf. Die Großhirnrinde einer Ratte ist von der eines Menschen auch unter dem Mikroskop kaum zu unterscheiden. Der einzig wirklich auffällige Unterschied zwischen den Gehirnen verschiedener Säugetierspezies ist die quantitative Ausdifferenzierung der Großhirnrinde. Im Vergleich zu anderen Tieren, und auch dann nur in Relation zur Körpergröße, haben wir, hat Homo sapiens, mehr Großhirnrinden-Neuronen. Das führt zu der sehr unangenehmen Schlußfolgerung, daß offenbar alles das, was uns ausmacht und uns von den Tieren unterscheidet, und damit auch alles das, was unsere kulturelle Evolution ermöglichte, offenbar auf der quantitativen Vermehrung einer bestimmten Hirnstruktur beruht. Diese, so muß gefolgert werden, vermag offenbar Verarbeitungsprozesse zu realisieren, deren schiere Vermehrung geeignet ist, die mentalen Eigenschaften hervorzubringen, die uns von den Tieren unterscheiden. Es scheint, als seien all die geistigen Qualitäten, die sich unserer Selbstwahrnehmung erschließen, durch die besondere Leistungsfähigkeit unserer Gehirne in die Welt gekommen.

Wie also könnte die quantitative Vermehrung eines bestimmten Hirngewebes zur Emergenz dieser neuen mentalen Qualitäten geführt haben, und hat es vielleicht mit der Großhirnrinde etwas Besonderes auf sich? Die Großhirnrinde läßt sich in viele verschiedene Areale einteilen, von denen jedes eine ganz bestimmte Aufgabe erfüllt. Welche Aufgaben dies jeweils sind, wird durch die Herkunft der Signale festgelegt, die einem bestimmten Großhirnrindenbereich zugespielt werden. So erhalten Areale im Hinterhauptlappen ihre Eingangssignale hauptsächlich vom Auge, die im Parietallappen vom Körper selbst und die im Temporallappen vom Gehör. Andere Areale wiederum beschäftigen sich vorwiegend mit Signalen, die bereits von anderen Hirnrindenregionen vorverarbeitet wurden. So finden sich im Frontalhirn Rindenareale, die für die Einbindung des Organismus in den Fluß der Zeit verantwortlich sind. Hier werden Kurzzeitspeichervorgänge realisiert, die es möglich machen, sich gewahr zu werden, daß es ein Vorher, ein Jetzt und ein Nachher gibt. Ebenfalls im Frontalhirn liegen die stammesgeschichtlich rezenten Areale, die sogenannten orbitofrontalen Areale, die beim Menschen eine besondere Ausprägung erfahren und für die Einbindung des Individuums in soziale Gefüge verantwortlich sind. Wenn es dort zu Störungen kommt, dann dedifferenziert die Persönlichkeit, die Menschen verlieren ihre moralischen Prinzipien und werden asozial.

Das Faszinierende ist, daß diese verschiedenen Bereiche der Großhirnrinde nahezu die gleiche Feinstruktur aufweisen. Dies impliziert, daß sie nach den gleichen Prinzipien verschaltet sind und somit die gleichen Verarbeitungsalgorithmen anwenden. Da diese offenbar zur Lösung sehr unterschiedlicher Verarbeitungsprobleme eingesetzt werden können, muß es sich um sehr mächtige Algorithmen handeln.

Wenn sich also die Verarbeitungsstrategien in den verschiedenen Hirnrindenarealen kaum unterscheiden, so müssen neu hinzugekommene Funktionen auf der spezifischen Vernetzung der Areale beruhen. In einfachen Gehirnen gelangt Information auf relativ kurzem Weg von den primären sensorischen Arealen, die sich mit der Verarbeitung der Signale von Sinnesorganen befassen, über Querverbindungen zu den motorischen Hirnrindenarealen, in welchen Bewegungsabläufe und Reaktionen auf Sinnesreize programmiert werden. Einfache Gehirne können deshalb auf verschiedene Reizkonstellationen nur mit einem sehr eingeschränkten Verhaltensrepertoire antworten. Bei den höher organisierten Tieren, und das gilt bereits für Ratten, Katzen und Hunde, aber natürlich in besonderem Maße für Primaten, kommen dann weitere Hirnrindenareale hinzu, die ihre Signale nicht mehr von den Sinnesorganen, sondern indirekt über die bereits vorhandenen, stammesgeschichtlich älteren primären sensorischen Hirnrindenareale beziehen. Diese neuen Areale verarbeiten demnach das Ergebnis von hirnrindenspezifischen Verarbeitungsprozessen, und sie tun dies offenbar auf die gleiche Weise, wie die schon vorhandenen Areale Signale aus der Umwelt verarbeiten. Zudem kommunizieren diese neu hinzugekommenen Areale sehr intensiv untereinander. Eine Nervenzelle in der Großhirnrinde empfängt etwa 10 000 bis 20 000 verschiedene Eingangsverbindungen, und die meisten davon kommen von anderen Großhirnrindenzellen. Die Hirnrinde beschäftigt sich also vorwiegend mit sich selbst. In hochorganisierten Gehirnen machen die Eingänge von den Sinnessystemen und die Ausgänge zu den Effektoren einen verschwindend kleinen Prozentsatz der Verbindungen aus.

Metarepräsentationen und Bewußtsein

Zumindest intuitiv wird nachvollziehbar, wie diese geschichtete Architektur über die wiederholte Anwendung immer gleicher kognitiver Operationen zum Aufbau von Metarepräsentationen innerer Zustände führen könnte. Wenn die Ergebnisse primärer kognitiver Prozesse erneut einer Analyse unterzogen werden, kommt dies der Reflexion eigener Wahrnehmungsprozesse gleich. Zieht man in Betracht, daß die Ergebnisse dieser kognitiven Operationen höherer Ordnung ihrerseits wiederum miteinander verglichen und verrechnet werden und daß die Ergebnisse dieser transmodalen Vergleiche wiederum in neu hinzugekommenen Hirnrindenarealen eine abstrakte Kodierung erfahren können, dann läßt sich erahnen, wie phänomenales Bewußtsein, das Sich-Gewahrsein von Wahrnehmungen und Empfindungen, entstanden sein könnte. Es ist dies eine kognitive Fähigkeit, die wir auch Tieren mit höher organisierten Gehirnen zusprechen. Wir bezweifeln nicht, daß sich höhere Säugetiere und insbesondere alle Primaten ihrer Empfindungen gewahr sein können und daß dieses Gewahrsein handlungsrelevant ist. Der Grund für diese Annahme ist, daß die Gehirne der höher organisierten Säugetiere über die gleichen Mechanismen zur Steuerung von Aufmerksamkeit und zur Speicherung von Wahrnehmungsinhalten im episodischen Gedächtnis verfügen wie der Mensch. Für den Menschen gilt, daß Inhalte dann bewußt werden, wenn sie mit selektiver Aufmerksamkeit bedacht werden. Nur dann können sie im episodischen Gedächtnis gespeichert und später wieder einer bewußten Reflexion unterzogen werden. Somit ist wahrscheinlich, daß tierische Gehirne, die über die entsprechenden Selektions- und Speichermechanismen verfügen, phänomenales Bewußtsein aufweisen. Demnach wäre phänomenales Bewußtsein eine operationalisierbare kognitive Leistung, die sich aus der Dritten-Person-Perspektive heraus analysieren lassen sollte. Nachvollziehbar könnte also sein, wie durch Iteration kognitiver Operationen und reflexive Anwendung auf sich selbst Metarepräsentationen eigener Zustände gebildet werden können und somit die eigene Kognition zum Gegenstand von Kognition werden kann.

Das Bindungsproblem

Dies beantwortet aber nicht die Frage, »wer« sich letztlich diese Metaprozesse »anschaut«, wer die alles koordinierende Instanz sein könnte, die wir mit dem »Ich« gleichsetzen. Die Intuition hält hier eine einfache Antwort bereit. Sie legt uns nahe, daß es irgendwo im Gehirn ein Zentrum geben müsse, in dem alle Verarbeitungsergebnisse zusammenkommen, um einer kohärenten Interpretation unterworfen zu werden. Dort wäre der Ort, wo entschieden und geplant wird, und dort müßte sich auch das »Ich« konstituieren. Nun wissen wir aber heute, daß sich unsere Intuition in diesem Punkt auf dramatische Weise irrt. Schaltdiagramme der Vernetzung der Hirnrindenareale lassen jeden Hinweis auf die Existenz eines singulären Konvergenzzentrums vermissen. Es gibt keine Kommandozentrale, in der entschieden werden könnte, in der das »Ich« sich konstituieren könnte. Hochentwickelte Wirbeltiergehirne stellen sich vielmehr als hochvernetzte, distributiv organisierte Systeme dar, in denen eine riesige Zahl von Operationen gleichzeitig ablaufen.

Diese parallelen Prozesse organisieren sich, ohne eines singulären Konvergenzzentrums zu bedürfen, und führen in ihrer Gesamtheit zu kohärenten Wahrnehmungen und koordiniertem Verhalten. Das wirft die schwierige Frage auf, wie sich die vielen, in den verschiedenen Hirnrindenarealen gleichzeitig ablaufenden Verarbeitungsprozesse so koordinieren, daß kohärente Interpretationen der vielfältigen Sinnessignale möglich werden, daß sich klare Festlegungen für bestimmte Handlungsoptionen ergeben und koordinierte motorische Reaktionen ausgeführt werden können. Und schließlich stellt sich die Frage, wie sich ein so dezentral organisiertes System seiner selbst bewußt werden kann. Antworten auf diese Fragen erfordern Lösungen für das sogenannte Bindungsproblem. Es gilt, die Selbstorganisationsprozesse zu verstehen, die aus Teilprozessen kohärente Zustände höherer Ordnung entstehen lassen.

Aus Platzgründen sei hier darauf verzichtet, auf die verschiedenen Vorschläge zur Lösung des Bindungsproblems einzugehen. *Pars pro toto* sei hier die Hypothese diskutiert, die wir in Frankfurt verfolgen. Sie geht davon aus, daß die zur Bindung verteilter Aktivitäten erforderliche Koordination über die Definition präziser zeitlicher Relationen zwischen neuronalen Antworten verwirklicht wird. Der Vorschlag ist, daß das Gehirn die zeitliche Dimension als Kodierungsraum nutzt und präzise zeitliche Synchronisation als Code für die Zusammengehörigkeit neuronaler Antworten verwendet. Das neuronale Korrelat eines Wahrnehmungsinhaltes oder einer Entscheidung oder eines vorformulierten Satzes wäre dann ein komplexes raum-zeitliches Muster synchron aktiver Nervenzellen, das sich über hinreichend lange Zeit stabilisiert, um verhaltensrelevant zu sein oder sogar bewußt zu werden. Zusammenfassende Darstellungen dieses Konzeptes finden sich in Singer (1993), Singer and Gray (1995), Singer (1999), Engel et al. (2001) und Engel and Singer (2001).

Francisco Varela, der im Jahr 2001 verstorben ist und Nicht-Biologen vor allem durch seine Autopoesis-Konzepte bekannt sein dürfte, führte Experimente durch, um die Synchronisationshypothese am Menschen zu überprüfen. Er bat Versuchspersonen, Schwarzweißbilder anzuschauen, von denen einige als Profilansichten von Gesichtern identifizierbar waren. Während die Versuchspersonen versuchten, in diesen Bildern Gestalten zu erkennen, wurden über ein dichtes Netz von Elektroden Hirnströme gemessen. Die Versuchspersonen mußten ferner durch Drücken einer Taste angeben, ob sie ein Gesicht erkannt hatten. Jedesmal, wenn dies der Fall war, traten über den Hirnrindenarealen, die sich mit dem Sehen befassen, kurzfristig hochsynchrone Wellen im Bereich von etwa 40 Hertz auf. Dies war nicht der Fall, wenn die Versuchspersonen die Muster nicht identifizieren konnten. Diese hochsynchronen Zustände dauerten nur etwa 200 tausendstel Sekunden, lösten sich dann auf und wichen einem neuen, ebenfalls synchronen Schwingungsmuster, das jetzt aber von motorischen Hirnrindenarealen ausging und zeitlich mit der Vorbereitung der motorischen Antwort zusammenfiel. Der hochsynchrone Zustand über den Sehrindenarealen stellt sich also nur dann ein, wenn Musterelemente zu einer bewußt wahrnehmbaren Gestalt zusammengebunden werden können. Dies legt nahe, daß das nicht weiter reduzierbare Korrelat eines Wahrnehmungsinhaltes ein hochkoordinierter dynamischer Zustand ist, der sich dadurch auszeichnet, daß die Neuronen, die für die Repräsentation des jeweiligen Inhalts rekrutiert werden müssen, ihre Entladungen über kurze Zeitspannen synchronisieren. Demnach wäre die Repräsentation von Verarbeitungsergebnissen, gleich, ob es sich um Wahrnehmungsinhalte oder motorische Programme, um Gedanken oder Entscheidungen handelt, ein dynamischer Zustand, der durch die koordinierte Aktivität einer sehr großen Zahl räumlich verteilter Nervenzellen charakterisiert ist. Dies müßte dann auch für die Struktur von Metarepräsentationen gelten, also für die Repräsentation der Inhalte der Selbstwahrnehmung. Die Frage, wie diese dynamischen Zustände in Verhaltensreaktionen umgesetzt werden, läßt sich im Rahmen neurobiologischer Beschreibungssysteme zwar noch nicht befriedigend, aber wohl im Prinzip klären.

Weitaus problematischer ist die Frage, wie sich auf der Basis neuronaler Erregungsmuster die subjektiven Konnotationen unserer Wahrnehmungen und Empfindungen konstituieren. Diese Frage führt uns gegenwärtig noch an die Grenzen unseres Vorstellungsvermögens, da sich in ihr die noch unvereinbaren Beschreibungen begegnen, die wir aus den unterschiedlichen Perspektiven der ersten und der dritten Person gewonnen haben.

Nicht weniger problematisch ist die Frage, wie ein solchermaßen distributiv organisiertes kognitives System dazu kommt, sich ein Bild von sich selbst zu machen und sich als autonomes, frei entscheidendes Agens zu empfinden. Da es keinen ersichtlichen Grund gegen die Annahme gibt, daß auch diese Selbsterfahrungsprozesse auf neuronalen Vorgängen beruhen, läßt sich die Suche nach Antworten auf diese Frage nicht weiter aufschieben. Auch wenn sich, was wahrscheinlich ist, derzeit keine konsensfähigen Interpretationen anbieten lassen, scheint es dennoch an der Zeit, Hypothesen zu formulieren, die sich auf das derzeit Gewußte stützen.

Selbstmodell als soziales Konstrukt

Im folgenden soll der Versuch gemacht werden, die Bedingungen zu identifizieren, die es uns ermöglichen, uns als selbstbestimmende, frei entscheidende Wesen zu erfahren. Eine zentrale Rolle scheint hierbei dem Faktum zuzukommen, daß uns bei weitem nicht alle Vorgänge in unserem Gehirn bewußt werden. Vieles spricht dafür, daß nur die neuronalen Erregungsmuster zu bewußten Empfindungen und Wahrnehmungen führen, die in der Hirnrinde generiert werden. Von diesen wiederum dürfte jeweils nur ein Bruchteil ins Bewußtsein gelangen. Noch wissen wir wenig darüber, durch welche Eigenschaften sich die bewußtseinsfähigen von den unbewußt bleibenden Erregungszuständen unterscheiden. Manches spricht dafür, daß Erregungsmuster nur dann bewußt werden können, wenn ihnen »Aufmerksamkeit« geschenkt wird und sie dadurch ein kritisches Maß an Kohärenz, an Ordnung, an Synchronisation erlangen und diesen Zustand über hinreichend lange Zeit aufrechterhalten können. Ergebnisse aus Versuchen, die dem geschilderten Experiment von Varela ähneln, stützen diese Vermutung. Wendet sich zum Beispiel die visuelle Aufmerksamkeit auf einen bestimmten Ort im Gesichtsfeld, dann nimmt in den dafür zuständigen Regionen der Hirnrinde die Kohärenz neuronaler Oszillationen im hohen Frequenzbereich von 40 Hertz zu, noch bevor Reize auftreten (siehe Engel und Singer (2001) für weiterführende Literatur). Dies impliziert, daß viele der vorbereitenden Verarbeitungsprozesse – und schon diese müssen bereits auf sehr komplexen Selbstorganisationsvorgängen beruhen – nicht ins Bewußtsein gelangen. Es scheint, als könnten Erregungsmuster erst dann bewußt werden, wenn sie ein gewisses Maß an Konsistenz erreicht haben, also als Ergebnis eines Verarbeitungsprozesses gewertet werden. Manche der vom Gehirn ausgewerteten Signale haben jedoch prinzipiell keinen Zugang zum Bewußtsein. Wir haben zum Beispiel keinen bewußten Zugriff zu Informationen über unseren Blutdruck oder das Niveau des Blutzuckerspiegels, obgleich diese Variablen sehr sorgfältig gemessen, vom Gehirn ausgewertet und in Regulationsprozesse umgesetzt werden. Der wahrscheinliche Grund hierfür ist, daß diese Verarbeitungsprozesse ohne Beteiligung der Großhirnrinde ablaufen. Aber auch von den Signalen, die von der Großhirnrinde verarbeitet werden und auf die das Bewußtsein im Prinzip Zugriff hat, wird jeweils nur ein kleiner Teil bewußt. Vom kontinuierlichen Strom der Sinnessignale, die im Gehirn verarbeitet und zur Verhaltenssteuerung genutzt werden, ist uns immer nur ein kleiner Ausschnitt bewußt. Nur die Aspekte, denen wir Aufmerksamkeit schenken, werden uns auch bewußt, und nur diese können wir im deklarativen Gedächtnis abspeichern, und nur über diese können wir später berichten. Natürlich hinterlassen auch die unbewußten Verarbeitungsprozesse Gedächtnisspuren und beeinflussen zukünftiges Handeln. Aber wir werden uns dieser Handlungsdeterminanten nicht bewußt und können sie deshalb nicht als Begründungen für unser Tun anführen. Diese Parallelität von bewußten und unbewußten Handlungsdeterminanten ist ein wichtiger Grund dafür, daß wir uns aus der Ersten-Person-Perspektive heraus als freie autonome Agenten erfahren können.

Eine weitere Voraussetzung für die Konstitution eines Selbst, das sich frei wähnt, so mein Vorschlag, ist die soziale Interaktion. Mir scheint unser Selbstmodell wesentlich dadurch geprägt, daß wir uns in den kognitiven Funktionen, in der Wahrnehmung des je anderen spiegeln können, daß wir in Dialoge eintreten können des Formats »Ich weiß, daß du weißt, daß ich weiß« oder »Ich weiß, daß du fühlst, wie ich mich empfinde« usw. Solche iterativen Spiegelungsprozesse könnten die Erfahrung vermitteln, ein autonomer Agent zu sein, der frei über sich verfügen kann. Um in solche Dialoge eintreten zu können, müssen jedoch zwei Bedingungen erfüllt sein. Es sind dies kognitive Funktionen, über die nur menschliche Gehirne verfügen. Zum einen bedarf es der Fähigkeit, eine Theorie des Geistes aufzubauen. Dies bezeichnet die Möglichkeit, sich vorzustellen, was im anderen vorgeht, wenn dieser sich in einer bestimmten Situation befindet. Mit Ausnahme der großen Menschenaffen fehlt Tieren diese Fähigkeit. Lediglich bei Schimpansen wurden bislang Ansätze dafür gefunden. Der Grund ist, daß für diese Leistung Hirnstrukturen erforderlich sind, die erst beim Menschen ihre volle Ausprägung erfahren. Diese evolutionsgeschichtlich jungen Strukturen reifen erst im Laufe der ersten Lebensjahre aus, weshalb auch kleine Kinder keine Theorie des Geistes aufbauen können.

Ein Beispiel soll verdeutlichen, wozu eine Theorie des Geistes befähigt. Man verstecke einen Gegenstand vor den Augen von Beobachtern, schicke dann einen von ihnen vor die Tür, wechsle jetzt das Versteck vor aller Augen und frage die Beobachter, wo der Hinausgeschickte suchen wird, wenn hereingerufen. Beobachter, die über eine Theorie des Geistes verfügen, werden sagen, der Hereingerufene wird am ursprünglichen Versteck suchen, während Beobachter ohne dieses Vermögen vermuten werden, der Hereingerufene werde an dem Ort suchen, an dem sich der Gegenstand tatsächlich befindet.

Die zweite Funktion, über die dialogfähige Gehirne verfügen müssen, ist sprachliche Kommunikation. Die Gehirne müssen in der Lage sein, abstrakte Relationen symbolisch zu kodieren und syntaktisch zu verknüpfen. Sind diese Voraussetzungen erfüllt, können sich Dialoge der eben skizzierten Art zwischen Gehirnen entwickeln. Gehirne können sich dann in der Wahrnehmung des Gegenübers spiegeln, und ich schlage vor, daß diese Spiegelung zur Entwicklung eines Selbstmodells führt, in dem wir uns als freie, selbstbestimmte Wesen erfahren. Wenn es sich aber bei dieser Erfahrung um ein Phänomen handelt, das nur durch soziale Interaktion in die Welt tritt, dann haben die Inhalte dieser Erfahrung einen anderen ontologischen Status als die Inhalte der Wahrnehmung der dinglichen Welt. Erstere hätten dann den Status von sozialen Realitäten, von kulturellen Konstrukten und Zuschreibungen, die ihre Existenz zwischenmenschlichen Interaktionen verdanken.

Frühkindliches Lernen und Vergessen

Wie aber kommen wir nun zu der unerschütterlichen Überzeugung, daß unser Ich freie Entscheidungen treffen und über Prozesse in unserem Gehirn verfügen kann? Eine erste und vermutlich entscheidende Erfahrung mit der Zuschreibung von Autonomie und Freiheit machen wir schon als Kleinkinder. Eltern bedeuten den Kleinen fortwährend, sie sollten dies tun und jenes lassen, weil andernfalls diese oder jene Konsequenzen einträten. Diese Verweise und die mit ihnen verbundenen Sanktionen erzwingen den Schluß, man könne auch anders und müsse nur wollen. Wir erfahren also schon sehr früh eine Behandlung, die sich durch die Annahme rechtfertigt, wir seien frei in unseren Entscheidungen – eine Annahme, die sich über Erziehung verläßlich von Generation zu Generation tradiert. Wir machen uns also vermutlich eine im Laufe unserer Kulturgeschichte entwickelte Zuschreibung zu eigen, internalisieren sie und verfahren nach ihr. Möglich ist dies, weil wir bislang auf keine direkt erfahrbaren Widersprüche gestoßen sind. Wenn die Prämisse gilt, daß neuronale Prozesse erst dann bewußt werden können, wenn sie sich Lösungen nähern, dann bleibt die Erfahrung, frei zu sein, widerspruchsfrei, weil wir uns der Aktivitäten nicht gewahr werden, welche die Entscheidungen vorbereiten und zu anderen Lösungen hätten führen können. Die meisten der Strebungen und Motive, die uns letztlich dazu gebracht haben, etwas Bestimmtes und nicht anderes zu tun, bleiben uns verborgen. Wir nehmen oft nur das Ergebnis solcher hirninterner Abwägungsprozesse wahr, schreiben uns dies dann im Moment der Bewußtwerdung als Ergebnis unserer »freien« Entscheidung zu, können es dann noch mit anderen, ebenfalls bewußten Argumenten abwägen und gegebenenfalls modifizieren und erfahren uns so als Herr über unsere Entscheidungen. Da wir unbewußte Motive *per definitionem* nicht wahrnehmen, ergibt sich kein erfahrbarer Widerspruch zwischen der grundsätzlichen Bedingtheit unserer Entscheidungen und unserem Eindruck, wir träfen sie frei. Weil uns alle vorbereitenden, »vorbewußten« Vorgänge in unserem Gehirn verborgen bleiben, erscheint uns das, was im Bewußtsein aufscheint, als nicht verursacht. Nun lehren uns aber alle Erfahrungen, daß nichts ohne Ursache ist. Wir schreiben deshalb unserem Wollen die Rolle zu, als Auslöser für die schließlich bewußt gewordenen Entscheidungen zu fungieren. Diesem Wollen wiederum billigen wir inkonsequenterweise zu, daß es letztinstanzlich und unverursacht, also frei ist.

Sollte diese Interpretation zutreffen, dann wäre unsere Erfahrung, frei zu sein, eine Illusion, die sich aus zwei Quellen nährt: 1.) Der durch die Trennung von bewußten und unbewußten Hirnprozessen widerspruchsfreien Empfindung, alle relevanten Entscheidungsvariablen bewußt gegeneinander abwägen zu können und 2.) der Zuschreibung von Freiheit und Verantwortung durch andere Menschen. Wenn somit die Überzeugung, frei entscheiden zu können, unter anderem auf frühkindlichem Lernen beruht, also auf der Aneignung von Zuschreibungen, die sich von anderem, das wir durch Erziehung über uns lernen, nicht unterscheidet, dann stellt sich die Frage, warum diese Erfahrung soviel unerschütterlicher ist als die Erfahrung mit anderen sozialen Realitäten. Warum fühlt sich die Erfahrung, frei zu sein, so anders an als andere soziale Realitäten, die ebenfalls über soziales Lernen in unserem Bewußtsein verankert werden, wie zum Beispiel unsere moralischen Setzungen? Ein Grund hierfür könnte sein, daß wir uns an den Lernprozeß, über den Wertesysteme vermittelt werden, zumindest teilweise erinnern können, da uns dieser während der gesamten Kindheit begleitet. Die Dialoge hingegen, die uns auf uns selbst verweisen und zur Ich-Konstitution beitragen, setzen sehr früh ein und behalten ihre Inhalte unverändert bei. Diese Dialoge beginnen in einer Entwicklungsphase, in der die Kleinkinder noch kaum über deklaratives Gedächtnis verfügen, also noch nicht in der Lage sind, den Lernprozeß selbst zu erinnern. Sie lernen, machen sich das Gelernte zu eigen, können aber nicht angeben, woher sie wissen, was sie wissen. Man bezeichnet diese Unfähigkeit, den Kontext bewußt zu erinnern, als frühkindliche Amnesie. Kleine Kinder lernen viel und schnell und wenden das Erlernte an, aber wenn sie angeben sollen, woher sie etwas Bestimmtes wissen, dann bleiben sie die zutreffende Antwort meist schuldig. Für die Kleinen erscheint das, was sie wissen, als nicht verursacht, als immer schon gewußt. Und dieses könnte der Grund dafür sein, daß uns später, wenn wir beginnen, über uns nachzudenken, die Inhalte dieses frühen Lernens als nicht verursacht und somit als absolut erscheinen. In der fehlenden Erinnerung an frühe soziale Lernprozesse könnte somit die Ursache liegen für die eigentümliche, transzendente Komponente unseres Selbstmodells, die wir mit unserem Ich verbinden, dieses allen materiellen Prozessen vorausgehende, ihnen gegenübergestellte und von ihnen unabhängige Konstrukt.

Freie und unfreie Entscheidungen

Bemerkenswert ist nun, daß wir trotz aller Überzeugung, frei zu sein, in der Selbstbewertung und im Urteil über andere zwischen freien und unfreien Akten unterscheiden. Für erstere sind wir bereit, Verantwortung zu übernehmen, für letztere fordern wir Nachsicht und machen mildernde Umstände geltend. Aus neurobiologischer Sicht ist diese Unterscheidung jedoch fragwürdig, beruht doch der Unterschied zwischen diesen beiden Beurteilungslagen nur auf dem verschiedenen Grad der Bewußtheit der Motive, die zu Entscheidungen und Handlungen geführt haben. Wir gehen offenbar davon aus, daß Motive, die wir ins Bewußtsein heben und einer bewußten Deliberation unterziehen können, dem freien Willen unterworfen sind, während Motive, die nicht bewußtseinsfähig sind, offenbar nicht dem freien Willen unterliegen. Im Bezug auf die zugrundeliegenden neuronalen Prozesse erscheint diese Dichotomie wenig plausibel. Denn in beiden Fällen werden die Entscheidungen und Handlungen durch neuronale Prozesse vorbereitet, nur daß in einem Fall der Scheinwerfer der Aufmerksamkeit auf den Motiven liegt und diese ins Bewußtsein hebt und im anderen nicht. Aber der Abwägungsprozeß selbst beruht natürlich in beiden Fällen auf neuronalen Prozessen und folgt somit in beiden Szenarien deterministischen Naturgesetzen. Zutreffend ist lediglich, daß die Variablen, auf denen der Abwägungsprozeß beruht, im Falle bewußter Deliberation abstrakterer Natur sind und vermutlich auch nach komplexeren Regeln miteinander verknüpft werden können als bei Entscheidungen, die sich vorwiegend aus unbewußten Motiven herleiten. Der Grund ist, daß Variablen, sobald sie ins Bewußtsein gelangen, sprachlich erfaßt, symbolisch kodiert und syntaktisch verknüpft werden können. Wegen der begrenzten Kapazität des Bewußtseins könnte es jedoch sein, daß die Zahl der Variablen, die bewußt überschaut und gegeneinandergesetzt werden können, geringer ist als die Zahl der Variablen, die im Unterbewußten miteinander verrechnet werden können. Der Parameterraum, in dem sich bewußte Entscheidungen vollziehen, muß also nicht notwendig der umfassendere sein. Auch die als frei empfundenen bewußten Entscheidungen werden immer durch eine Vielzahl im Unbewußten verhandelter Prozesse vorbereitet und beeinflußt. Im folgenden sollen deshalb die neuronalen Mechanismen ausführlicher behandelt werden, die bewußten und unbewußten Entscheidungen zugrunde liegen.

Die entscheidenden Variablen

Entscheidungen sind das Ergebnis von Abwägungsprozessen, an denen jeweils eine Vielzahl unbewußter und bewußter Motive mitwirkt. Diese legen gemeinsam das Ergebnis fest, sind jedoch in ihrer Gesamtheit kaum zu erfassen, weder vom entscheidenden Ich noch vom außenstehenden Beobachter. Hirnforscher behaupten, daß Entscheidungen vom Gehirn getroffen werden, also auf neuronalen Prozessen beruhen. Sie müssen deshalb erklären, wie das Wissen neuronal repräsentiert ist, auf dem Entscheidungen beruhen, wie sich die Motive für Entscheidungen im Nervensystem manifestieren, wie die Abwägungsprozesse organisiert sind, wie das wollende und entscheidende »Ich« sich konstituiert und schließlich, welches die Konsequenzen der Antworten für unser Selbstverständnis und die Beurteilung von Fehlentscheidungen sind.

Die Gewißheit, daß unser Wollen und Entscheiden auf neuronalen Vorgängen im Gehirn beruht, verdankt sich der Konvergenz mehrerer, unabhängiger Beobachtungen. Eine Argumentationslinie stützt sich auf die evolutionsbiologische Evidenz einer engen Korrelation zwischen dem Differenziertheitsgrad von Gehirnen und ihren kognitiven Leistungen. Die Verhaltensleistungen einfacher Organismen lassen sich lückenlos auf die neuronalen Vorgänge in den respektiven Nervensystemen zurückführen. Da die Evolution sehr konservativ mit Erfindungen umgeht, unterscheiden sich einfache und hochdifferenzierte Gehirne im wesentlichen nur durch die Zahl der Nervenzellen und die Komplexität der Vernetzung. Daraus folgt, daß auch die komplexen kognitiven Funktionen des Menschen auf neuronalen Prozessen beruhen müssen, die nach den gleichen Prinzipien organisiert sind, wie wir sie von tierischen Gehirnen kennen.

Zur gleichen Schlußfolgerung zwingen entwicklungsbiologische Argumente: Die Ausdifferenzierung von Hirnstrukturen in der Individualentwicklung geht Hand in Hand mit der Ausbildung immer komplexerer kognitiver Fähigkeiten. Dies gilt auch für die mentalen Leistungen, die den Menschen auszeichnen. Schritt für Schritt erwirbt das Kind die Fähigkeit, sich einer symbolbasierten Sprache zu bedienen, logische Operationen höherer Ordnung auszuführen, ein Ich-Bewußtsein auszubilden und sich dadurch seiner selbst als autonomem Agenten gewahr zu werden. Mit der Ausreifung von Strukturen im Frontalhirn einher geht dann die Gabe, eine Theorie des Geistes zu entwickeln und hochdifferenzierte soziale Kompetenzen zu erwerben. Soweit es nur um diese operationalisierbaren kognitiven Funktionen geht, erscheint deren neuronale

Bedingtheit also zwingend. Aber wie verhält es sich mit der Repräsentation sozialer Realitäten, den Glaubens- und Wertesystemen, die ihr In-die-Welt-Kommen der schöpferischen Leistung sozialer Systeme verdanken? Finden auch diese ihren Niederschlag in den neuronalen Prozessen einzelner Gehirne?

Wie Wissen in den Kopf kommt

Alles Wissen, über das ein Gehirn verfügt, residiert in seiner funktionellen Architektur, in der spezifischen Verschaltung der vielen Milliarden Nervenzellen. Zu diesem Wissen zählt nicht nur, was über die Bedingungen der Welt gewußt wird, sondern auch das Regelwerk, nach dem dieses Wissen zur Strukturierung unserer Wahrnehmungen, Denkvorgänge, Entscheidungen und Handlungen verwertet wird. Dabei unterscheiden wir angeborenes und durch Erfahrung erworbenes Wissen. Ersteres wurde während der Evolution durch Versuch und Irrtum erworben, liegt in den Genen gespeichert und drückt sich jeweils erneut in der genetisch determinierten Grundverschaltung der Gehirne aus. Das zu Lebzeiten hinzukommende Wissen führt dann zu Modifikationen dieser angeborenen Verschaltungsoptionen. Solange die Hirnentwicklung anhält – beim Menschen bis zur Pubertät –, prägen Erziehungs- und Erfahrungsprozesse die strukturelle Ausformung der Nervennetze innerhalb des genetisch vorgegebenen Gestaltungsraumes. Später, wenn das Gehirn ausgereift ist, sind solche grundlegenden Änderungen der Architektur nicht mehr möglich. Alles Lernen beschränkt sich dann auf die Veränderung der Effizienz der bestehenden Verbindungen. Das seit Beginn der kulturellen Evolution zusätzlich erworbene Wissen über die Bedingungen der Welt, das Wissen um soziale Realitäten, findet also seinen Niederschlag in kulturspezifischen Ausprägungen der funktionellen Architektur der einzelnen Gehirne. Frühe Prägungen programmieren dabei die Vorgänge im Gehirn fast so nachhaltig wie genetische Faktoren, da beide Prozesse sich gleichermaßen in der Spezifikation von Verschaltungsmustern manifestieren.

Daß auch die erst durch Einbettung in Kultur erworbenen Fertigkeiten ihre neuronale Grundlage haben, bestätigen die Ergebnisse der kognitiven Neurowissenschaften. Mentale Akte wie das Mitempfinden des Leids anderer, das Haben eines schlechten Gewissens, das Unterdrücken einer Reaktion, die Mißempfindung sozialen Ausgeschlossenseins oder die Verurteilung einer unfairen Handlung anderer, all diese intrapsychischen Vorgänge, die ihre Relevanz erst in bezug auf andere erfahren, beruhen auf der Aktivierung wohldefinierter neuronaler Strukturen. Umgekehrt gilt, daß die gestörte Funktion der entsprechenden Hirnregionen zum Ausfall dieser Leistungen führt. So gilt natürlich auch, daß ein Ersuchen oder ein Befehl – nicht anders als gewöhnliche sensorische Reize – Aktivierungen in ganz bestimmten Hirnregionen auslösen, die erst dann wieder zur Ruhe kommen, wenn der Auftrag erfüllt oder vergessen wird. Somit beeinflussen kulturelle Verabredungen und soziale Interaktionen Hirnfunktionen im gleichen Maße wie alle anderen Faktoren, die auf neuronale Verschaltungen und die auf ihnen beruhenden Erregungsmuster einwirken. Für die Funktionsabläufe in den neuronalen Netzwerken spielt es keine Rolle, ob Verschaltungsmuster durch genetische Instruktionen oder durch kulturelle Prägungsprozesse ihre spezifische Ausbildung erfuhren, ob die Aktivität der Neurone durch gewöhnliche Sinnesreize oder soziale Signale erfolgte.

Verschiedene Formen des Wissens

Wichtig für die Beurteilung von Entscheidungsprozessen ist, daß genetisch vermitteltes Wissen impliziten Charakter hat, da wir uns an seinen Erwerb nicht bewußt erinnern können. Das gleiche gilt für früh Erlerntes, weil Hirnstrukturen, die für den Aufbau des deklarativen Gedächtnisses benötigt werden, erst spät ausreifen. Und so kommt es, daß nicht nur angeborenes Wissen, sondern auch ein wesentlicher Anteil des durch Erziehung tradierten Kulturwissens den Charakter absoluter, unhinterfragbarer Vorgaben erhält, von Wahrheiten und unumstößlichen Überzeugungen, die keiner Relativierung unterworfen werden können. Zu diesem impliziten Wissensgut zählen angeborene und anerzogene Denkmuster und Verhaltensstrategien ebenso wie Wertesysteme und religiöse Überzeugungen. Aus dem gleichen Grund haben vermutlich auch die Inhalte unseres Selbstbildes jenen absoluten Anspruch. Wir erfahren früh, daß uns zugeschrieben wird, autonome, in unseren Entscheidungen und Handlungen freie Agenten zu sein, die für ihr Tun verantwortlich sind und deshalb Sanktionen ausgesetzt werden dürfen. Auch an den Erwerb dieser Überzeugung, die wir aus dem auf uns gerichteten Verhalten der anderen gewinnen, haben wir keine Erinnerung. Das gleiche gilt für den Prozeß, in dem sich unser Ich-Bewußtsein durch Beobachtung unserer Wirkung auf andere, durch Spiegelung in der Kognition des anderen konstituiert. Erst das Weltwissen, das nach der Ausbildung deklarativer Gedächtnisfunktionen erworben wird, also in der Zeit, die wir erinnern, wird zu explizit Gewußtem. Wir erinnern den Lernvorgang, können dieses Wissen bewußt rekapitulieren und sprachlich zu Argumenten verwandeln.

Neuronale Grundlagen von Entscheidungsprozessen

Aufgrund evolutionärer Anpassung sind Gehirne daraufhin ausgelegt, fortwährend nach den je optimalen Verhaltensoptionen zu suchen. Sie wenden dabei Verarbeitungsstrategien an, die in ihrer Architektur durch genetische Vorgaben eingeschrieben und/oder durch Erfahrung eingeprägt wurden. Um zu entscheiden, stützen sie sich auf eine ungemein große Zahl von Variablen: auf die aktuell verfügbaren Signale aus der Umwelt und dem Körper sowie auf das gesamte gespeicherte Wissen, zu dem auch emotionale und motivationale Bewertungen zählen. In Dutzenden, räumlich getrennten, aber eng miteinander vernetzten Hirnarealen werden Erregungsmuster miteinander verglichen, auf Kompatibilität geprüft und, falls sie sich widersprechen, einem kompetitiven Prozeß ausgesetzt, in dem es schließlich einen Sieger geben wird. Das Erregungsmuster setzt sich durch, das den verschiedenen Attraktoren am besten entspricht. Dieser distributiv angelegte Wettbewerbsprozeß kommt ohne übergeordneten Schiedsrichter aus. Er organisiert sich selbst und dauert so lange an, bis sich ein stabiler Zustand ergibt, der dann für den Beobachter erkennbar als Handlungsintention oder Handlung in Erscheinung tritt. Welches der vielen möglichen Erregungsmuster als nächstes die Oberhand gewinnt, ist demnach festgelegt durch die spezifische Verschaltung und den jeweils unmittelbar vorausgehenden dynamischen Gesamtzustand des Gehirns. Falls diese Bedingungen Übergänge in mehrere gleich wahrscheinliche Folgezustände erlauben, dann können auch zufällige Schwankungen in der Signalübertragung zum Tragen kommen und dem einen oder anderen Zustand zum Sieg verhelfen.

Dieses Szenario erscheint uns plausibel für Entscheidungen, die wir unwillkürlich treffen – für die vielen unbewußten Entscheidungen, die uns sicher durch den Alltag bringen. Aber für Entscheidungen, die auf der bewußten Abwägung von Variablen beruhen und die wir als gewollt empfinden, fordert unsere Intuition anderes. Wir neigen dazu, eine von neuronalen Prozessen unabhängige Instanz anzunehmen, die neuronalen Abläufen vorgängig ist: eine Instanz, die sich Sinnessignale und Speicherinhalte bewußt machen kann, daraus Schlüsse zieht, eine Option als gewollt identifiziert und diese dann in Handlung umsetzt. Diese Sichtweise artikuliert sich in zwei Positionen. Eine, die dualistische, postuliert für die wollende Ich-Instanz einen immateriellen Dirigenten, der das neuronale Substrat nur nutzt, um sich über die Welt zu informieren und seine Entscheidung in Handlungen zu verwandeln. Diese Position ist mit dem Verursachungsproblem konfrontiert und mit bekannten Naturgesetzen unvereinbar. Sie hat den Status unwiderlegbarer Überzeugungen. Die andere geht zwar davon aus, daß auch die sogenannten »freien Entscheidungen« vom Gehirn selbst getroffen werden, daß die zugrundeliegenden Prozesse sich aber aus nicht näher spezifizierten Gründen über den neuronalen Determinismus erheben können. Aus neurobiologischer Sicht ist auch diese Lesart unbefriedigend. Wenn eingeräumt wird, daß das bewußte Verhandeln von Argumenten auf neuronalen Prozessen beruht, dann muß es neuronalem Determinismus in gleicher Weise unterliegen wie das unbewußte

Entscheiden, für das wir dies zugestehen. Dies folgt aus der zwingenden Erkenntnis, daß neuronale Vorgänge in der Großhirnrinde nach immer gleichen Prinzipien ablaufen und daß sowohl bewußte als auch unbewußte Entscheidungen auf Prozessen in dieser Struktur beruhen. Wenn dem aber so ist, warum räumen wir den bewußten Entscheidungen einen anderen Status ein als den unwillkürlichen, warum wähnen wir erstere unserer Intention und Wertung unterworfen und sind bereit, für sie besondere Verantwortung zu übernehmen? Wodurch unterscheiden sich bewußte und unwillkürliche neuronale Prozesse?

Bewußte und unbewußte Prozesse

Neuronale Vorgänge lassen sich klassifizieren in solche, die grundsätzlich keinen Zugang zum Bewußtsein haben, solche, die wahlweise ins Bewußtsein gelangen können, und solche, die grundsätzlich bewußt sind. Zu den vom Bewußtwerden ausgeschlossenen Vorgängen zählen viele der sogenannten autonomen Funktionen, welche für ordnungsgemäßes Funktionieren aller Organe, einschließlich des Gehirns, sorgen. Von den anderen, potentiell bewußtseinsfähigen Vorgängen können jeweils immer nur wenige gleichzeitig ins Bewußtsein gelangen und im Kurzzeitspeicher gehalten werden. Generell gilt, daß nur die Sinnessignale bewußt werden, denen Aufmerksamkeit geschenkt wird, und daß nur die Speicherinhalte ins Bewußtsein gehoben werden können, die während des Speichervorgangs mit Aufmerksamkeit belegt und bewußt erfahren wurden. Die Zuteilung von Aufmerksamkeit unterliegt dabei wiederum einem distributiv organisierten Wettbewerb, der sich in einem weitverzweigten Netzwerk selbst strukturiert und nicht von einem zentralistischen Dirigenten verwaltet wird. Ein starker oder unerwarteter Reiz zieht Aufmerksamkeit automatisch auf sich, aber das Gehirn setzt Prioritäten auch selbst, und das oft unbewußt. Man sucht einen Namen, findet ihn nicht, die Aufmerksamkeit wandert zum nächsten Problem, und plötzlich taucht der gesuchte Name im Bewußtsein auf. Ein Beispiel von vielen, das illustriert, daß unser Gehirn, nachdem sich ein Bedürfnis eingestellt hat, offenbar ganz ohne unser »bewußtes« Zutun Speicher durchsuchen, die Stimmigkeit des Gefundenen mit dem Gesuchten überprüfen und das Resultat ins Bewußtsein bringen kann. Und dann gibt es die obligat bewußten Prozesse, zu denen alle sprachlich gefaßten Vorgänge gehören. Bewußte Vorgänge unterscheiden sich von unbewußten also vornehmlich dadurch, daß sie mit Aufmerksamkeit belegt, im Kurzzeitspeicher festgehalten, im deklarativen Gedächtnis abgelegt und sprachlich gefaßt werden können.

Entsprechend unterscheiden sich die Inhalte, die bewußten Entscheidungen zugrunde liegen, mitunter von denen, die bei unwillkürlichen Entscheidungen zum Tragen kommen. Bewußte Entscheidungen basieren per definitionem auf Inhalten bewußter Wahrnehmungen und auf Erinnerungen, die im deklarativen Gedächtnis als explizites Wissen abgelegt wurden. Bei den Variablen bewußter Entscheidungen handelt es sich also vornehmlich um spät Erlerntes: um ausformuliertes Kulturwissen, ethische Setzungen, Gesetze, Diskursregeln und verabredete Verhaltensnormen. Abwägungsstrategien, Bewertungen und implizite Wissensinhalte, die über genetische Vorgaben, frühkindliche Prägung oder unbewußte Lernvorgänge ins Gehirn gelangten und sich deshalb der Bewußtmachung entziehen, stehen somit nicht als Variablen für bewußte Entscheidungen zur Verfügung. Gleichwohl aber wirken sie verhaltenssteuernd und beeinflussen bewußte Entscheidungsprozesse. Sie lenken den Auswahlprozeß, der festlegt, welche von den bewußtseinsfähigen Variablen jeweils ins Bewußtsein rükken, sie geben die Regeln vor, nach denen diese Variablen verhandelt werden, und sie sind maßgeblich an der emotionalen Bewertung dieser Variablen beteiligt.

Freie und unfreie Entscheidungen

Hier also könnte der Schlüssel liegen zur Frage, warum wir eine Art von Entscheidung als bedingt und die andere als frei beurteilen, obgleich beide auf gleichermaßen deterministischen neuronalen Prozessen beruhen. Offenbar ist es die Natur der Variablen und die Art ihrer Verhandlung. Wir beurteilen Entscheidungen als frei, die auf der bewußten Abwägung von Variablen gründen, also auf der rationalen Verhandlung von bewußtseinsfähigen Inhalten. Entscheidungen, die sich auf diese Weise vollziehen, werden uns voll zugerechnet. Geprüft wird allenfalls, ob die Person zum Zeitpunkt der Abwägung in der Lage war, sich die relevanten Variablen bewußt zu machen und diese bei ungetrübtem Bewußtsein zu verhandeln. Diese Position schreibt dem Bewußtsein eine letztinstanzliche Funktion zu, oder anders, sie setzt die verantwortliche Person mit ihrem Bewußtsein gleich. Sie definiert jenen Anteil am Entscheidungsprozeß als »frei«, dessen sich die Person bewußt ist. Diese Interpretation ist nachvollziehbar, denn die Selbst- und Fremdwahrnehmung suggeriert genau dies. Alles, was wir von anderen als Handlungsbegründung erfahren können, ist, was ihnen davon bewußt wird und mitgeteilt werden kann. Dem handelnden Subjekt geht es nicht anders. Auch dieses wird sich nur der bewußten Motive gewahr, und da sie die seinen sind, empfindet es sich als für sie verantwortlich. Das Subjekt erfährt sich zu Recht als Urheber der Entscheidung, die es getroffen hat. Wer sonst käme in Frage?

Die bewußten Motive müssen jedoch keineswegs die entscheidenden gewesen sein, auch wenn es dem inneren Auge, das nur Bewußtes zu sehen vermag, so scheint, als seien die jeweils bewußten Argumente hinreichende und vollständige Begründungen. Zweifel kommen nur selten auf, da in der Regel im Wettbewerb der Entscheidungsprozesse jener Zustand gewinnt, der durch maximale Kohärenz aller Variablen ausgezeichnet ist, der unbewußten wie der bewußten. Es kann aber passieren, daß die auf bewußter Verhandlung von Argumenten aufbauenden und in sich konsistenten Lösungen mit den unbewußt ablaufenden Abwägungsprozessen in Konflikt geraten und unterliegen. Dann heißt es: »Ich habe es getan, obgleich ich es nicht wirklich wollte oder obgleich ich ein ungutes Gefühl dabei hatte.« Das bewußte Ich gesteht ein, anderen Kräften unterlegen zu sein. Gelegentlich erfindet es sogar Argumente, um im nachhinein Entscheidungen zu begründen, deren Motive ihm nicht zugänglich waren. Es ist möglich, einer Person Handlungsanweisungen aufzugeben, ohne daß sie sich dieser bewußt wird. Führt die Person die Handlung aus und soll sich dann zu der Aktion erklären, so gibt sie zumeist eine plausible, rational wohlbegründete Antwort im intentionalen Format »weil ich dies oder jenes wollte«. Die angeführten Gründe sind in solchen Fällen naturgemäß unzutreffend und konnten erst nach der Handlung erfunden werden. Dennoch ist die handelnde Person von der Richtigkeit und der verursachenden Natur der angegebenen Gründe überzeugt und schreibt sich die Handlung als gewollte zu. Es scheint, als sei das Gehirn darauf angelegt, Kongruenz zwischen den im Bewußtsein vorhandenen Argumenten und den aktuellen Handlungen bzw. Entscheidungen herzustellen. Gelingt das nicht, weil im Bewußtsein gerade nicht die passenden Argumente aufscheinen, dann werden sie um der Kohärenz willen ad hoc erfunden. Und niemand weiß anzugeben, wie hoch bei den alltäglichen, selbst »verantworteten« Entscheidungen dieser fiktive Anteil ist.

Es gibt also nachvollziehbare Gründe, warum wir zwischen unbewußten und bewußten Abwägungsprozessen unterscheiden und letztere als unserem freien Willen unterworfen wahrnehmen, auch wenn in beiden Fällen der Entscheidungsprozeß selbst auf deterministischen neuronalen Prozessen beruht. Wenn aber alle Entscheidungen auf gleichermaßen bedingten neuronalen Prozessen beruhen, warum hat dann die Evolution überhaupt Gehirne herausgebildet, die über zwei Entscheidungsebenen verfügen? Eine naheliegende Vermutung ist, daß bewußtes Verhandeln von Variablen Vorteile gegenüber den unbewußten Entscheidungsprozessen bietet. Ein offensichtlicher Gewinn könnte die Mitteilbarkeit der Gründe sein. Auch wenn die benennbaren Motive nur Fragmente darstellen, erlaubt ihre Kommunizierbarkeit eine wesentlich differenziertere Bewertung von Verhaltensdispositionen, als dies durch die Beobachtung von Verhalten allein möglich wäre. Diese Mitteilbarkeit hat vermutlich entscheidend zur Entwicklung und Stabilisierung sozialer Systeme beigetragen, weil sie die Option eröffnet, die Äußerungen über getroffene Entscheidungen zu bewerten, Entscheidungen als intentionalen Akt zu interpretieren, Verantwortung für Entscheidungen zuzuschreiben und Sanktionen für unerwünschte Entscheidungen vorzusehen. Und so nimmt es nicht wunder, daß mit den sogenannten freien Entscheidungen nur die bewußten, die mit mitteilbaren Gründen gerechtfertigten gemeint sind.

Ein weiterer Vorteil bewußten Entscheidens ist, daß die Variablen nach rationalen Diskursregeln verhandelt werden können. Der Abwägungsprozeß läßt sich differenzierter gestalten, weil er sich auf erlernte Regeln der Argumentationslogik stützen kann. Aber dieses evolutionsgeschichtlich junge Verfahren hat auch Nachteile. Die rationalen, bewußt herbeigeführten Entscheidungen sind zweifach begrenzt, einmal durch die geringe Zahl der Variablen, die gleichzeitig im Bewußtsein gehalten werden können, und dann durch den vorgängigen Auswahlprozeß, der entscheidet, welche Variablen überhaupt ins Bewußtsein gelangen. Somit ist durchaus möglich, daß bei unbewußt ablaufenden Entscheidungsprozessen weit mehr Variablen zueinander in Bezug gesetzt werden als bei den bewußten. Zu vermuten ist allerdings, daß diese unbewußten Abwägungen einfacheren, kompetitiven Regeln folgen als die bewußten Entscheidungen, die von erlernten Regelwerken strukturiert werden. Beide Strategien, die bewußten und die unbewußten, haben somit ihre Vor- und Nachteile, und es scheint nicht ausgemacht, daß die bewußten immer die besseren sind. Der »klinische Blick« des erfahrenen Arztes ist gelegentlich treffsicherer als die rationale Analyse notwendig unvollständiger Meßgrößen.

Eine humanere Betrachtungsweise?

Die in der lebensweltlichen Praxis gängige Unterscheidung von gänzlich unfreien, etwas freieren und ganz freien Entscheidungen erscheint in Kenntnis der zugrundeliegenden neuronalen Prozesse problematisch. Unterschiedlich sind lediglich die Herkunft der Variablen und die Art ihrer Verhandlung: Genetische Faktoren, frühe Prägungen, soziale Lernvorgänge und aktuelle Auslöser, zu denen auch Befehle, Wünsche und Argumente anderer zählen, wirken stets untrennbar zusammen und legen das Ergebnis fest, gleich, ob sich Entscheidungen mehr unbewußten oder bewußten Motiven verdanken. Sie bestimmen gemeinsam die dynamischen Zustände der »entscheidenden« Nervennetze.

Diese Sicht hat Konsequenzen für die Beurteilung von Fehlverhalten. Ein Beispiel: Eine Person begeht eine Tat, offenbar bei klarem Bewußtsein, und wird für voll verantwortlich erklärt. Zufällig entdeckt man aber einen Tumor in Strukturen des Frontalhirns, die benötigt werden, um erlernte soziale Regeln abzurufen und für Entscheidungsprozesse verfügbar zu machen. Der Person würde Nachsicht zuteil. Der gleiche »Defekt« kann aber auch unsichtbare neuronale Ursachen haben. Genetische Dispositionen können Verschaltungen hervorgebracht haben, die das Speichern oder Abrufen sozialer Regeln erschweren, oder die sozialen Regeln wurden nicht rechtzeitig und tief genug eingeprägt, oder es wurden von der Norm abweichende Regeln erlernt, oder die Fähigkeit zur rationalen Abwägung wurde wegen fehlgeleiteter Prägung ungenügend ausdifferenziert. Diese Liste ließe sich nahezu beliebig verlängern. Keiner kann anders, als er ist.

Diese Einsicht könnte zu einer humaneren, weniger diskriminierenden Beurteilung von Mitmenschen führen, die das Pech hatten, mit einem Organ volljährig geworden zu sein, dessen funktionelle Architektur ihnen kein angepaßtes Verhalten erlaubt. Menschen mit problematischen Verhaltensdispositionen als schlecht oder böse abzuurteilen bedeutet nichts anderes, als das Ergebnis einer schicksalhaften Entwicklung des Organs, das unser Wesen ausmacht, zu bewerten. Überschreitet das Fehlverhalten eine Toleranzgrenze, drohen wir mit Sanktionen. Interessanterweise fallen diese Maßnahmen um so drastischer aus, je mehr wir davon ausgehen können, daß dem Delinquenten die Variablen, auf denen die Entscheidung basierte, bewußt sein müßten. Offenbar ahnden wir Verstöße dann besonders streng, wenn sie gegen explizit Gewußtes begangen werden, gegen Wertordnungen also, die über Erziehungsprozesse im deklarativen Gedächtnis verankert wurden. Wir begründen dies, indem wir bewußten Entscheidungen ein besonderes Maß an

Freiheit zuschreiben und daraus besondere Schuldfähigkeit, Verantwortlichkeit und Sanktionsnotwendigkeit ableiten.

An dieser Praxis würde die differenziertere Sicht der Entscheidungsprozesse, zu der neurobiologische Erkenntnisse zwingen, wenig ändern. Die Gesellschaft darf nicht davon ablassen, Verhalten zu bewerten. Sie muß natürlich weiterhin versuchen, durch Erziehung, Belohnung und Sanktionen Entscheidungsprozesse so zu beeinflussen, daß unerwünschte Entscheidungen unwahrscheinlicher werden, sie muß Delinquenten die Chance einräumen, durch Lernen zu angepaßteren Entscheidungen zu finden, und – wenn all dies erfolglos bleibt – sich durch Freiheitsentzug schützen. Nur die Argumentationslinie wäre eine andere. Sie trüge den hirnphysiologischen Erkenntnissen Rechnung, ersetzte die konfliktträchtige Zuschreibung graduierter »Freiheit« und Verantwortlichkeit durch bewußte und unbewußte Prozesse und eröffnete damit einen vorurteilsloseren Raum zur Beurteilung und Bewertung von »normalem« und »abweichendem« Verhalten. Die schwer nachvollziehbare Dichotomie einer Person in freie und unfreie Komponenten wäre damit überwunden. Die Person als ganze würde nach wie vor für all das zur Rechenschaft gezogen, was sie fühlt, denkt und tut, und diese Beurteilung umfaßte unbewußte und bewußte Faktoren gleichermaßen. Diese Sichtweise trüge der trivialen Erkenntnis Rechnung, daß eine Person tat, was sie tat, weil sie im fraglichen Augenblick nicht anders konnte – denn sonst hätte sie anders gehandelt. Da im Einzelfall nie ein vollständiger Überblick über die Determinanten einer Entscheidung zu gewinnen ist, wird sich die Rechtsprechung nach wie vor an pragmatischen Regelwerken orientieren. Es könnte sich aber lohnen, die geltende Praxis im Lichte der Erkenntnisse der Hirnforschung einer Überprüfung auf Kohärenz zu unterziehen.

Literatur

Engel, A. K., P. Fries und W. Singer (2001), »Dynamic predictions: oscillations and synchrony in top-down processing«, in: *Nature Rev. Neuroscience* 2, S. 704-716.

Engel, A. K., und W. Singer (2001), »Temporal binding and the neural correlates of sensory awareness«, in: *Trends in Cognitive Science* 5 (1), S. 16-25.

Singer, W. (1993), »Synchronization of cortical activity and its putative role in information processing and learning«, in: *Annual Review of Physiology* 55, S. 349-374.

Singer, W. (1999), »Neuronal synchrony: a versatile code for the definition of relations?«, in: *Neuron* 24, S. 49-65.

Singer, W., und C. M. Gray (1995), »Visual feature integration and the temporal correlation hypothesis«, in: *Annual Review of Neuroscience* 18, S. 555-586.

Gerhard Roth
Worüber dürfen Hirnforscher reden – und in welcher Weise?[1]

Zwischen der Philosophie und den Neurowissenschaften herrscht ein kompliziertes Verhältnis, das auf seiten der Philosophie von inhaltlicher Kooperation über eher freundliche oder eher unfreundliche kritische Stellungnahmen bis zu genereller Ablehnung und offener Feindseligkeit reicht. Umgekehrt empfinden viele Neurowissenschaftler die kritischen Äußerungen einiger Philosophen als übertrieben, inkompetent oder von krassen Mißverständnissen geprägt. Eine solche Situation ist durchaus verständlich. Es kann den Philosophen nicht gleichgültig sein, daß Teile der Neurowissenschaften bzw. der Hirnforschung, die man inzwischen unter dem Begriff »kognitive und emotionale Neurowissenschaften« (»Cognitive and Emotional Neuroscience«) zusammenfaßt, in Bereiche vordringen, die zu den Kernbestandteilen der Philosophie gehören, wie Erkenntnistheorie und Geist- und Bewußtseinsphilosophie, oder sich gar mit Fragen der Moral, Ethik und Willensfreiheit befassen.

Mir scheint in dieser Auseinandersetzung die philosophische Kritik an der Hirnforschung im wesentlichen aus zwei Punkten zu bestehen. Zum einen handelt es sich um den Fundamentalvorwurf, daß sich die Hirnforschung zu Themen und Problemen äußert, über die sie als experimentelle Wissenschaft bzw. Naturwissenschaft gar nichts aussagen *kann* und *darf*. Die Hirnforschung macht sich nach dieser Auffassung einer unzulässigen *Grenzüberschreitung* schuldig. Hierzu gehören etwa Aussagen über das Wesen und die Funktion geistig-seelischer Zustände, zum Beispiel in Form von Wünschen, Vorstellungen,

1 Ich danke Herrn Prof. Michael Pauen (Universität Magdeburg) für eine intensive Diskussion der vorliegenden Problematik und die kritische Durchsicht des Manuskripts.

Willensakten, Ich-Zuständen und religiösen Gefühlen, die den Kern der menschlichen Persönlichkeit ausmachen. Zum zweiten handelt es sich um den Vorwurf, daß Hirnforscher auf unzulässige Weise das Gehirn zum *Subjekt* geistiger oder emotionaler Zustände machen, wenn sie etwa davon reden, daß das Gehirn »bewertet« oder »entscheidet«. Dies sei ein Kategorienfehler bzw. ein »naturalistischer Fehlschluß«, denn es würden dem Gehirn Tätigkeiten zugeschrieben, die nur in Hinblick auf das bewußte Ich sinnvoll seien. Insbesondere würde der tiefe Unterschied zwischen der Determiniertheit aus *Ursachen* im Bereich des Naturgeschehens auf der einen Seite und des Handelns aus *Gründen* im Bereich des Menschen auf der anderen übersehen.

Solche Vorwürfe sind ernst zu nehmen, gleichgültig, in welcher höflichen oder unhöflichen Form sie von Philosophen vorgebracht werden. Die Hirnforschung hat anders als Physik und Chemie für sich bisher keine grundlegende Methoden- und Begriffskritik durchgeführt. Hierfür war sie bisher zu jung und zu vielfältig in ihren Methoden und Gegenständen. Nichtsdestoweniger ist es für eine wissenschaftliche Disziplin unabdingbar, daß sie sich eine logisch-begriffliche Basis schafft, in der festgelegt ist, worüber sie in welcher Weise reden soll.

Die Sprache der Neurobiologie bzw. der Hirnforschung ist logisch-begrifflich unproblematisch, solange sie ihre Untersuchungen auf das Studium von Nervenzellen und deren Teile (zum Beispiel Membranen oder Ionenkanäle), von Gehirnzentren oder auch ganzen Gehirnen beschränkt und diese nicht mit geistig-psychischen Funktionen in Verbindung bringt. Ein solcher selbstbeschränkender oder »agnostischer« Ansatz war aber von Beginn der modernen Neurobiologie und Hirnforschung zu Anfang des 19. Jahrhunderts an die Ausnahme. Die meisten großen Hirnforscher des 19. und beginnenden 20. Jahrhunderts haben, auch wenn sie sich auf das Präparieren, Anfärben und anschließende Beschreiben von Hirnstrukturen oder Nervengeweben beschränken mußten, über deren Funktion spekuliert, wie unzulänglich dies auch gewesen sein mag (vgl. Breidbach 1997). Schon lange war bekannt, daß sich im Gehirn von Wirbellosen und Wirbeltieren Zentren der Wahrnehmung und Bewegungssteuerung befinden, und es war naheliegend, sich beim Anblick der wundervollen Strukturen zu fragen, wie die tatsächlich beobachteten oder unterstellten Funktionen wohl zustande kommen, wie also Gehirn und perzeptive, kognitive, emotionale oder motorische Leistungen zusammenhängen.

Noch eklatanter wird diese Situation, wenn es um das Studium der Folgen von Verletzungen von Zentren des menschlichen Gehirns geht, wie es die klinische Neuropsychologie zum Gegenstand hat. Der französische Neurologe Paul Broca machte in der Mitte des 19. Jahrhunderts als erster die Beobachtung, daß die Zerstörung in einem Bereich des linken Stirnlappens zu einer typischen Beeinträchtigung des Sprachvermögens führt, die man später »Broca-Aphasie« nannte. Diese Art von »Lokalisationismus« oder »Zentrenlehre« war neben der Neuronenlehre (d. h. der Anschauung, daß Nervensysteme aus Nervenzellen, Neuronen, aufgebaut sind) die erfolgreichste Theorie der Neurowissenschaften, wenngleich mit wichtigen Modifikationen. Schon im Altertum war bekannt, daß Verletzungen des Gehirns im Hinterhaupts- und Schläfenlappen zu Sehstörungen führen bis hin zu komplizierten Ausfällen des visuellen Erkenntnisvermögens (»visuelle Agnosien«), zum Beispiel im Bereich der Objekt- oder Gesichtererkennung. Ebenso stellte man fest, daß Verletzungen im Bereich des Scheitellappens zu Störungen in der Körperempfindung, Raumorientierung und Symbolverarbeitung führen und Verletzungen im Bereich des Stirnhirns neben Sprachstörungen zu tiefgreifenden Persönlichkeitsveränderungen oder zu Intelligenzverlust. Diese Erkenntnisse wurden im ausgehenden 19. und im 20. Jahrhundert weiter vertieft und verfeinert. In den vergangenen Jahrzehnten kamen Einsichten über die Folgen von Verletzungen oder Erkrankungen von Zentren außerhalb der Großhirnrinde hinzu, die zum Beispiel zu der Feststellung führten, daß Verletzungen im Bereich des Hippocampus zu tiefgreifenden Störungen des sogenannten deklarativen Gedächtnisses führen und Verletzungen im Bereich des Mandelkerns (der Amygdala) zu Gefühlsarmut bzw. der Unfähigkeit, bedrohliche Geschehnisse zu erkennen und auf sie zu reagieren (vgl. Kolb und Wishaw 1993; Roth 2003 a).

Diese Fülle von neurologischen bzw. neuropsychologischen Einsichten wurde und wird gelegentlich als »Neo-Phrenologie« diskreditiert, allerdings zu Unrecht, denn kein kompetenter Neurobiologe wird behaupten, daß die syntaktisch-grammatikalische Sprache im Broca-Areal »sitzt«, die Persönlichkeit im untern Stirnhirn, die Furcht in der Amygdala und das deklarative Gedächtnis im Hippocampus. Vielmehr wird ein kompetenter Neurobiologe feststellen, daß sich im Broca-Areal Netzwerke befinden, die für das Beherrschen von Syntax und Grammatik der menschlichen Sprache unabdingbar sind. Ebenso wird er aufzeigen, daß ein funktionsfähiger Hippocampus für das deklarative Gedächtnis unverzichtbar ist und ein intaktes Stirnhirn essentiell für Impulskontrolle, intelligente Handlungsplanung und Fehlerkorrektur. Er wird darauf hinweisen, daß diese Hirnzentren diese Eigenschaften unter anderem dadurch besitzen, daß sie mit ganz bestimmten anderen Hirnzentren sowie mit bestimmten sensorischen Eingängen und motorischen Ausgängen verbunden sind. Er wird also eher von *Zentren-Netzwerken* sprechen, etwa von solchen zwischen Arealen der Hirnrinde, Kernen des Thalamus und Zentren des limbischen Systems. Diese Netzwerke sind in dem Maße überlappend, in dem die zur Rede stehenden Funktionen überlappend sind, und sie sind getrennt in dem Maße, in dem die Funktionen unabhängig voneinander ausfallen können. So kann etwa die Gesichterwahrnehmung unabhängig von der Objektwahrnehmung gestört sein, das deklarative Gedächtnis unabhängig vom prozeduralen Gedächtnis, einsichtsvolles Handeln unabhängig von Intelligenz (Kolb und Wishaw 1993).

Der Philosoph tut gut daran, an diesen Erkenntnissen nicht zu zweifeln – nicht weil Zweifel verboten wären, sondern weil er dann diese Erkenntnisse aussagekräftig widerlegen müßte. Philosophisch bedeutsam wird es jedoch, wenn man fragt, in welchem genaueren Zusammenhang solche Erkenntnisse mit den in Rede stehenden perzeptiven, kognitiven, emotionalen oder motorischen Funktionen stehen. Unproblematisch verhält man sich erst einmal, wenn man etwa sagt: »Eine Verletzung im Bereich des Hippocampus führt dazu, daß ein Patient keine neuen Wissensinhalte mehr lernen kann.« Oder: »Eine

Zerstörung der Amygdala aufgrund der Urbach-Wiethe-Krankheit führt zum Unvermögen des Patienten, furchterregende Geschehnisse zu erkennen.« Oder: »Eine Zerstörung des unteren Stirnhirns führt dazu, daß besonnene und friedliebende Menschen zu rücksichtslosen, unmoralischen Personen werden« (vgl. Damasio 1996). Man trennt hierbei die Ebene der neurobiologischen bzw. neurologischen Befunde und die Ebene der kognitiven und psychischen Defizite voneinander. In dem Maße aber, in dem diese Zusammenhänge zwischen Hirnfunktionen bzw. Hirnverletzungen einerseits und geistig-psychischen Funktionen bzw. ihrer Beeinträchtigungen andererseits sich als immer enger und verläßlicher herausstellen, erhebt sich unausweichlich die Frage nach der Natur dieser Beziehung: Stellt sie die Interaktion zweier wesensmäßig unterschiedenen Entitäten »Geist« und »Gehirn« dar, oder handelt es sich um zwei unterschiedliche Erscheinungen desselben Gegenstandsbereichs, nämlich aus der Erfahrung der ersten (introspektiven) und der dritten (naturwissenschaftlich-beschreibenden) Perspektive?

Viele Philosophen, aber auch manche philosophierende Neurobiologen nehmen hinsichtlich der Beziehung zwischen Gehirn und Geist/Psyche den Standpunkt des Vaters der experimentellen Psychologie, Wilhelm Wundt, ein, daß im Bereich einfacher Wahrnehmungsleistungen und motorischer Akte diese Beziehung eng ist, daß aber bei komplexen kognitiven und psychischen Zuständen keine eindeutigen Bezüge zu erkennen sind. Eine solche Auffassung wird zum Beispiel oft bei der Diskussion um die Willensfreiheit vertreten, indem man annimmt, daß das wollende Bewußtsein bei aller neuronaler oder psychischer Bedingtheit einen gewissen Freiheitsraum besitzt, insbesondere dann, wenn es um »wichtige« Entscheidungen geht. Der wegen seiner Experimente zur Willensfreiheit bekannt gewordene amerikanische Neurobiologe Benjamin Libet zum Beispiel hat eine Art »Veto-Fähigkeit« des bewußten Willens gegenüber den ansonsten bewegungsdeterminierenden Hirnprozessen angenommen, wie sie u. a. im »Bereitschaftspotential« sichtbar werden (Libet 1985; Libet et al. 1983). Auch der Standpunkt des interaktiven Dualismus ist unter Philosophen, aber auch unter vielen Naturwissenschaftlern noch verbreitet. Die interaktiven Dualisten gehen davon aus, daß neuronales Geschehen und mental-psychische Vorgänge zwei voneinander wesensverschiedene, wenngleich miteinander wechselwirkende Entitäten sind (vgl. Eccles 1982, 1994). Man versucht dabei die leidige Frage auszuklammern, wie denn unter Wahrung physikalischer Gesetze eine solche Interaktion geschehen könnte: Es mag ja sein, daß die Erhaltungssätze für diese Art von Interaktion nicht gelten oder daß ihr Mechanismen zugrunde liegen, die jenseits unserer Erkenntnisfähigkeiten liegen.

Der Standpunkt Wilhelm Wundts war so lange verständlich, als man methodisch nur die einfachsten Sinnesleistungen und Reaktionen und ihren Bezug zu Bewußtseinsinhalten erforschen konnte. Er gerät aber dadurch in Schwierigkeiten, daß die Hirnforschung inzwischen zeigen kann, daß auch sehr komplexe kognitive Leistungen, zum Beispiel Wahrnehmungstäuschungen, aufs engste mit neuronalen Prozessen in bestimmten Teilen der Großhirnrinde (Cortex) zusammenhängen. So lassen sich in assoziativen visuellen Cortexarealen Nervenzellen oder Nervenzellverbände nachweisen, die sich bei Kontrast-, Farb- und Formtäuschungen in ihren Antworteigenschaften genauso »verhalten« wie die bewußt wahrnehmende Versuchsperson, indem sie zum Beispiel auf virtuelle, physisch gar nicht vorhandene Kontrastkanten reagieren (Peterhans und von der Heydt 1991; Haynes et al. 2003).

Ebenso ist es mit den heutigen Methoden sehr wohl möglich, über rein korrelative Untersuchungen hinauszugehen. So kann man durch eine Kombination unterschiedlicher Verfahren wie Elektroenzephalographie (EEG) oder Magnetenzephalographie (MEG), die beide eine hohe Zeitauflösung haben, mit der funktionellen Kernspintomographie (fMRI), die eine hohe Ortsauflösung besitzt, untersuchen, was im Gehirn passiert, *bevor* eine Versuchsperson ein bestimmtes Wahrnehmungserlebnis hat (Noesselt et al. 2002). Der Prozeß des Bewußtwerdens von Wahrnehmungsinhalten benötigt zwischen 200 und tausend Millisekunden. Er ist damit im Vergleich zu unbewußten Hirnprozessen ein durchaus langsamer Vorgang und umfaßt die gleichzeitige und hintereinander ablaufende Aktivität vieler Hirnzentren unter Beteiligung von Millionen oder gar Milliarden von Neuronen.

Im Fall der Darbietung eines visuellen Objekts oder einer Szene kann man mit Hilfe dieser Experimente den Weg visueller Erregung von der Netzhaut über den Thalamus zur primären und sekundären Sehrinde, von dort zu den assoziativen Seharealen und zurück zur primären Sehrinde verfolgen, bis die Versuchsperson Objekt oder Szene bewußt wahrnimmt bzw. sich entsprechend verbal oder durch Knopfdruck äußert. Ebenso lassen sich unbewußte Prozesse im limbischen System, in den Basalganglien und in der Hirnrinde genau verfolgen, bis eine Person den Willensentschluß erlebt, eine Bewegung auszuführen. Diese Befunde zeigen, daß zwischen neuronalen und mentalen Prozessen keineswegs »nur« eine strikte Parallelität herrscht, sondern daß dem bewußten Erleben notwendig und offenbar auch hinreichend unbewußte neuronale Geschehnisse *vorausgehen*.

Ob sich ein überzeugter interaktiver Dualist durch diese Experimente »bekehren« läßt, ist ungewiß. Immerhin könnte er argumentieren, daß das unabhängig vom Gehirn existierende Bewußtsein sich genau in dem Augenblick mit den Gehirnzuständen verbindet, in dem primäre und assoziative Hirnrindenareale sich gegenseitig hinreichend organisiert haben. Allerdings wäre es dann mit der vielbeschworenen »Autonomie« des Geistes gegenüber dem Gehirn vorbei, denn offenbar würde dieser hinzueilende Geist nichts an Wirkung hinzufügen, und der interaktive Dualismus würde sich in eine Art Epiphänomenalismus verkehren (der ja letztlich eine Spielart des Dualismus ist).

Zweifellos führen die Erkenntnisse der Hirnforschung zu einer starken Einschränkung des Lösungsraumes im Zusammenhang mit dem Geist-Gehirn-Problem zugunsten eines Monismus, Identismus oder Zwei-Aspekte-Ansatzes, aber sie führen nicht zwangsläufig zu Sprachschwierigkeiten. Als Neurobiologe kann ich problemlos formulieren: »Wenn in den und den Hirnzentren die und die neuronalen Prozesse abgelaufen sind, dann entsteht zu einem angebbaren Zeitpunkt in meinem Gehirn der und der Erlebniszustand.« Ich gehe dabei zwar von der starken Annahme aus, daß der Erlebniszustand von Hirnprozessen vollständig bedingt ist. Ich muß aber nicht gleichzeitig imstande sein, die mentalistische Beschreibung, in der von einem Erlebniszustand die Rede ist, in eine neurobiologische Beschreibung zu übersetzen. Ich kann mich also durchaus mit einer »fundamentalen Erklärungslücke« zwischen neuronalem Geschehen und subjektivem Erleben zufriedengeben (vgl. hierzu Pauen 2001; Pauen und Stephan 2002; Roth 2003a).

Problematisch wird die Situation jedoch dann, wenn ich im Zusammenhang mit den Untersuchungen neuronaler Verhaltenssteuerung nach der *Funktion* des Erlebniszustandes selbst frage. Nehmen wir an, es sei tatsächlich nachgewiesen, daß im Zusammenhang mit Willkürhandlungen der bewußte Entschluß »Jetzt will ich nach der Kaffeetasse greifen!« erst auftritt, *nachdem* sich im prämotorischen und motorischen Cortex das so genannte lateralisierte Bereitschaftspotential aufgebaut hat (vgl. Haggard und Eimer 1999), dann ergibt sich zwingend die Frage, welche Rolle der bewußte Entschluß bei dem gesamten Vorgang überhaupt spielt. Der Schluß aus solchen Untersuchungen (sofern sie korrekt durchgeführt und interpretiert wurden) lautet, daß die klassisch-philosophische wie auch alltagspsychologische Aussage »Mein Arm und meine Hand haben nach der Kaffeetasse gegriffen, weil *ich* dies so gewollt habe!« nicht richtig ist.

Der Neurobiologe wird darauf hinweisen, daß der bewußte Willensakt gar nicht der Verursacher der genannten Bewegung sein könne, weil diese Bewegung bereits vorher durch neuronale Prozesse festgelegt, d. h. kausal verursacht sei. Der subjektiv empfundene Willensakt sei also entweder völlig wirkungslos (wie der Epiphänomenalismus annimmt), oder er habe eine von der Verursachung oder Auslösung der Willenshandlung verschiedene Funktion, etwa im Zusammenhang der Selbstzuschreibung der Handlung (s. dazu Jeannerod 1997; Blakemore et al. 2002; Roth 2003a, b). Entsprechend müsse in der Tat die korrekte Formulierung lauten: »Nicht mein bewußter Willensakt, sondern mein Gehirn hat entschieden!«

Das Entsetzen mancher Philosophen über solche Aussagen

ist verständlich, denn wenn ein Schwerverbrecher vor Gericht sagt »Nicht ich bin es, mein Gehirn ist es gewesen!« und er bzw. sein Verteidiger sich dann auf Erkenntnisse der Hirnforschung beruft (was bereits mehrfach vorgekommen ist), dann könnte dies schwerwiegende Konsequenzen für das Bild des Menschen als eines – weitgehend – frei und verantwortlich handelnden Wesens haben, das den westlichen Gesellschaftsformen und dem kontinentaleuropäischen Strafrecht zugrunde liegt. Dürfen Hirnforscher also über die Willensfreiheit überhaupt reden und – wenn ja – in solchen Formulierungen?

Von einer Reihe von Philosophen und anderen Geisteswissenschaftlern wurde jüngst wieder nachdrücklich der Standpunkt vertreten, Hirnforscher dürften sich *grundsätzlich* nicht zu Problemen der Willensfreiheit äußern, weil die Frage nach der Willensfreiheit eine moralisch-ethische, philosophische, juristische und gesellschaftliche Frage sei, aber keineswegs eine Frage der Naturwissenschaften. Ein solcher Standpunkt ist unakzeptabel, weil er fruchtlose Denk- und Sprachverbote ausspricht und auf einer völlig überholten Trennung von Geistes- und Naturwissenschaften beruht. Um diese leider immer noch vorherrschende Trennung zu überwinden, braucht man sich als Hirnforscher oder experimenteller Psychologe nur mit Philosophen, Psychiatern oder Strafrechtlern zusammenzusetzen und zu klären, was man überhaupt unter Willensfreiheit verstehen will. Man kann dabei von einem *starken* Begriff von Willensfreiheit ausgehen, wie er nicht nur alltagspsychologisch vorherrscht, sondern auch dem deutschen Strafrecht zugrunde liegt (Wessels und Beulke 2002). Dieser starke Begriff von Willensfreiheit (auch *Libertarianismus* genannt) besteht im wesentlichen aus den beiden Annahmen, daß die Willenshandlung einer Person (zumindest teilweise) durch den bewußten Willen und unabhängig von kausal wirkenden Einflüssen bestimmt ist (das Prinzip der *mentalen Verursachung* von Handlungen) und daß die Person für ihre Handlung deshalb verantwortlich ist, weil sie unter identischen inneren und äußeren Umständen (vor allem in ihrem Gehirn) auch eine andere als die von ihr vollzogene Handlung hätte ausführen können (das Prinzip des *Alternativismus*) (vgl. Walter 1998; Pauen 2002).

Wie sich herausstellt, kann man durchaus mit empirisch-experimentellen Mitteln und unter Wahrung höchster philosophischer Ansprüche untersuchen, ob eine Person im traditionellen Sinne willensfrei ist oder nicht. Immerhin geht es hierbei nicht um einen bestimmten subjektiven Eindruck (dieser könnte täuschen), sondern um das Verhältnis von bestimmten Hirnzuständen und bestimmten Handlungsweisen. Man kann zum Beispiel feststellen, ob auf bestimmte Hirnprozesse immer bestimmte Handlungen folgen, oder ob es hier unerklärliche Abweichungen gibt, die eine Eigenwirkung von volitionalen Zuständen andeuten könnten. Man kann auch durch sehr kurze und deshalb unbewußte (»subliminale«) Darbietung von Hinweisreizen, durch Hypnose oder direkte Hirnreizung oder sogenannte transkranielle Magnetstimulation eine Person dazu bringen, etwas zu tun, das sie dann als *von ihr zuvor gewollt* bezeichnet.

Solche Experimente wurden inzwischen in größerer Zahl durchgeführt und haben die obengenannte Annahme bestätigt, daß innerhalb (*cortical*) und außerhalb der Großhirnrinde (*subcortical*, zum Beispiel in den sogenannten Basalganglien) unbewußt ablaufende Prozesse in der Großhirnrinde zu handlungsvorbereitenden Prozessen führen, die ihrerseits das Gefühl »ich will das jetzt tun!« hervorbringen, und daß auf bestimmte corticale Erregungsmuster (das »lateralisierte Bereitschaftspotential«) immer bestimmte Bewegungen folgen. Ebenso wurde in handlungspsychologischen und sozialpsychologischen Untersuchungen die von Psychologen schon lange gehegte Vermutung bestätigt, daß zwischen dem Gefühl, etwas zu wollen bzw. gewollt zu haben, und der tatsächlich ausgeführten Handlung *keine* verursachende Beziehung besteht. D. h. manche Versuchspersonen führen unter frei gestaltbaren Bedingungen (zum Beispiel beim Einkaufen) Willenshandlungen aus, die sie überhaupt nicht oder nicht in dieser Weise gewollt haben, behaupten aber anschließend, sich so verhalten zu haben, wie ursprünglich intendiert. Diese Untersuchungen zeigen, daß unsere Handlungsintentionen häufig den tatsächlichen Handlungen *nachträglich* angepaßt werden und Personen sich gelegentlich, wenn nicht gar häufig, fälschlich Handlungen zuschreiben können, die sie in Wirklichkeit gar nicht bewirkt haben (vgl. Wegner 2002).

Die von philosophischer Seite oft geäußerte Bemerkung, dies alles möge unter Laborbedingungen vielleicht so sein, im täglichen Leben sei das aber anders, ist kein gutes Argument, denn man kann auch unter Laborbedingungen relativ »lebensnahe« Experimente durchführen.Ebenso unverständlich ist die Ansicht, Hirnforscher dürften sich grundsätzlich nicht zum Problem der Willensfreiheit äußern. Warum sollte ein Hirnforscher Experimente wie die obengenannten zur Überprüfung der möglichen »mentalen Verursachung« von Willenshandlungen machen und dann nichts zur Relevanz seiner Forschungsergebnisse für das Problem der Willensfreiheit sagen?

Ähnlich gelagert ist die Situation, wenn Hirnforscher – häufig noch auf Ersuchen staatlicher Stellen – die Gehirne von schweren Gewaltverbrechern (»Soziopathen«) untersuchen (entweder post mortem oder in vivo mit Hilfe der funktionellen Bildgebung) und dann feststellen, daß sich bei vielen dieser Straftäter auffällige anatomische Defizite, vor allem im unteren Stirnhirn (dem orbitofrontalen Cortex), oder schwere Störungen des Transmitter-, Neuropeptid- oder Hormonhaushalts finden (vgl. Anderson et al. 1999; Raine et al. 1997, 1998, 2000). Dabei müssen sie die Diagnose der Soziopathie gar nicht selbst gestellt haben, um sich über einen möglichen Zusammenhang zwischen den anatomischen und physiologischen Befunden und der Schuldfähigkeit im strafrechtlichen Sinne zu äußern.

Es kann also nicht darum gehen, dem Hirnforscher Sprachverbote zu erteilen, vorausgesetzt, er hat sich philosophisch kundig gemacht (noch besser ist es natürlich, wenn er sich mit einem neurobiologisch kompetenten Philosophen zusammentut). Was bleibt, ist die Frage, wie sich der Hirnforscher denn ausdrücken soll. Ist es also korrekt zu sagen: »Nicht der bewußte Willensakt, sondern das Gehirn hat dies entschieden!«? Sollten die genannten Experimente in der oben angegebenen Weise Evidenzen gegen eine »mentale Verursachung« von Willenshandlungen liefern, dann wäre in der Tat der von vielen Philosophen gescholtene Satz »Willensfreiheit ist eine Illusion« korrekt – unabhängig davon, wie unangenehm uns diese Feststellung ist. Unser bewußtes Ich hat nun einmal den unabweislichen Eindruck, es verursache mit Hilfe des Willens seine Handlungen, und wenn dies nicht den Tatsachen entspricht, dann handelt es sich eben um eine Illusion.

Mir scheint der Satz »Nicht das Ich, sondern das Gehirn hat entschieden!« korrekt zu sein, denn »eine Entscheidung treffen« ist ein Vorgang, dessen Auftreten objektiv überprüfbar ist. Auf den linken oder rechten Knopf zu drücken oder (tatsächlich oder virtuell) durch eine linke oder eine rechte Tür zu gehen ist (oder benötigt) eine Entscheidung, und man kann mit entsprechendem Aufwand experimentell untersuchen, was im Gehirn passiert, bevor und wenn diese Entscheidung getroffen wird. Falls es nun stimmt, daß es *nicht* das wollende und bewußt erlebende Ich ist, welches die Entscheidung über eine Handlung trifft, wer entscheidet dann tatsächlich? Zumindest ist unter diesen Voraussetzungen die Aussage mancher Philosophen »Das Gehirn entscheidet nicht – das kann nur das Ich!« *falsch*. Da aus der Dritten-Person-Perspektive eine Entscheidung getroffen wurde und nicht das Ich entschieden hat, kann es nur das Gehirn sein – ein weiterer »Akteur« ist nicht in Sicht! Dabei ist es erst einmal unerheblich, ob diese Entscheidung im Gehirn völlig deterministisch oder unter Auftreten von »Indeterminismen« (für die es im Gehirn im übrigen keine Hinweise gibt, vgl. Roth 2003a) geschah, sofern diese Indeterminismen nicht systematisch mit bewußten Willensakten zusammenhängen.

Dies bedeutet nichts anderes, als daß alle Vorgänge, deren Auftreten ebenso objektivierbar ist wie »eine Entscheidung treffen«, eine Bewegung ausführen, eine Straftat begehen usw., sprachlich auf verursachende Hirnprozesse zurückgeführt werden können, vorausgesetzt, dieser Zusammenhang ist empirisch-experimentell erwiesen. *Falls* also nachgewiesen werden kann, daß eine Person immer dann zu einem unverbesserlichen Gewaltverbrecher wurde, nachdem ihr orbitofrontaler Cortex durch einen Schlaganfall oder einen Unfall stark verletzt wurde (ein zwingender Nachweis liegt hierfür bisher nicht vor, sondern nur der Aufweis einer starken Tendenz), dann kann man auf der Grundlage all dessen, was man funktionell über den orbitofrontalen Cortex weiß, von einer kausalen Verursachung der Tat sprechen. Der Täter wäre im strafrechtlichen Sinne nicht schuldig, weil er ja nicht anders handeln konnte.

Ein ganz anderer Sachverhalt und ein anderes Sprachproblem liegen vor, wenn wir es nicht mit objektivierbaren Tatbeständen zu tun haben, sondern mit phänomenalen intentionalen oder volitionalen Zuständen wie »fühlen«, »glauben« und »wollen«. Bisher ist es nicht möglich, *allein* aus der Beobachterperspektive zu ergründen, wie es ist, etwas zu glauben, zu wollen oder verliebt zu sein. Vielmehr sind wir auf Berichte der Versuchspersonen oder auf unsere eigene Erfahrung (Introspektion, Erste-Person-Perspektive) angewiesen. Wir können natürlich nach körperlichen oder physiologischen Zuständen Ausschau halten, die typischerweise mit diesen psychischen Zustände verbunden sind. So ist der Zustand des Verliebtseins mit deutlichen streßartigen Körper- und Hirnzuständen verbunden; ebenso gelingt es inzwischen, Unterschiede in den Gehirnströmen zu entdecken, wenn jemand etwas weiß oder nur zu wissen glaubt, wenn er eine Bewegung bewußt will oder nur reflexhaft ausführt. Aber die Forschung ist noch nicht soweit, daß man diese Zusammenhänge völlig verläßlich aufzeigen und von einer kausalen Verursachung sprechen könnte.

Zum einen könnte es sein, daß wir einem großartigen Schauspieler oder einem Überzeugungstäter aufsitzen, oder daß die Versuchsperson sich über ihre Gefühle nicht im klaren ist. Aber selbst wenn die Hirnforschung in der Lage sein sollte, die neuronalen Korrelate und Voraussetzungen auch der kleinsten Seelenregungen anzugeben, so bleibt doch der unvermeidliche »Sprung« von der Beschreibung neuronaler Prozesse zum unmittelbaren Erleben psychischer Zustände. Allerdings kämen wir einer Überbrückung dieses Abgrunds sehr nahe, wenn wir aufgrund der fortgeschrittenen neurobiologischen Erkenntnisse entscheiden könnten, ob jemand tatsächlich bestimmte Gefühle hat oder »nur so tut«. Dies ist etwa beim Schmerzempfinden möglich: Nach allem, was wir wissen, sind der zinguläre und insuläre Cortex nur dann aktiv, wenn die Versuchsperson bzw. der Patient tatsächlich Schmerzen empfinden und diese nicht bloß »schauspielern« (Rainville et al. 1997; Ploghaus et al.

1999). Ebenso wird eine entsprechende Diagnosemöglichkeit bei der Entscheidung darüber wichtig sein, ob schwere Gewalttäter erfolgreich therapiert wurden und deshalb aus der Haft entlassen werden können oder ob sie nur »schauspielern« (wofür Soziopathen berüchtigt sind).

Nun kann man als Hirnforscher argumentieren, daß wir im Sinne des radikalen reduktionistischen Materialismus die sicheren neuronalen Hinweise für einen subjektiven Erlebniszustand einfach anstelle des subjektiven Zustands nehmen könnten. Es geht zum Beispiel ja nicht um die soziokulturellen Bedingungen des Verliebtseins oder der Schmerzempfindung, sondern um individuelle Erlebniszustände, und die sind nun einmal nach allem, was wir wissen, aufs engste mit physiologischen Vorgängen in unserem Körper und unserem Gehirn verbunden (vgl. Roth 2003 a). Sollte es so sein, daß zusammen mit einer bestimmten Konzentration von Cortisol und Testosteron und dem Auftreten einer bestimmten EEG-Komponente im Gehirn einer männlichen Versuchsperson beim Anblick einer anderen Person das Gefühl des Verliebtseins *verläßlich* vorausgesagt werden kann (vgl. Bartels und Zeki 2000), ist es dann nicht zulässig zu sagen, »Verliebtsein ist nichts anderes als die Ausschüttung der und der Stoffe in den und den Teilen des Gehirns«?

Folgendes erscheint an solch einem radikal-reduktionistischen Materialismus problematisch. Erstens: Ein reduktionistischer Ansatz ist vor allem dann gerechtfertigt, wenn ich *allein* aus der Kenntnis der anatomisch-physiologischen Bedingungen ein bestimmtes Phänomen voraussagen oder zumindest in seinen wesentlichen Zügen erklären kann (Einstein hat bekanntlich im Rahmen seiner allgemeinen Relativitätstheorie bestimmte Phänomene wie schwarze Löcher oder den Laser vorausgesagt, die erst Jahrzehnte später entdeckt wurden). Aus der Kenntnis bestimmter Eigenschaften der Nervenzellmembran und ihrer Ionenkanäle kann ich die Eigenschaften des Aktionspotentials mehr oder weniger vollständig erklären und sogar voraussagen, selbst wenn ich vorher noch nie ein Aktionspotential beobachtet habe. Ich könnte eventuell sogar aufgrund einer hinreichenden Kenntnis des zu einem Zeitpunkt vorliegenden strukturellen und funktionalen Zustandes des menschlichen Gehirns und der einwirkenden Sinnesreize das *Verhalten* eines Menschen vollständig erklären, sofern mir die entsprechenden mathematischen Hilfsmittel zur Verfügung stünden (was sie leider nicht tun). Ich könnte sogar folgern, daß es irgendwelche »inneren Zustände« geben muß, die »von außen« nicht mehr erfaßbar sind. Aber ich könnte nichts darüber aussagen, wie sich diese »inneren Zustände« anfühlen.

Für den Naturwissenschaftler ist dies keine wirkliche »Erklärungslücke«, wie von manchen Philosophen (z. B. Levine 1983, 1993; vgl. Pauen und Stephan 2002) behauptet wird. Für den Hirnforscher genügt es zu zeigen: (a) Es gibt im Gehirn »innere Zustände«, die extern nicht zugänglich sind; (b) diese »inneren Zustände« sind unabdingbar an extern zugängliche Hirnzustände gebunden; (c) diese von »inneren Zuständen« begleiteten Hirnzustände haben andere Wirkungen (zum Beispiel auf bestimmte Verhaltensweisen, in denen es um eine »semantisch tiefe« Informationsverarbeitung geht) als diejenigen, die *nicht* von solchen »inneren Zuständen« begleitet sind. Es ist für die Hirnforschung zur Erklärung des Verhaltens unwichtig zu wissen, in welcher Weise eine Versuchsperson die Farbe »grün« empfindet, sofern sie sich in ihrem Verhalten oder in ihren Aussagen so verhält, wie die physiologischen Abläufe in den farbspezifischen Arealen der Großhirnrinde vermuten lassen.

Dies bedeutet aber zugleich, daß der Hirnforscher sagen darf, »die und die neurophysiologischen Prozesse in den und den Hirnzentren zeigen verläßlich an, daß die Versuchsperson verliebt ist bzw. grüne Gegenstände sieht«. Unzulässig ist es aber zu sagen: »Verliebtsein, grüne Gegenstände sehen oder etwas wollen ist nichts anderes als das Feuern der und der Neuronen«, denn zum Verliebtsein, zum Grüne-Gegenstände-Sehen und Etwas-Wollen gehört unabdingbar ein bestimmtes subjektives Erleben. Insofern verbietet es sich, von Nervenzellverbänden als einem empfindenden Subjekt zu sprechen, also »das limbische System von Herrn Meier ist verliebt«, »die Großhirnrinde von Frau Müller fühlt Schmerz«, »der präfrontale Cortex von Herrn Schmidt will«, und zwar auch dann, wenn wir zutiefst davon überzeugt sind, daß bestimmte Hirnprozesse diese Empfindungen hervorbringen. Hier müssen wir uns bescheiden und sagen: »Die und die Vorgänge im Gehirn der Versuchsperson führen verläßlich dazu, daß sie die und die Empfindungen hat.«

Ganz anders ist dies, wie oben dargestellt, wenn es um *Verhaltensweisen* geht, weil diese in derselben Beobachtungs- und Beschreibungsebene liegen wie Untersuchungen am Gehirn. Wir können also völlig korrekt feststellen, daß ein Gehirn eine *Entscheidung* trifft, denn dies ist eine objektivierbare Verhaltensweise. Sofern wir unter »Willensfreiheit« ein bestimmtes beobachtbares Verhalten verstehen und nicht nur einen Empfindungszustand (der überdies ja noch täuschen kann), dann dürfen Hirnforscher sagen »Es gibt keine Willensfreiheit (im starken Sinne)«, vorausgesetzt, daß die Personen sich stets so verhalten, wie aufgrund bestimmter Hirnprozesse voraussagbar und erklärbar ist.

Eines der häufigsten von Philosophen, insbesondere im Zusammenhang mit der Debatte um die Willensfreiheit gegen Hirnforscher vorgebrachten Argumente ist die angebliche Vernachlässigung des fundamentalen Unterschieds zwischen *Ursachen* und *Gründen*. Hirnforscher begehen hier einen *Kategorienfehler*. Hirnprozesse laufen nach dieser Argumentationsweise aufgrund bestimmter Ursachen kausal ab, Menschen aber handeln aus Gründen. Anders ausgedrückt: Gehirne reagieren aus Ursachen, Menschen *handeln* aus Gründen. Der Mensch ist deshalb willensfrei, weil er aus Gründen und nicht aus Ursachen handelt.

Unproblematisch ist eine solche Redeweise, wenn man Dualist ist. Für einen Dualisten gibt es, wie oben erwähnt, zwei Arten von Verursachungen, nämlich eine stofflich-kausale und eine mentale Verursachung. Handeln aus Gründen ist demnach identisch mit dem Handeln aufgrund mentaler Verursachung, nicht aufgrund neuronaler Prozesse, bei denen es sich um Ursachen handelt. Problematisch wird es hingegen, wenn man – wie inzwischen viele Philosophen dies tun – gleichzeitig davon ausgeht, daß alles Mentale strikt an neuronale Prozesse gebunden ist. Man muß dann wohl der Auffassung sein, daß

»Gründe« als etwas explizit *Nicht-Neuronales* irgendwie aus dem neuronalen Geschehen »emergieren« und damit die strikte vollständige neuronale Bedingtheit des Mentalen sprengen. Wie soll sonst der Unterschied zwischen Ursachen und Gründen entstehen? Damit ist man aber bei einem »emergenten Dualismus« angelangt, wie ihn u. a. Karl Popper annahm (Popper und Eccles 1982), und der dieselben Schwierigkeiten hat wie der interaktive Dualismus.

Die Frage nach der Unterscheidung von Ursachen und Gründen ist bekanntlich in der modernen Philosophie ausführlich diskutiert worden (vgl. Stoecker 2002). Im Anschluß an den »klassischen« Standpunkt Donald Davidsons, daß Handlungserklärungen Kausalerklärungen sind (Davidson 1963), sehe ich zwei Möglichkeiten, die Beziehung von Gründen und Ursachen zu deuten, ohne in einen Dualismus und seine fatalen Konsequenzen zu verfallen. Erstens kann man Gründe als die *bewußte Erlebnisform* von Gehirnprozessen ansehen, die sich im neurobiologischen Experiment als komplexe Verkettung von neurophysiologischen Ereignissen darstellen. *Gründe* wären danach der »innere«, erlebte Aspekt, *Ursachen* der »äußere« neurophysiologische Aspekt einen umfassenderen Dritten, das ganz offenbar deterministisch abläuft, uns aber grundlegend verschlossen ist.

Man kann aber auch »Gründe« in einem anderen Sinn verstehen, nämlich als Erklärungsweise eigener Handlungen sich selbst und den Mitmenschen gegenüber. Wir Menschen stehen in einem Erklärungs- und Legitimationszwang unseres Handelns, der uns bereits in der frühen Kindheit vermittelt wird und der je nach soziokulturellem Kontext verschieden ausfällt. Wir lernen, wie wir möglichst plausibel unsere Handlungsweisen erklären, und diese Erklärungen müssen nicht mit den tatsächlichen Motiven bzw. Ursachen unseres Handelns identisch sein (und sind des häufig auch nicht). Dies hieße: *Wir handeln aus Ursachen, aber wir erklären dieses Handeln mit Gründen.*

Es ist für die Hirnforschung sinnvoll und notwendig, die aufgrund des stürmischen Fortschritts der Hirnforschung in jüngster Zeit von einigen Philosophen vehement vorgebrachte Kritik zum Anlaß sprachkritischer und begrifflicher Überlegungen zu nehmen. Wie dargestellt, kann man in enger Zusammenarbeit von Hirnforschern und Philosophen bei der Darstellung des komplizierten Verhältnisses von neuronalen Prozessen und mental-psychischen Erlebniszuständen durchaus zu widerspruchsfreien Aussageweisen gelangen. Die ernst zu nehmende Gefahr liegt in der von Neurowissenschaftlern nicht selten vertretenen Auffassung, es gebe jenseits der neuronalen Vorgänge nichts mehr zu erklären. Sollte sich diese Auffassung weiter verbreiten, so könnte es zu Denk- und Sprachverboten umgekehrter Art kommen, wie es die amerikanische Psychologie über Jahrzehnte unter dem starken Einfluß des radikalen Behaviorismus erfahren hat.

Literatur

Anderson, S. W., A. Bechara, H. Damasio, D. Tranel und A. R. Damasio (1999), »Impairment of social and moral behavior related to early damage in human prefrontal cortex«, in: *Nature Neuroscience* 2, S. 1032-1037.

Bartels, A. und S. Zeki (2000), »The neural basis of romantic love«, in: *NeuroReport* 11, S. 3829-3834.

Blakemore, S.-J., D. M. Wolpert und C. D. Frith (2002), »Abnormalities in the awareness of action«, in: *Trends in Cognitive Sciences* 6, S. 237-242.

Breidbach, O. (1997), *Die Materialisierung des Ich. Zur Geschichte der Hirnforschung im 19. und 20. Jahrhundert*, Frankfurt am Main: Suhrkamp.

Damasio, A. R. (1994), *Descartes' Irrtum. Fühlen, Denken und das menschliche Gehirn*, München: List.

Davidson, D. (1963), »Actions, Reasons, and Causes«, in: *The Journal of Philosophy* 60, S. 685-700.

Eccles, J. C. (1982), »The initiation of voluntary movements by the supplementary motor area«, in: *Arch. Psychiatr. Nervenkr.* 231, S. 423-441.

Eccles, J. C. (1994), *Wie das Selbst sein Gehirn steuert*, München: Piper.

Haggard, P. und M. Eimer (1999), »On the relation between brain potentials and the awareness of voluntary movements«, in: *Experimental Brain Research* 126, S. 128-133.

Haynes, J. D., G. Roth, M. Stadler und H. J. Heinze (2003), »Neuromagnetic correlates of perceived contrast in primary visual cortex«, in: *Journal of Neurophysiology* 89, S. 2655-2666.

Jeannerod, M. (1997), *The Cognitive Neuroscience of Action*, Oxford: Blackwell.

Jeannerod, M. (2003), »Self-generated actions«, in: S. Maasen, W. Prinz, G. Roth (Hg.), *Voluntary Action*, New York-Oxford: Oxford University Press.

Kolb, B. und I. Q. Wishaw (1993), *Neuropsychologie*, Heidelberg: Spektrum.

Levine, J. (1983), »Materialism and Qualia«, in: *Pacific Quarterly* 64, S. 354-361. Dt.: »Gedanken über Qualia«, in: M. Pauen und A. Stephan (Hg.), *Phänomenales Bewusstsein – Rückkehr zur Identitätstheorie?*, Paderborn: Mentis, S. 108-121.

Levine, J. (1993), »On leaving out what it's like«, in: M. Davies und G. W. Humphreys (Hg.), Consciousness: Psychological and Philosophical Essays, Oxford: Oxford University Press.

Libet, B. (1985), »Unconscious cerebral initiative and the role of conscious will in voluntary action«, in: *Behavioral Brain Sciences* 8, S. 529-566.

Libet, B., C. A. Gleason, E. W. Wright und D. K. Pearl (1983):, »Time of conscious intention to act in relation to onset of cerebral activity (readiness-potential)«, in: *Brain* 106, S. 623-642.

Noesselt, T., S. A. Hillyard, M. G. Woldorff, A. Schoenfeld, T. Hagner, L. Jäncke, C. Tempelmann, H. Hinrichs und H.-J. Heinze (2002), »Delayed striate cortical activation during spatial attention«, in: *Neuron* 35, S. 575-587.

Pauen, M. (2001), »Grundprobleme der Philosophie des Geistes und die Neurowissenschaften«, in: M. Pauen und G. Roth (Hg.), *Neurowissenschaften und Philosophie*, München: UTB-W. Fink, S. 83-122.

Pauen, M. und A. Stephan (2002), *Phänomenales Bewusstsein – Rückkehr zur Identitätstheorie?*, Paderborn: Mentis.

Peterhans, E. und R. von der Heydt (1991), »Subjective contours – bridging the gap between psychophysics and physiology«, in: *Trends in Neurosciences* 14, S. 112.

Ploghaus A., I. Tracey, J. S. Gati, S. Clare, R. S. Menon, P. M. Matthews und J. N. Rawlins (1999), »Dissociating pain from its anticipation in the human brain«, in: *Science* 284, S. 1979-1981.

Popper, K. R. und J. C. Eccles (1982), *Das Ich und sein Gehirn*, München: Piper.

Raine, A., Buchsbaum, M. S., LaCasse, L. (1997), »Brain abnormalities in murderers indicated by positron emission tomography«, in: *Biological Psychiatry* 42, S. 495-508.

Raine, A., J. R. Meloy, S. Bihrle, J. Stoddard, L. LaCasse, L. und M. S. Buchsbaum (1998), »Reduced prefrontal and increased subcortical brain functioning assessed using positron emission tomography in predatory and affective murderers«, in: *Behav. Sci. Law* 16, S. 319-332.

Raine, A., T. Lencz, S. Bihrle, L. LaCasse und P. Colletti (2000), »Reduced prefrontal gray matter volume and reduced autonomic activity in antisocial personality disorder«, in: *Archives Gen. Psychiatry* 57, S. 119-127.

Rainville, P., G. H. Duncan, D. D. Price, B. Carrier und M. C. Bushnell (1997), »Pain affect encoded in human anterior cingulate but not somatosensory cortex«, in: *Science* 277, S. 968-71.

Roth, G. (2003a), *Fühlen, Denken, Handeln. Wie das Gehirn unser Verhalten steuert*, überarbeitete Auflage, Frankfurt am Main: Suhrkamp.

Roth, G. (2003b), *Aus Sicht des Gehirns*, Frankfurt am Main: Suhrkamp.

Stoecker, R. (2002), *Handlungen und Handlungsgründe*, Paderborn: Mentis.

Walter, H. (1998), *Neurophilosophie der Willensfreiheit*, Paderborn: Mentis.

Wegner, D. (2002), *The Illusion of Conscious Will*, Cambridge Mass.-London: Bradford Books-The MIT Press.

Wessels, J. und W. Beulke (2002), *Strafrecht. Allgemeiner Teil* (32. Aufl.), Heidelberg: C. F. Müller.

Christian Geyer
Hirn als Paralleluniversum
Wolf Singer und Gerhard Roth verteidigen ihre Neuro-Thesen

»Die Hirnforschung hat, anders als Physik und Chemie, für sich bisher keine grundlegende Methoden- und Begriffskritik durchgeführt. Hierfür war sie bisher zu jung und zu vielfältig in ihren Methoden und Gegenständen. Nichtsdestoweniger ist es für eine wissenschaftliche Disziplin unabdingbar, daß sie sich eine logisch-begriffliche Basis schafft, in der festgelegt ist, worüber sie in welcher Weise reden soll.« Gerhard Roth, der dies in sympathischer Bescheidenheit schreibt, gilt neben Wolf Singer als einer der »beiden verdienstvollsten Vertreter« (Hans-Peter Krüger) der neurobiologischen Hirnforschung. Beide Forscher beteiligen sich mit Aufsätzen an einem Schwerpunkt zur Hirnforschung, den die »Deutsche Zeitschrift für Philosophie« in ihrem neuen Heft publiziert (52. Jg., Heft 2, Akademie Verlag, Berlin 2004) und hier ab Seite 30 abgedruckt sind. Die Beiträge dienen der von Roth angemahnten vertieften Methoden- und Begriffskritik und nehmen manche der Einwände auf, die auch in der Auseinandersetzung über Hirnforschung und Willensfreiheit in diesem Band geäußert wurden.

Die neurobiologische Selbstverständigung, »worüber in welcher Weise geredet werden soll«, führt freilich zu den provokanten Begriffen der Geistesgeschichte, die schon die klassischen Weltanschauungskämpfe des neunzehnten Jahrhunderts prägten: Freiheit und Determinismus, Geist und Materie. Singer möchte die materialistische »Zuspitzung« einer modernisierten Hirnforschung auf den Befund gestützt sehen, »daß menschliche und tierische Gehirne sich fast nicht unterscheiden, daß ihre Entwicklung, ihr Aufbau und ihre Funktionen den gleichen Prinzipien gehorchen«. Zunächst konstatiert er die für niemanden zweifelhaften »materiellen Bedingtheiten« des

Verhaltens. Dann aber radikalisiert er diese notwendige Bedingung zu einer zureichenden und erklärt die Reduzierbarkeit allen Verhaltens auf neuronale Prozesse »im Sinne kausaler Verursachung«. Apropos Verhalten: Auffällig ist, daß Singer die menschlichen Lebensvollzüge immer erst auf den behavioristischen Nenner bringen muß, bevor er sie als Stoff der Neurowissenschaft analysieren kann. Erst die vorgängige Transformation der Welt in Reiz und Reaktion qualifiziert sie für den Zugriff der Gehirnforschung.

Die Frage, die Singer und Roth provozieren, lautet: Mit welcher Aufklärung soll man ihrer Aufklärung begegnen? Und da wirkt es wie eine List des abgeschlagenen Bewußtseins, daß allein die poetische Intelligenz in der Lage scheint, sich den neuen Menschen aus der Nährlösung der Hirnforschung näher anzuschauen, ihn zu wiegen und für gerade recht, für zu leicht oder für zu schwer zu befinden. Zu beschreiben wäre der vollkommen ausgenüchterte, von jeder Bedeutung gereinigte Mensch, der von der Höhe der physiko-chemischen Abstraktion aus und getrieben von einem ethischen Drang zur Konsequenz die Einheit seines Lebens sucht – und es dabei systematisch entleert. Vor Augen träte ein Mensch jenseits allen Echauffierens und Hoffens, die völlig ressentimentfreie Existenz, den kein Schuh mehr drückt, der gerade so viel weiß, als nötig ist, die gelernt hätte, in allen Fährnissen klar Schiff zu machen. Begriffsklärung der Hirnforschung im Schwerpunkt einer Philosophie-Zeitschrift ist das eine, der die Wissenschaft mit dem Leben abgleichende Neuro-Roman wäre das andere. Wer schreibt dieses Buch und wann?

Einstweilen spricht die Fachpublikation. Roth sucht in seinem Aufsatz die Determinismus-These von ihrer behavioristischen Prämisse zu entkoppeln. »Es gibt keine Willensfreiheit« – diesen Satz dürften Hirnforscher nur in den Fällen sagen, in denen unter »Willensfreiheit« ein klar faßbares Verhalten verstanden werde und nicht bloß ein Empfindungszustand. Denn im Unterschied zum Verhalten seien Zustände wie »fühlen«, »glauben«, »wollen« nicht objektivierbar. Weswegen ein kausaler Zusammenhang zwischen physischen und psychischen Zuständen schwer zu belegen sei: »Die Forschung ist noch nicht soweit, daß man diese Zusammenhänge völlig verläßlich aufzeigen und von einer kausalen Verursachung sprechen könnte.«

Das sieht Wolf Singer naturgemäß anders. Die Verfeinerung neurobiologischer Meßverfahren lassen auch »oft als psychisch bezeichnete Phänomene zu objektivierbaren Verhaltensleistungen« werden. »Darunter fallen Wahrnehmen, Vorstellen, Erinnern und Vergessen, Bewerten, Planen und Entscheiden, und schließlich die Fähigkeit, Emotionen zu haben. Alle diese Verhaltensmanifestationen lassen sich operationalisieren, aus der Dritten-Person-Perspektive heraus objektivieren und im Sinne kausaler Verursachung auf neuronale Prozesse zurückführen. Somit erweisen sie sich als Phänomene, die in kohärenter Weise in naturwissenschaftlichen Beschreibungssystemen erfaßt werden können.«

Hier ist ein Totalanspruch formuliert, der Roths Warnung vor einem »materialistischer Monismus« alt aussehen läßt. »Die ernstzunehmende Gefahr«, schreibt Roth, »liegt in der von Neurowissenschaftlern nicht selten vertretenen Auffassung, es gebe jenseits der neuronalen Vorgänge nichts mehr zu erklären.« Was soll denn da noch zu erklären sein, würde Singer zurückfragen. Das ist doch gerade der Witz unserer Zunft, daß wir den Menschen exakt und sicher mit unseren Meßverfahren erklären und es für Spekulationen keinen Raum mehr gibt. Denn soviel ist für Singer gewiß: »daß die kognitiven Funktionen mit den physiko-chemischen Interaktionen in den Nervenzellen (zwar) nicht gleichzusetzen sind, aber dennoch kausal erklärbar aus diesen hervorgehen«. In dieser Radikalreduktion des Psychischen aufs Physische liegt der Determinismus beschlossen. Die Freiheitserfahrung sei eine frühkindlich internalisierte »Illusion«, gleichsam der erste Sozialisationsirrtum in jeder Biographie. Dagegen stünde die Autopoesis des psychischen Systems als einem sich selbst organisierenden Wettbewerb der neuronalen Erregungsmuster. Als Pointe der Entsprechung von Inhalt und Form fällt auf, daß Singer in seinem langen Aufsatz nur einen einzigen Fremdautor zitiert, den Autopoetiker Francisco Varela, ansonsten organisiert sich das Literaturverzeichnis mit fünf Singer-Aufsätzen selbst.

Doch rechtfertigt die bloße Feststellung der Autopoesis von

Neuronen, einer sich selbst stabilisierenden Masse von Hirnzellen, tatsächlich schon die Determinismus-These? Autopoesis meint die operationale Geschlossenheit eines Systems. Insoweit scheint Singer bloß die Erlebensweise des Subjekts auf das Neuronenspiel des Gehirns zu übertragen. Denn welches noch so emphatisch auf seiner Freiheit beharrende Bewußtsein würde die Geschlossenheit seiner Operationen bestreiten wollen? Keiner, der sich als ein intersubjektiv agierendes Subjekt empfindet, braucht die Autopoesis seiner Lebensvollzüge als Ausweis ihrer Unfreiheit lesen. Jeder kann sagen: Ich bin operational geschlossen und mental offen.

Tatsächlich taugt die an sich leere Matrix der Autopoesis nur dann als hermeneutisches Schema, wenn die Kriterien, nach denen sich Selbstorganisation vollzieht, im Einzelfall beschreibbar sind. Das sind sie aber nach Singers eigener Einschätzung gerade nicht: Im Einzelfall sei »nie ein vollständiger Überblick über die Determinanten einer Entscheidung zu gewinnen«. Wie aber soll ohne vollständige Faktorenanalyse der Anspruch beibehalten werden, eine naturwissenschaftlich kohärente Beschreibung für das Bewußtsein anzufertigen? Am Ende von Singers Autopoesis-Konzept steht denn auch eine Einsicht, die so aussieht, als würde sie dem ganzen Konzept die Erklärungskraft rauben: »Offen bleibt, nach welchen Kriterien unser Gehirn seine internen Zustände, in denen sich die Ergebnisse von Datenerfassung und logischen Schlüssen letztlich manifestieren, als kohärent und stimmig beurteilt.«

So kommt das Hirn als ein Paralleluniversum in den Blick, das mit unserem Universum nicht mehr verbunden scheint. Das Eingeständnis, daß keine Brücke von der dritten zur ersten Person Singular führt, erfordert eigentlich den Abbruch der Dritten-Person-Perspektive. Denn frei nach dem Philosophen Donald Davidson gilt: Wenn das so wäre, könnten wir es gar nicht wissen. Eine grundsätzliche Inkommensurabilität der Perspektiven, wie Singer sie behauptet, würde jedes Wissen, jede Verständigung über sie von vornherein unmöglich machen. Davidson war es auch, der dem materialistischen Monismus seinen anomalen Monismus entgegensetzte: Es gibt nicht das Geistige pur, alles Geistige ist auch materiell, nicht zulässig ist der panpsychistische Umkehrschluß. Damit wäre ein Gehirnareal abgesteckt, in welchem die erste mit der dritten Person Singular in Frieden leben kann, ohne in überkommene Dualismen oder die völlige Depotenzierung des Geistigen ausweichen zu müssen.

Singer indessen breitet seine Argumente gegen das Geistige ausschließlich vor der Folie des Dualismus aus. Der Geist, gegen den er sich wendet, ist immer schon eine isolierte »immaterielle geistige Entität«, nicht etwa eine materiell integrierte geistige Form. Macht man sich diese nicht zwingende Voraussetzung zu eigen, dann verwundert immer noch Singers Physikalismus, mit dem er die Potenz des Bewußtseins verneint: »Wechselwirkungen mit Materiellem erfordern den Austausch von Energie. Wenn also das Immaterielle (!) Energie aufbringen muß, um neuronale Vorgänge zu beeinflussen, dann muß es über Energie verfügen. Besitzt es aber Energie, dann kann es nicht immateriell sein und muß den Naturgesetzen unterworfen sein.«

Der angestrengte Versuch, dem Geistigen jedwede energetische Kraft abzusprechen und die Welt in den Naturgesetzen unterzubringen, widerspricht freilich Singers eigener Beobachtung, daß Kultur und Soziales durchaus eine Prägekraft auf neuronale Prozesse hätten. Demnach »beeinflussen kulturelle Verabredungen und soziale Interaktionen Hirnfunktionen im gleichen Maße wie alle anderen Faktoren, die auf neuronale Verschaltungen und die auf ihnen beruhenden Erregungsmuster einwirken«. Kulturelle Verabredungen und soziale Interaktionen mögen ihrerseits auf neuronalen Prozessen beruhen – als objektive symbolische Formen haben sie ein Energieniveau erreicht, das die pure Materialität transzendiert. Andernfalls müßten die symbolischen Formen mit ihren neuronalen Trägerprozessen identisch sein – eine Annahme, die Singer ausdrücklich verwirft: »Natürlich sind diese beobachtbaren kognitiven Leistungen mit den zugrundeliegenden neuronalen Prozessen nicht identisch.« Wenn sie als Kultur und Soziales aber gleichwohl – wie Singer nicht bestreitet – in der Lage sind, auf die rein materiell aufgefaßte neuronale Verschaltung zu wirken, dann hat sich die These von der energetischen Impotenz des Geistigen auf verblüffende Weise selbst erledigt. Das legt aber auch den versöhnlich-humanen Befund nahe: Singers materialistischem Monismus gebricht es an letzter Konsequenz.

Für die Gehirnwissenschaft beansprucht Roth zu Recht, sich bei anthropologischen Fragen kein Redeverbot auferlegen zu lassen, sondern vielmehr ein munteres Wörtchen mitzureden. Sie scheint das aber sinnvoll nur tun zu können, wenn sie sich bei ihrer begrifflich-methodischen Selbstverständigung, die jetzt offenbar in Gang kommt, vor dem Rückfall in alte Gehirn-Mythologien schützt – wenn sie Sorge trägt, daß die Exaktheit ihrer Ergebnisse keine eindimensionale Anthropologie produziert.

Herbert Helmrich

Wir können auch anders: Kritik der Libet-Experimente

Bei der aktuellen Diskussion geht es darum, ob wir Menschen einen freien Willen »im Sinne des Anders-handeln-Könnens« haben oder nicht haben. Hirnforscher und Handlungspsychologen (zum Beispiel Gerhard Roth, Wolf Singer, Wolfgang Prinz) ziehen ihre Schlüsse zu diesem Problem vorwiegend aus neurologischen Forschungen. Ich befasse mich im folgenden vorwiegend mit der Argumentation von Gerhard Roth. Roth kommt zu dem Ergebnis, wir hätten keinen bewußten freien Willen, auch anders handeln zu können, als wir gehandelt haben. Unser Wollen werde uns erst bewußt, wenn im Gehirn die Entscheidung, was wir tun werden, schon gefallen ist. Deshalb müßten wir – besonders die Strafrechtler – auf den subjektiven Schuldbegriff verzichten. Dieser würde nämlich mit dem freien Willen, auch anders handeln zu können, begründet. Richtig daran ist, daß nach der herrschenden Meinung im Strafrecht der Schuldspruch und die Bestrafung mit dem freien Willen und der Möglichkeit, daß der Delinquent auch anders hätte handeln können, gerechtfertigt werden. Diese Rechtfertigung des Strafens wird also von Roth bestritten. Es ist die Frage, ob zur Begründung seiner Ansicht die aus der Gehirnforschung stammenden Schlußfolgerungen ausreichen.

Zunächst ein Beispiel einer kleinen Straftat: Ein vorbestrafter Erwachsener nimmt sich vor, eine Tube Haargel zu stehlen. Im Kaufhaus nähert er sich dem Regal und schaut sich unauffällig sichernd um. Dann greift er nach der Tube, steckt sie ein und verläßt das Kaufhaus. Wäre sein Verhalten vor Gericht beweisbar, weil es doch Zeugen gab, wäre er schuldig zu sprechen und zu bestrafen. Roth bestreitet jedoch, daß er anders hätte handeln können, und meint, daß er deshalb auch nicht schuldig sei. Durch eine Abwandlung des Falles werde ich das Gegenteil weiter unten veranschaulichen.

Woraus zieht Gerhard Roth seine Schlüsse? Forscher haben Gehirnströme entdeckt, die mit dem äußeren Verhalten von Versuchspersonen im »Zusammenhang« stehen, genannt »außenkorrelierte Potentiale« bzw. »Bereitschaftspotentiale«. Der Mensch erlebt die Entstehung und das »Fließen« dieser Hirnströme nicht bewußt. Die neuronalen Prozesse laufen unbewußt ab (im Fachjargon: Negativierung bzw. Positivierung der Spannung an neuronalen Membranen). B. Libet – in Kontrolluntersuchungen auch Haggard und Eimer – untersuchten die Aufeinanderfolge des Aufbaus des Bereitschaftspotentials, das sich in zwei bis drei Sekunden aufbauen und wieder abflauen kann, und Reaktionen bei Versuchspersonen, die an einem Versuchsapparat mit einem Finger innerhalb einer vorgegebenen Zeit (maximal drei Sekunden) auf einen Knopf drücken sollten. Dabei wurde noch »gemessen«, wann die Versuchsperson subjektiv den Willensakt (Knopfdruck) erlebt und wann die Muskelaktivität, das Drücken mit dem Finger, erfolgte. Der »Entscheidungsspielraum« für den »freien Willensakt« bestand darin, gleich zu Beginn der drei Sekunden zu drücken oder einen Moment später, aber immer noch in der vorgegebenen Zeit von maximal drei Sekunden. Bei Haggard und Eimer gab es zwei Knöpfe zur »Auswahl«, was aber kaum Auswirkungen hatte. Auch bei unterschiedlicher Versuchsanordnung ergab sich stets die gleiche Reihenfolge. Zuerst entstand das Bereitschaftspotential. Dann erlebten die Versuchspersonen ihren Willensakt, »jetzt« zu drücken, danach setzte die Muskelaktivität ein, und der Finger drückte auf den Knopf. Roth zieht daraus den Schluß, daß das Gehirn schon entschieden habe, daß der Finger bewegt werde, um auf den Knopf zu drücken. Der bewußte Willensakt »jetzt drücken« käme erst später. Er werde zwar als freier Willensakt erlebt, dies sei jedoch eine Selbsttäuschung, weil die Entscheidung im Gehirn schon vorher gefallen sei, wie der unbewußte Aufbau des Bereitschaftspotentials zeige. Da also der Willensakt stets erst nach dem Bereitschaftspotential auftrete, könnten wir auch nicht mit einem freien Willen anders handeln.

Ich halte diese Schlußfolgerungen nicht für stichhaltig. Als erstes schließe ich mich Gegenargumenten von Roths Kritikern an. Danach lassen sich die Experimente anders erklären: Die eigentliche Entscheidung, bei einem Experiment innerhalb einer kurzen Zeitspanne von maximal drei Sekunden mit einem Finger auf einen bestimmten Knopf zu drücken, wird bereits gefällt, wenn sich die Versuchsperson bereit erklärt, an dem Experiment entsprechend der Versuchsanleitung teilzunehmen. Den Versuchspersonen wurde in diesen Experimenten das Prozedere vorher eingeübt. Sie wußten genau, was sie zu tun hatten, sie kannten die Versuchsapparatur, den Knopf, auf den sie drücken sollten und freiwillig wollten. Sie kannten auch das Gerät, das die Zeit vorgab usw. Sie hatten den genauen Ablauf im Gehirn abgespeichert. Bei Beginn des Experiments setzten sie sich an den Apparat mit dem Knopf, legten ihre Hand daneben und den Finger eventuell schon auf den Knopf. Sie waren hochkonzentriert, denn sie wußten, daß sie mit Einsetzen des Zeitgebers innerhalb von drei Sekunden auf den Knopf drükken würden, weil sie sollten und wollten. Sie konzentrierten sich voll auf diese Aufgabe und richteten ihre ganze Aufmerksamkeit auf die Apparatur und den Zeitpunkt, wann sie innerhalb der drei Sekunden drücken würden. Mehr »Entscheidungsspielraum« stand ihnen nicht zu. Aus Hirnforschungen zur Aufmerksamkeitssteuerung wissen wir, daß mit der engagierten Konzentration auf eine unmittelbar bevorstehende Aufgabe, die uns deutlich vor Augen steht bzw. im Arbeitsgedächtnis präsent ist, das Bereitschaftspotential zu der sofort auszuführenden Handlung bereits entsteht. Das bewußte Fingerdrücken, der letzte Willensruck (ein Ausdruck, den Roth selbst benutzt), »jetzt« zu drücken, ist nur der Exekutivakt. Er ist nur noch eine »kleine Teilentscheidung«, und zwar nicht mehr über das Ob, sondern nur noch über das Wann, und das ist noch eingeengt auf eine festliegende Zeitspanne von drei Sekunden.

Das Bereitschaftspotential ist eine Voraktivierung und enthält nach Birbaumer/Schmidt »unterschiedliche Aspekte der Planung, Entscheidung und Ausführung«. Das spricht dafür, daß einerseits die Planung und Entscheidung zu einer Handlung bewußt erfolgen kann, das Bereitschaftspotential sich unbewußt als Voraktivierung aufbaut und dann der bewußte Willensakt »jetzt handeln« dem aufgebauten Bereitschaftspotential folgt. Der letzte Willensruck ist nur Teil einer vorgeplanten freiwilligen Handlung und Entscheidung. Die von Libet u. a. gemessenen Teilaspekte sind nur ein kleiner Ausschnitt aus dem Gesamt von Handlungsentscheidung und Ausführung.

Aber bei der geschilderten Versuchsanordnung gibt es auch nach Libet und Roth selbst für den freien Willen noch ein Schlupfloch, wo er sich zeigen könnte. Dies wäre möglich, wenn nämlich zwischen dem Aufbau des Bereitschaftspotentials und der Ausführung noch ein »Veto« die Ausführung der Handlung stoppen könnte. Roth hält diese Möglichkeit allerdings für sehr theoretisch, weil entsprechende Veto-Ereignisse bisher nicht gefunden seien. Sicher ist es möglich, in diese Versuchsanordnung eine Veto-Situation einzubauen. Das tägliche Leben liefert aber bereits Beispiele dafür. Ich wandele den obigen Ladendiebstahl ab. Das Ergreifen der Geltube und Einstekken in die Tasche kann sich in zwei bis drei Sekunden, entsprechend der Zeitvorgabe in den Experimenten, abspielen. Die Veto-Situation: Der Dieb greift nach der Tube und zieht die Hand in Richtung Tasche, dabei hört er hinter sich Geräusche. Sie sind das Veto-Signal. Er hebt sofort die Hand in Richtung auf sein Gesicht und steckt sie nicht in die Tasche. Anschließend täuscht er vor, interessiert die Beschreibung auf der Tube zu lesen, stellt sie wieder ins Regal und geht weiter. Jeder geübte Kaufhausdetektiv kann ähnliche Situationen schildern. Bei diesem Fall gehe ich davon aus, daß das Bereitschaftspotential sich aufgebaut hatte, und selbst noch während der Handlungsausführung, die allerdings etwas länger dauert als der Knopfdruck im Experiment, konnte der Beinahe-Dieb sein Verhalten umsteuern.

Ein weiteres Beispiel: Herr X will mit dem Fahrrad wegfahren. Er will gerade aufsteigen und hat den rechten Fuß, um ihn über den Sattel zu schwingen, schon angehoben, da sieht er seinen Freund, dem er etwas Wichtiges zu sagen hat. Er stoppt sein Aufsteigeverhalten und steht wieder auf beiden Beinen. Da fällt ihm plötzlich ein, daß er seinen Freund abends ja noch im Kegelclub trifft und dort mit ihm sprechen kann – ein rein gedankliches Veto mit Umentscheidung. Er läuft nicht zum

Freund, sondern verlagert sein Gewicht wieder auf das linke Standbein, um sich doch aufs Fahrrad zu setzen. Herr X hat sich in kürzester Frist zweimal umentschieden, und wir können davon ausgehen, daß der Aufbau der Bereitschaftspotentiale, die sich in gut einer halben Sekunde aufbauen können, um die veränderten Reaktionen des Beins vorzubereiten, den schnellen freien Umentscheidungen folgen kann.

In diesen Beispielen kommt es nur darauf an, daß trotz der aufgebauten Bereitschaftspotentiale die beabsichtigten kleinen Handlungen nicht zwingend ausgeführt werden mußten. Das Vorhandensein eines Bereitschaftspotentials ist deshalb kein geeigneter Indikator dafür, daß wir nicht mehr willentlich auch anders handeln können und durch selbständige Vorentscheidungen des Gehirns determiniert sind. Determiniertes Verhalten sieht anders aus. Es folgt neuronalen Programmen, die ablaufen, ohne daß wir das Verhalten unterlassen können. Dies gilt zum Beispiel für das Atmen, das nur für Momente unterdrückbar ist.

Bei etwas komplizierteren Straftaten als einem Ladendiebstahl, wie etwa der Abgabe einer unrichtigen Steuererklärung, wird noch wesentlich deutlicher, daß das Bereitschaftspotential für Teilhandlungen für die freie Entscheidung, etwas Derartiges zu tun oder es freiwillig zu unterlassen, nichts aussagt. Solche Handlungen sind nämlich aus einer Fülle von kleinen und kleinsten Teilhandlungen zusammengesetzt, die sich über mehr als einen Tag verteilen können. Die meisten Detailhandlungen werden durch Bereitschaftspotentiale voraktiviert. Der Wille, eine falsche Steuererklärung abzugeben, überdauert eine größere Anzahl von Bereitschaftspotentialen. Er überwölbt die Detailhandlungen und verbindet sie zu dem Gesamtverhalten. Der künftige Steuersünder kann sich jederzeit frei umentscheiden, eine ehrliche Steuererklärung abzugeben. Die Existenz von unbewußten Bereitschaftspotentialen macht ihn nicht unfrei.

Zusammenfassend: Der von Libet u. a. untersuchte kleine Willensakt ist eine zu kleine Einheit, um vollständige Willensentscheidungen im Sinne einer Wahlhandlung richtig abzubilden. Darüber hinaus sind aber selbst bei derartig kleinen Willensakten Veto-Situationen möglich, die die Argumentation aus den Angeln heben. Wir können also auch anders, und schließlich, wenn wir auch anders können, reichen die Experimente nicht aus, um einen freien Willen im Sinne des Andershandeln-Könnens beim Menschen auszuschließen. Wir können sicher unser Strafrecht verbessern, brauchen es aber nicht im Sinne von Gerhard Roth völlig neu zu rechtfertigen.

Hier wurde nur behandelt, daß die Experimente von Libet und anderen nicht geeignet sind, die Determiniertheit im Sinne eines Nicht-anders-handeln-Könnens zu beweisen. Deshalb reichen sie auch nicht aus, um die Willensfreiheit zu bestreiten. Die Willensfreiheit weiter zu begründen kann hier nicht geleistet werden.

Klaus Lüderssen
Ändert die Hirnforschung das Strafrecht?

Wer hätte gedacht, daß wir noch einmal in eine Diskussion über Willensfreiheit, über Determinismus und Indeterminismus hineingezogen werden, mögen sich die Kriminalisten fragen, wenn sie in der Zeitung lesen, daß »einige Hirnforscher in ihren neuesten Büchern ausdrücklich eine Reform der Strafprozeßordnung« nahelegen, weil »Freiheit Schall und Verantwortung Rauch« sei. Das Strafrecht hatte sich mit der Frage längst arrangiert, pragmatisch freilich, nicht so elegant wie vor vierzig Jahren Adorno, der meinte, von »Idealkonstruktionen des Individuums her« könne »man das Problem nicht lösen«; andererseits sei »die Gesamtheit der Bedingungen, von denen dem Determinismus zufolge die Willensakte abhängen sollen, nicht bekannt«, sie mache »selber eine Idee aus«. Die damit gestellte Aufgabe, die banalen »antithetischen Parolen« zu ersetzen durch die von Adorno geforderte Einsicht in »die Antinomie des Sachverhalts«, ist schwer genug; wir arbeiten noch daran.

In diese zähen Anstrengungen platzt nun der Satz: »Eine Gesellschaft darf niemanden bestrafen, nur weil er in irgendeinem moralischen Sinne schuldig geworden ist – dies hätte nur dann Sinn, wenn dieses denkende Subjekt die Möglichkeit gehabt hätte, auch anders zu handeln, als tatsächlich geschehen« (Hirnforscher Gerhard Roth) – und wirft uns in das späte neunzehnte Jahrhundert zurück, als fortschrittliche Geister das Strafrecht durch ein auf Gefährlichkeit abstellendes Maßnahmerecht ersetzen wollten. Die Schreckensgestalt, die aus dieser Epoche noch herüberleuchtet, ist der italienische Arzt Cesare Lombroso, der unter gewaltigem Beifall den geborenen Verbrecher präsentierte. Müssen wir wirklich dort wieder anfangen, oder ersetzen die Hirnforscher Gerhard Roth und Wolf Singer die primitiven Schlußfolgerungen ihrer Kollegen von damals durch eine überzeugendere, vielleicht sogar endgültige Konzeption des determinierten Menschen?

Notwendige Voraussetzung für einen selbstinitiierenden Willen ist ein Bewußtsein, das nicht nur eine Folge körperlicher Vorgänge ist. Ein solches Bewußtsein existiert nicht, stellen Singer und Roth fest. Zwar falle es ihnen noch schwer, meint Singer, »das neuronale Korrelat für Bewußtsein an sich zu identifizieren; ein singuläres Zentrum, in dem das Bewußtsein zu lokalisieren wäre«, gebe »es jedoch mit Sicherheit nicht«. Das bedeutet Singer zufolge: »Phänomene wie Intentionalität, einfach das absichtsvolle Handeln«, folgen den neuronalen Vorgängen im Gehirn nach und stoßen sie nicht etwa an; mit anderen Worten: Wir bilden uns den »freien Willen« schlicht ein. Es nützt nichts, wie das vielfach geschieht, diese Mitteilungen mit dem subjektiven Erlebnis, frei zu entscheiden, zu quittieren. Denn daß dieses Freiheitserlebnis ein leerer Wahn sei, ist ja gerade die These.

Ob ihre naturwissenschaftlichen Grundlagen unbezweifelbar sind, darf jedoch auf sich beruhen, wenn gezeigt werden kann, daß die Beobachtungen über jene neuronalen Prozesse die Folgerung, es gebe keinen freien Willen, gar nicht tragen. Müssen die komplizierten Vorgänge des am Bewußtsein des Menschen vorbeiagierenden Gehirns in einer Welt der Kausalitäten nicht ihrerseits irgendwie angestoßen worden sein? Oder handelt es sich um eine sich selbst genügende Autopoiese? Das Indiz dafür könnte eine vollkommene Beliebigkeit, das Chaos allen menschlichen Handelns und Unterlassens sein. Die Wahrnehmung, daß die Welt insgesamt so unvernünftig gar nicht sei, wäre dann eine schöne, normativ gefärbte, auf Wunschbildern beruhende Imagination. Da aber die Evolutionsgeschichte, die von den Hirnforschern angeboten wird, auch soziostrukturelle Gründe für die Entwicklung des Gehirns nennt, sind Faktoren in die Rechnung eingestellt, die in der internen Welt des Gehirns keinen Platz haben. Denn die sozialen Einflüsse auf die Entwicklung des Gehirns können ja nicht ihrerseits damit erklärt werden, daß ihre treibende Kraft ebenjenes sozusagen durch die Welt taumelnde Gehirn sei.

Entschärft man dieses Bild, so landet man bei der Frage, die Singer in einem Interview gestellt worden ist: »Ist denn das Erlebnis, sich frei für dieses oder jenes entscheiden zu können, nur ein soziales Konstrukt? Ist es nur tradiert? Haben es die frühen Menschen einmal irgendwie entwickelt, und ab dann ist es immer nur noch von den Älteren an ihre Kinder weitergegeben worden?« Das scheint trivial, und man erwartet demgemäß eine entrüstete Abwehr des Interviewten. Aber dessen einfache Antwort darauf lautet: »So würde ich das sehen.«

Dies ist eine starke Irritation für eine Philosophie, die demgegenüber verkündet, »daß die komplementäre Verschränkung anthropologisch tiefsitzender Wissensperspektiven gleichzeitig mit der kulturellen Lebensform selbst entstanden ist« (Habermas), zumal damit nicht etwa der Unterschied zwischen einer primär erfahrenen Natur und einer gesellschaftlich konstituierten Natur gemeint ist. So hatte Adorno, wie Habermas auf einer Frankfurter Adorno-Konferenz kürzlich in Erinnerung gerufen hat, noch argumentiert und damit die Hoffnung verknüpft, durch das Zugeständnis einer objektivierten ersten Natur für das Ich in einer zweiten Natur einige – wenn auch durch soziologische Einsichten in seine Manipulierbarkeit beschränkte – Spielräume zu reservieren.

Doch die modernen Hirnforscher hätte das nicht beeindruckt. Vielmehr würden sie erwidert haben, daß auch in der zweiten, sozusagen verstümmelten Natur die primäre Steuerung des Ichs durch bewußtseinsunabhängiges Reagieren stattfinde. Habermas hat das antizipierend durchschaut und deshalb gegenüber einer bloßen Verschiebung des Freiheitsproblems aus der ersten in die zweite Natur betont, daß die »Emanzipation von Zwängen einer naturwüchsigen Gesellschaft nicht die ursprüngliche Antinomie zwischen dem Freiheitsbewußtsein des Handelnden und dem nachträglich destabilisierenden Wissen um die kausale Geschlossenheit der Welt« berühre.

Es ist nicht zuletzt den neuen Impulsen jener Hirnforscher zu verdanken, daß sich die Diskussion jetzt wieder auf diese zentrale Frage konzentriert, und für Strafrechtswissenschaft und -praxis liegt darin eine große, seit langem vermißte Chance, der Lösung des quälenden Problems der Schuld näherzukommen. Zwei Modelle werden angeboten.

Die dem alltäglichen Empfinden nähere Position besagt, daß das naturalistische Bild der neuronalen Prozesse »an der Nichthintergehbarkeit eines Dualismus von Sprachspielen scheitern« müsse. Das heißt: »Die Einzigartigkeit des lebensgeschichtlich individuierten Einzelnen erschließt sich allein performativ, nämlich über die im Vollzug einer Interaktion zu leistende Anerkennung der Andersheit des anderen«, so Habermas; er spricht allerdings auch vorsichtig vom normativen Eigensinn des anderen.

Ohne normative Voraussetzungen scheint indessen auszukommen, wer – in den Schriften des Tübinger Philosophen Manfred Frank kann man das spannend erleben – den Regreß des sich von seiner jeweiligen Objektivierung distanzierenden Ichs wählt. Dieses »letzte« Bewußtsein kann nicht auf jenes unheimliche »Bereitschaftspotential« des Gehirns (Roth) reduziert werden. Hinter jeder Objektivierung lauert gleichsam ein neues Ich. Aber der Regreß ist unendlich, das »wahre« Ich wird uns ewig unbekannt bleiben, zwingt also auch zur normativen Kapitulation.

Alles Weitere hängt demnach davon ab, ob es einem angenehmer ist, sich zur Freiheit aufgerufen zu fühlen angesichts des Unbekannten oder aus Trotz gegen das Unwillkommene. Die Situation ist vergleichbar dem Scheideweg, an den man durch die modernen Konstruktivismus-Theorien geführt wird. Geht die Welt für uns restlos in einer Konstruktion auf, oder stoßen wir auf »brute facts« (Searle), die eine uneingeschränkte Aspektabhängigkeit der Erkenntnis ausschließen? Schwer zu entscheiden. Jedenfalls ist, wenn wir – so paradox das klingt – realistisch genug sind, das Unbegreifliche zu registrieren, die Freiheit des Umgangs damit unausweichlich, und die Anpassung an naturwissenschaftliche Aussagen, die diese Grenze nicht erreichen können, ginge ins Leere.

Auf dieser Basis kann die Freiheit der Zuschreibung von Schuld legitimiert werden. Lange, vor allem auch in totalitären Zeiten, hieß das »staatsnotwendige Fiktion«. Man kann indessen auch sagen, daß das Beharren auf der Schuld vor willkürlicher Verurteilung schützt. Demokratische und liberale Gesellschaften sollten versuchen, für Entscheidungen dieser Art ihre Verfassungen zu mobilisieren. Das Grundgesetz des Bundesrepublik Deutschland zum Beispiel deklariert in seinem ersten

Artikel die Unantastbarkeit der Menschenwürde. Es gibt gute Gründe dafür, daß dieses Prinzip nur jene begrenzende Funktion der Schuldzuschreibung deckt. Das ist eine säkularisierende Auslegung, die im Vordringen begriffen ist (freilich noch keineswegs durchgesetzt, wie gerade jetzt aus der Diskussion über das Konzept der Menschenwürde in der Neuauflage eines der prominentesten Grundgesetz-Kommentare hervorgeht). Sie eröffnet uns die Aussicht, die Folgen einer hochgemuten Hirnforschung abzuwenden, die (wohl schuldlos) in die Gefahr einer selbstsuggestiven Metaphysik geraten ist.

Dies ist eine Gefahr, über welche die freundlich ausgesprochene Vermutung, »daß unser Umgang mit Menschen, die wir heute als ›Kriminelle‹ bezeichnen, verständnisvoller werden könnte« (Singer), nicht hinwegtäuschen darf, vor allem dann nicht, wenn es gleich danach heißt, der Strafvollzug könne sich allerdings nicht grundlegend ändern. Denn macht man die schuldhafte Tat zur Voraussetzung der Resozialisierung, so geht es nicht um Dressur, sondern um Emanzipation. In diesem Sinne kann das Strafvollzugsrecht durchaus fortentwickelt werden.

Hans-Ludwig Kröber
Die Hirnforschung bleibt hinter dem Begriff strafrechtlicher Verantwortlichkeit zurück

Kann man künftig Straftäter anhand biologischer Merkmale bereits identifizieren, bevor sie noch ihre erste Straftat überhaupt begangen haben? Und was macht man dann mit ihnen? Die Problematik, die Steven Spielberg in seinem Film »Minority Report« behandelt, ist keineswegs utopisch. Bereits heute könnte man anhand der Befunde in bildgebenden Verfahren, die man bei Straftätern, »Mördern«, »Psychopathen« und anderen Menschengruppen gefunden hat, so etwas wie eine Rasterfahndung einleiten nach Menschen ohne Mitgefühl und mit hoher Aggressivität. Das ist die dunkle Seite dieser Forschungsmacht. Die scheinbar helle zeigt sich in der Behauptung, wer durch Besonderheiten seines Gehirns bedingt Straftaten begehe, sei für sie strafrechtlich nicht verantwortlich. Er wird nicht bestraft. Was man statt dessen mit ihm macht: Man sperrt ihn lebenslang ein, aber nicht als Strafe, sondern rein prophylaktisch, zur Sicherung. Denn wer für sein Tun nicht verantwortlich ist, kann die Freiheit nicht kosten.

Allerdings gehen manche Hirnforscher wie Gerhard Roth noch einen Schritt weiter und sagen, wir alle befänden uns in dem Irrglauben, freie Willensentscheidungen treffen zu können. Tatsächlich aber treffe das limbische System, also die Übergangszone zwischen dem Cortex und dem Hirnstamm, in dem die vegetative und endokrine Steuerungszentrale liegt, »unsere« Entscheidungen. Auf die naheliegende Rückfrage, wessen limbisches System denn die Entscheidung trifft, weicht Roth allerdings zurück und sagt: Die ganze Person trifft die Entscheidung. Aber sie sei nicht frei, weil die Entscheidung aus dem Unbewußten komme, weil nämlich ihr limbisches System die Entscheidung treffe. Und die unbewußte Entscheidung des limbischen Systems sei die determinierte Resultante aller biographischen Erfahrungen dieser Person.

So sind wir bereits mitten in den Sprachspielen der biologischen Hirnforscher, und diese Sprachspiele zeichnen sich dadurch aus, daß bestimmte anatomische und funktionelle Strukturen sozusagen beseelt werden und in die Position eines Homunculus hineinwachsen, eines kleinen Menschen im Menschen, der mit anderen zerebralen Homunculi im Widerstreit oder Austausch steht und schließlich auch Regierungsmacht über die ganze Person oder das ganze Gehirn gewinnt. Im finalen Showdown gewinnt das limbische System schließlich sogar gegen das Gesamtgehirn und die ganze Person.

Wissen wir heute sehr viel mehr als vor einhundert Jahren über die Funktionsweise des Gehirns? Die Antwort ist ja. Sind wir damit der Beantwortung zentraler Fragen wesentlich nähergekommen? Die Antwort ist nein. Als solche zentralen Fragen muß man die folgenden bezeichnen: In welchem Verhältnis stehen Körper, materiale Strukturen einerseits, Bewußtseinsprozesse andererseits? In welchem Verhältnis stehen die materialen Strukturen und elektrophysiologischen oder biochemischen Abläufe zu komplexen Konstrukten wie Selbstbewußtsein, Wille, Motivation, moralische Wertung, Zukunftsplanung?

Hirnforscher wie Gerhard Roth, Wolf Singer und andere bedenken durchaus den philosophischen Hintergrund ihrer Überlegungen. Aber sie wirken seltsam unempfindlich gegenüber diesen grundsätzlichen und ja nicht erst seit wenigen Jahren erörterten Fragestellungen. Insbesondere dem Laienpublikum wird oftmals eine zwar mit markigen Aussagen beeindruckende, aber doch recht grobe Philosophie für den Hausgebrauch vorgetragen. Dabei kann gar kein Zweifel bestehen, daß wir im Bereich der Forensischen Psychiatrie und Psychologie einen hohen Bedarf an empirischen, und zwar auch biologischen Befunden haben. Die Erhebung biologischer Befunde bei Straftätern galt längere Zeit als politisch unkorrekt, da Delinquenz ja, wie etwa Wilfried Rasch immer wieder betonte, ein rein soziales, gesellschaftliches Phänomen sei. Anderseits werden die Eingangskriterien verminderter und aufgehobener Schuldfähigkeit – krankhafte seelische Störung, tiefgreifende Bewußtseinsstörung, Schwachsinn und schwere andere seelische Abartigkeit – von manchen als »biologische« Eingangskriterien bezeichnet. Und schließlich fokussierten die Lehrbücher der forensischen Psychiatrie zumindest in der ersten Hälfte des zwanzigsten Jahrhunderts ihr Augenmerk ganz auf die körperlich bedingten psychischen Störungen.

Das Paradebeispiel psychiatrischer Begutachtungskunst war lange Zeit der zweiundfünfzigjährige Lehrer, der erstmalig mit pädophilen Handlungen auffällt und bei dem der Sachverständige dann einen Morbus Pick psychopathologisch diagnostiziert sowie radiologisch nachweist. Der hohe Stellenwert somatischer Befunde in der forensischen Psychiatrie zwischen 1880 und 1960 ergab sich recht zwanglos daraus, daß es insgesamt einen sehr viel höheren Anteil organischer Psychosen in der psychiatrischen Population gab als heute, insbesondere Paralytiker, postinfektiöse Zustände und durch zwei Weltkriege Hirnverletzte. Interessanterweise wird durch die jetzigen bildgebenden Verfahren ein Teil des hirntopographischen Wissens zurückgewonnen, das die Psychiater, die mit zahllosen Hirnverletzten zu tun hatten, bei denen sich der zerstörte Bereich exakt lokalisieren ließ, anhand klinischer Psychopathologie gewonnen hatten.

Biologische Hirnforschung kann in diesem Sinn einen wichtigen Beitrag dazu leisten, das Zusammenspiel unterschiedlicher Hirnareale bei unterschiedlichen kognitiven Aufgaben und unterschiedlichen emotionalen Regulationen nachzuzeichnen. Es besteht aber auch Einmütigkeit darüber, daß die bisherige Forschung komplexe Konstrukte wie Bewußtsein, Willen, Entscheidung nicht gut operationalisieren kann und daß sich aus den vorhandenen Befunden eben nicht erschließen läßt, wie solches funktioniert.

Medizinhistoriker wie Olaf Breidbach haben sehr schön dargestellt, daß in der ganzen mehrhundertjährigen Geschichte der Hirnforschung es niemals so war, daß aus empirischen Befunden eine Theorie über die Funktionsweise höherer Hirnfunktionen abgeleitet wurde. Stets wurde der entgegengesetzte Weg eingeschlagen: Vorbestehende Konzepte über den psychischen Apparat, wie zum Beispiel die Unterscheidung von Bewußtsein und Unbewußtem, Willen, Motivation, Urteilskraft, wurden im zweiten Schritt empirisch unterfüttert mit morphologischen oder funktionellen Hirnbefunden, die zu diesen Modellen passen. Es ist kein Geheimnis, daß Sigmund Freuds psychoanalytische Vorstellungen von der Hirntätigkeit mit Trieb, Druck, Verschiebung, Verdrängung sich an das Vokabular der industriellen Mechanik und der Kraftlehre jener Zeit anlehnten, und es ist kein Zufall, daß viele Studenten sich heute das Gehirn kaum anders als einen besonders guten Computer vorstellen können.

Vielleicht benötigt man eine gewisse sprachliche Sensitivität, um sich der Kategorienvermischung bewußt zu werden, wenn jemand erklärt, das limbische System stelle das Kondensat aller emotionalen Entscheidungen seit der Entstehung dieses Individuums dar. Weiß das limbische System das? Hat man es ihm gesagt? Was hat es geantwortet? Will man wirklich behaupten, die Herausbildung biographisch bestimmender Werthaltungen sei einfach nur eine mathematische Resultante der bis dahin auf das Konto des limbischen Systems geleisteten Einzahlungen? Ist das Votum des limbischen Systems immer blind oder nur manchmal, ist es immer unkorrigierbar oder manchmal korrekturfähig? Keineswegs geklärt ist, ob man die von Wilhelm Dilthey angestoßene philosophische Denktradition bereits ad acta legen kann, der zufolge psychische Prozesse nicht nach naturwissenschaftlicher Kausalität »erklärbar« sind, sondern daß Psychisches aus Psychischem hermeneutisch »verstehbar« hervorgeht. Gerade wenn man annimmt, daß Information auf informationsverarbeitende Strukturen zurückwirkt, geraten wir mit Rollenverteilungen an zerebrale Homunculi rasch in Turbulenzen.

Besonders ärgerlich wird es natürlich da, wo erledigte Fußangeln des Problems der Willensfreiheit erneut ausgelegt werden. Keiner behauptet, daß wir uns in dem Sinne frei entscheiden können, daß wir beliebig, sozusagen zufällig und stets überraschend, entscheiden. Das wären schreckliche Menschen, deren Entscheidungen unvorhersehbar rein willkürlich und also gegen alle Erwartungen fallen würden. Wir können und möchten Entscheidungen immer nur in einem bestimmten vorgegebenen Rahmen von Möglichkeiten treffen. Wir beziehen uns in unseren Entscheidungen auf Vorbedingungen, auf äußere und innere Vorbedingungen. Peter Bieris wissenschaftlicher Bestseller ist hierzu eine lesenswerte Lektüre.[1] Eine krankhafte Beeinträchtigung unserer Entscheidungsfreiheit liegt dann vor, wenn beispielsweise durch einen akuten Wahn oder durch die Abhängigkeit von einem Suchtmittel unsere Freiheitsgrade stark reduziert oder aufgehoben sind. Es ist dabei aber unerheblich, daß es für jeden möglichen Zustand vor und nach der Entscheidung ein somatisches Korrelat gibt. Wenn bei einem erfahrenen Dirigenten der sensible Cortex für die Differenzierung und Ortung von Geräuschen nachweislich viel umfänglicher und aktiver ist als bei einem durchschnittlichen Fan von Dieter Bohlen, dann verringert dies keineswegs die Freiheitsgrade dieses Dirigenten, in die Gestaltung eines Musikstücks einzugreifen, sondern es erhöht sie. Spätestens seit der Pisa-Studie wissen wir, daß man durch Training oder allgemeiner: durch Erziehung gerade bei jungen Menschen die Hirnleistungsfähigkeit verbessern kann. Ganz ohne Frage gibt es dafür organische Korrelate, und auch für die zunehmende Fähigkeit, emotionale Impulse zu bremsen, zu gestalten und gegebenenfalls aufzuschieben. Bisher kam keiner auf die Idee, daraus eine zunehmende Minderung der Willens- und Entscheidungsfreiheit abzuleiten.

Die moderne, vor allem bildgebende Hirnforschung illustriert sehr deutlich, wie das Gehirn arbeitet und daß es bei unterschiedlich ausgebildeten Menschen in manchen Hinsichten unterschiedlich arbeitet. Ohne Frage wird sie auch hilfreich sein, die Besonderheiten von Krankheitszuständen besser zu verstehen. Und generell ist für einen Psychiater das wachsende öffentliche Interesse an der Hirnforschung erfreulich. Bedenklich jedoch ist die Neigung mancher Hirnforscher, nun auch als Hirndeuter aufzutreten und vor Laien und staunenden Journalisten unter Demonstration vieler bunter Bilder zu verkünden, daß die Willensfreiheit widerlegt und auch die strafrechtliche Verantwortlichkeit eine Fiktion sei. Die bunten Bilder, die von

1 Peter Bieri, *Das Handwerk der Freiheit. Über die Entdeckung des eigenen Willens*, München: Hanser 2001.

den Laien schwerlich in ihrer Aussagekraft eingeschätzt werden können, haben hier die Funktion von Reliquien: Sie sollen den Glauben stärken wie das Leichentuch von Turin. In Wirklichkeit ist es ein recht weiter Weg von den Bildern aus dem PET, dem funktionellen Positronen-Emissions-Tomographen, bis hin zur Frage der strafrechtlichen Verantwortlichkeit.

Der ständige Rückgriff auf das bekannte Libet-Experiment beleuchtet bereits die Fragwürdigkeit der Argumentation. Die Versuchspersonen hatten in diesem Experiment die Aufgabe, beliebig entweder den rechten oder linken Arm zu heben und dabei festzustellen, in welchem auf einer Uhr angezeigten Moment sie diese Entscheidung treffen. Es zeigte sich, daß das motorische Aktivierungspotential für den jeweiligen Arm früher manifest wurde als das subjektive Gefühl der Entscheidung. Das Experiment leidet darunter, daß es gar keine rationalen oder emotionalen Entscheidungsgründe für das Heben des einen oder anderen Arms gab. Menschen fungierten hier als Zufallsgenerator, und es ist gut vorstellbar, daß wir uns für die Seite entscheiden, die zuerst zuckt. Es gibt nicht die geringste Ähnlichkeit dieses Experiments und dieser Art von Entscheidung mit emotional und rational hochaufgeladenen Entscheidungen, wie sie vielfach Gegenstand der forensischen Psychiatrie sind.

Abgesehen davon ist es wieder ein Spiel mit den Homunculi, wenn man sagt: Du glaubst nur, du selber hättest die Entscheidung getroffen. In Wahrheit hat dein limbisches System die Entscheidung getroffen. Warum nicht ich, fragt man zurück? Weil die Entscheidung schon fiel, als sie dir noch nicht bewußt war. Aha, und diese geheimen Werkstätten, in denen die Entscheidung geschmiedet wurde, sind nicht ich? Und wenn tatsächlich eine Entscheidung stärker in meinen emotionalen Vorerfahrungen begründet sein sollte als in rationalen Erwägungen – was besagt dies für die Willensfreiheit? Gar nichts. Es lebt auch dies von dem untergründigen Argument, daß Emotion kognitionsfeindlich sei, antirational, obwohl die emotionale Befrachtung repräsentativer Bestände, also psychischer Vorstellungen, ja ganz wesentlich ein Ausdruck der Bewertung und Gewichtung von Sachverhalten ist.

An dieser Stelle würde beispielsweise Gerhard Roth sofort zustimmen und sagen: Das limbische System ist »das Verhaltensbewertungssystem« des Gehirns, und deshalb hängt es so eng mit dem Gedächtnissystem zusammen, weil Gedächtnis nicht ohne Bewertung, Bewertung aber nicht ohne Vorerfahrungen, nicht ohne Gedächtnis möglich sei. Welche Rolle soll es nun, in der Debatte um Entscheidungsfreiheit oder Determiniertheit, spielen, daß solche Bewertungsvorgänge in einem hohen Umfang unbewußt ablaufen, allerdings in Maßen auch bewußt gemacht werden können? Wenn die ersten 180 Sekunden entscheiden, ob ich einen Menschen sympathisch finde, so bin ich ausgesprochen dankbar, daß ich nicht alle Gründe jeweils bewußt durchdeklinieren muß. Wenn ich diesen Menschen einem Gericht beschreibe, bin ich durchaus imstande, einige wichtige Eigenheiten dieser Person zu benennen, auf die ich vielleicht mit Aversionen reagiere.

Und wenn denn das limbische System tatsächlich die große Festplatte aller emotional geladenen biographischen Erfahrungen ist: Wer hat denn dann diese Festplatte beschrieben? Speziell im forensisch-psychiatrischen Bereich ist es nicht überraschend, daß bestimmte Untergruppen chronisch Straffälliger auch neurophysiologische und neuroanatomische Besonderheiten aufweisen. Auch das Wahrnehmen, Werten, Denken und Handeln rechtskonformer und psychisch ungestörter Menschen ist in erheblichem Umfang im biologischen Untergrund verankert und in dem lebensgeschichtlichen Umgang mit den eigenen Stärken und Schwächen herausgebildet. Daß unsere Entscheidungen auf einer materiell faßbaren biologischen Grundlage erfolgen, besagt noch nichts darüber, ob es freie Entscheidungen sind, und entsprechend auch nichts über die strafrechtliche Verantwortlichkeit. Wir sind strafrechtlich verantwortlich, wenn wir imstande sind, unsere Entscheidungen von vernünftigen Erwägungen abhängig zu machen, wenn wir also imstande sind, unsere Wünsche kritisch zu bewerten.

Um nicht mißverstanden zu werden: Die weitere Erforschung der Funktionsweisen des Gehirns ist auch für die forensische Psychiatrie von hohem Interesse. Ein bißchen Zurückhaltung bei allzu schnellen Großdeutungen wäre uns gleichwohl lieb. Aber wir freuen uns, daß die grundsätzlichen Fragen wieder aufgeworfen werden. Wir Psychiater brauchen die intensive Diskussion mit Wissenschaftshistorikern, Philosophen, Rechtswissenschaftlern und Hirnforschern.

Johannes Fried
Geschichte und Gehirn. Irritationen der Geschichtswissenschaft durch Gedächtniskritik

Wer sind wir? Woher kommen wir? Wie können wir es erkennen? Die Fragen sind uralt und immerfort jung. Gerade unlängst griffen Philosophen und Naturwissenschaftler, ohne sich einigen zu können, sie wieder einmal auf; und die renommierte »Frankfurter Allgemeine Zeitung« hielt ihre Diskussion für so bedeutsam, daß sie über dieselbe berichtete. Hatten doch Richard Rorty und Jürgen Habermas auf der einen, Wolf Singer und Michael Tomasello, Neurophysiologe der eine, Primatologe und Entwicklungspsychologe der andere, auf der Gegenseite teilgenommen. Wie die Diskussion tatsächlich verlief, entzieht sich meiner Kenntnis. Ich selbst verfüge nur über den erwähnten Zeitungsbericht, ein textualisiertes Augen- und Ohrenzeugnis immerhin, somit über eine ereignisnahe Quelle.[1] Danach aber konnte der Psychologe vor den Philosophen noch bestehen, der Hirnforscher indessen sei die negative »Überraschung des Tages« gewesen; er habe »sich philosophisch so billig verkauft« und nur »Monismen im Stile Haeckels vom Stapel« gelassen, die Rorty allenfalls ein Lächeln zu entlokken vermochten und Habermas nötigten, zwar vornehm, doch deutlich dem Naturforscher »den Kopf zurecht[zu]rükken«. Ist der alte Graben zwischen Natur- und Geisteswissenschaften noch immer nicht eingeebnet oder wenigstens überbrückt?

Was ich da las, verwunderte mich einigermaßen. Seien doch Fragen erörtert worden wie: »Wer denkt heutzutage eigentlich noch mit dem Gehirn?« oder »Warum sollte das Bild des Men-

1 Christian Geyer, »Gezuckt. Rorty, Singer, Habermas: Essener Streit ums Wesentliche«, in: Frankfurter Allgemeine Zeitung Nr. 214/2002 vom 14. September 2002, S. 29.

schen als grundsätzlich freiheits- und verantwortungsfähiger ›Entscheider‹ ins Wanken geraten, nur weil im Areal der Nervenzellen kein Käpt'n im Kopf zu entdecken ist?« Da wurde offenbar das Problem, das zur Erörterung stand, verharmlost, der Umstand nämlich, daß, soweit erkennbar, jede Erziehung – sie sei »gut« oder »schlecht« –, jede Erfahrung und jedes enkodierte Wissen neuronale Verschaltungen, neuronale Überschreibungen, mitunter gar eine Art Gehirnwäsche bewirken. Sie lassen Denken, Fühlen und Wollen, jeden Akt des Bewußtseins – wie immer wir ihn empfinden – nicht mehr als von einem selbstbewußt planenden Ich hervorgebracht erscheinen, liefern das Bewußtsein vielmehr dunklen Mächten, nämlich den undurchschaubaren Wechselwirkungen zwischen körperinternen, unbewußt und unlenkbar ablaufenden biochemischen Prozessen und externen kulturellen Impulsen sowie den Unwägbarkeiten darauf einwirkender gesellschaftlicher Interaktionen aus und dies seit je, seit den Anfängen der Hominisation, nicht erst seit heute.

Nun steht es mir, in den Abgründen des Mittelalters wühlender Historiker, der ich bin, gewiß nicht an, mich auf die großen Fragen der Menschheit einzulassen. Gleichwohl, gedacht, gefühlt, gewollt haben die Menschen – wenn je – auch im Mittelalter. Wie ihr Tun aber würdigen? An wen sich halten, um die Wahrheit zu erkennen, nämlich, was eigentlich gewesen: an lächelnde Philosophen oder an den mangelnden Käpt'n im Kopf? Müssen wir vergangenes Handeln neu bewerten, weil es sich dem Willen der Handelnden entzog und statt dessen dem von genetischer Kondition, elektrochemischen Aktivitäten und kulturellen Inputs geregelten *Spiel der Neuronen* unterlag; weil alles, was der Mensch hervorgebracht, seine kollektiven und individuellen Lebensweisen, sein Können, seine Werke und deren Wirkungen, alle Kognition und Intention, die Religion und selbst die Philosophie, weil seine ganze geistige Existenz sich kontingenz-induzierten Interaktionen von Neuronen mit soziokulturellen Mächten, mithin einem *neurokulturellen* Geschehen verdankte, das mehr *Natur* und *Gesellschaft* als der Träger des Hirns, der sich als Ich erfahrende individuelle Mensch, zu verantworten haben? Wenn dem so wäre, welche

Folgen zeitigte es für Geschichtsforschung und Geschichtsschreibung?

Die Frage sei reduktionistisch an *der* Stelle aufgegriffen, an der Historiker stets einsetzen müssen, um ihr Datenmaterial zutreffend und zuverlässig zu erheben: bei ihren Quellen. Dieselben aber sind, zumal jene des Mediävisten, in weit überwiegendem Maße *Erinnerungs*zeugnisse, mithin Produkte eines Gedächtnisses, das sich wohl mancherlei Hilfsmittel bediente, sich ursprünglich und im wesentlichen jedoch der natürlichen Leistungskraft des menschlichen Hirns verdankte. Diese Quellen unterlagen bei ihrem Zustandekommen ebenjenen Bedingungen, welche die Neurowissenschaften mehr und mehr und in überraschender Klarheit aufzudecken vermögen. Keine zwei Beteiligten desselben Geschehens erinnern sich an identische Wahrnehmungen. Die dadurch bedingte Vielfalt gehört offenbar, noch kaum bedacht, zum Eigentlichen des Gewesenen.

Zudem operieren auch die forschenden Historiker und Historikerinnen mit Hilfe ihres Gedächtnisses, so daß Geschichtsforschung geradezu als eine zwar methodisch so gut es geht kontrollierte, prozedural aber weithin unkontrollierbare Konfrontation mnemonischer Leistungen beschrieben werden kann. Damit könnte zusammenhängen, daß trotz identischer Gegenstände – wie beispielsweise der Kaiserkrönung Karls des Großen – keine zwei Forscher unabhängig voneinander identische Forschungsergebnisse erzielen. Wie also arbeitet das Gedächtnis, und welche Folgen hat diese Arbeitsweise für unsere Quellen, deren Kritik und Auswertung? Die Beantwortung der Frage läßt über deren engeres Erkenntnisziel hinaus zugleich neue Einblicke in die kulturschöpferischen Leistungen des menschlichen Geistes erwarten.

Indes, die Frage ist noch immer zu komplex. Ich reduziere sie, um das Phänomen zu verdeutlichen, auf ein einziges Beispiel, das ich freilich ausführlich vorstelle. Ich entnehme dasselbe – ganz unmediävistisch – in *der* Annahme der *Zeitgeschichte*, daß das menschliche Hirn vor 1000 Jahren nicht anders arbeitete als heutigentags, daß (worüber von mir untersuchte mittelalterliche Fälle belehren) sich in der Zwischenzeit trotz zunehmender Schriftlichkeit die Erinnerungsfähigkeit nicht wesentlich änderte, daß das gewählte Beispiel Alltägliches mit Außerordentlichem vereint und als typisch gelten darf, endlich daß jüngere Beispiele zuverlässiger zu überprüfen sind als jene aus dem quellenarmen dunklen Mittelalter, auf das ich im folgenden auch kaum mehr zu sprechen komme, und daß die aus ihm abzuleitenden Folgerungen prinzipiell verallgemeinert werden dürfen. Zudem hoffe ich, daß das Beispiel, das ich wähle, Ihnen, meine Damen und Herren, in seinen Grundzügen bekannt ist, daß Sie mich also in meinen Überlegungen leichter kontrollieren können.

Soweit ich mich im folgenden, wenn auch zag- und laienhaft, auf neurowissenschaftliches Terrain vorwage, so bekenne ich sogleich und uneingeschränkt meine völlige Inkompetenz, verbinde aber dieses Eingeständnis mit der Bitte um eine Korrektur, die dem Laien gestattet, die Konsequenzen der Hirnforschung und überhaupt der Kognitionswissenschaften für die Erforschung der Vergangenheit zu präzisieren.

Das Vergangenheit gewordene Geschehen verändert sich, war es nicht buchstäblich festgeschrieben, je nach dem Augenblick und den Bedingungen seines späteren Abrufs durch das Gedächtnis. Ihm – und sei es dem Gedächtnis qualifiziertester Gelehrter – ist, stehen keine unabhängigen, »neutralen« Kontrollmöglichkeiten zur Verfügung, als Datenlieferanten entschieden zu mißtrauen. Eine Geschichte, die sich auf derartige Daten stützt, erfaßt bloß Momente eines unaufhaltsam fortfließenden Erinnerungsstromes, eine instabile Mixtur von Wahr und Falsch, kein ursprüngliches Geschehen.

Zeit, Ort, genauere Umstände, Inhalt und Bedeutung der eigenen Erlebnisse, die harten Fakten der dem Gehirn und dem episodischen Gedächtnis ursprünglich zugeflossenen Informationen bewahrt das letztere nach gewisser Zeit mehr oder weniger ungenau oder gar nicht und stets modulationsanfällig und variabel. Ein erschreckendes Ergebnis. Jedes Detail kann als ganzes, in einzelnen Elementen oder in seinen Verknüpfungen falsch sein, fremde Zusätze aufnehmen, Wichtiges abstoßen, verzerrende Umwertungen vornehmen, obgleich auch zu späterem Zeitpunkt überraschend präzise Erinnerungen aufleuchten können. Doch was in welchem Umfang bei einer eben hervorgebrachten Gedächtnisleistung tatsächlich zutrifft, verrät keine Erinnerung aus sich selbst. Das ist die Crux der Historiker, die gleitende, instabile Erinnerungen gegeneinander abwägen müssen. Während das Gedächtnis progressiv an den Erinnerungen manipuliert, müssen Historiker regressiv die eingetretenen Veränderungen erfassen. Das gelingt keineswegs immer und oftmals nur hypothetisch.

Wir haben es mit einem *typischen* Phänomen zu tun, der fehleranfälligen und fehlerproduzierenden Arbeitsweise nämlich des menschlichen Erinnerungsvermögens, das uns Gewißheit vorgaukelt – uns, die wir uns erinnern, und uns, die wir fremden Erinnerungen vertrauen. Die dergestalt variablen Produkte aber verbreiten und vermehren sich auf den üblichen Kommunikationswegen einer Gesellschaft, seien sie mündlicher oder schriftlicher Natur. Größere Schärfe oder zuverlässigere Gewißheit gewinnen sie damit nicht. Keiner einzigen Version ist im Sinne faktizistischer Korrektheit zu trauen. Eine allein dem zerebralen Gedächtnis verdankte Geschichte ist, damit haben wir uns abzufinden, ein irrtumsgesättigtes Gebilde, ein *irreales Konstrukt*, dessen *reale* Grundlage nur mit erheblicher *Unschärfe* erfaßt werden kann. Fatalerweise kommen die meisten Schriftdokumente erst nach einem oder mehreren Durchgängen des Berichteten durch ein menschliches Gedächtnis zustande.

Doch trotz derartig evidenter Sachverhalte befaßte sich die Geschichtswissenschaft bislang nur beiläufig mit dem Gedächtnisproblem. Noch in jüngsten Publikationen, zumal unter Mediävisten, wird es mit lässiger Geste beiseite gefegt. Die Konsequenzen einer längst überfälligen systematischen Gedächtniskritik für die Geschichtskonstrukte sind noch gar nicht abzusehen. Sie ziehen keineswegs bloß autobiographische Texte, Interviews, das gesamte Quellenmaterial der sogenannten »oral history« – zum Teil recht junge, erst zeitgeschichtliche Textsorten – als Instrumente zur Erfassung historischer Fakten in Zweifel. Diese Konsequenzen lassen vielmehr alle Zeugnisse fragwürdig erscheinen, die das Erinnerungsvermögen produzierte, und alle geschichtswissenschaftlichen Entwürfe kränkeln, gar zusammenbrechen, die ihr Faktengerüst darauf stützen.

Betroffen ist ein großer Teil der historischen Überlieferungsmasse von der Antike und dem Mittelalter an und mit ihm die meisten aus den Handbüchern vertrauten Vergangenheitsbilder. Sie intendieren, soweit sie sich kritischer Geschichtswissenschaft verdanken, Faktengewißheit, benutzen aber höchst unscharfe Erinnerungsprodukte als Quellen, die schon bei ihrem Zustandekommen nur in seltensten Fällen auf ihre Faktengemäßheit überprüft wurden oder überprüft werden können. So stellt auch das bisherige Wissen der Geschichtswissenschaft – von weiteren Fehlleistungen ganz abgesehen – eine eigentümlich verworrene, unkritische Mixtur aus Geschehenem, Geglaubtem, irrtümlich Erinnertem und gutwillig Kolportiertem, eben von Wahr und Falsch dar, die gegenwärtig niemand zu durchschauen vermag.

Eine irreleitende Dynamik läßt sich beobachten. Qualitative Inversionen zum Beispiel können das Gedächtnis überlisten: Der Reaktor wird dann zur Bombe oder eine Bombe zum Reaktor; ein ›Nein‹ kann sich zu einem ›Ja‹ verkehren. Verlaß ist auf dergleichen Leistungen nicht, obgleich regelmäßige Wiederholung dem eigenen Ich und einem fremden Rezipienten Gewißheit vorgaukeln kann. Bohr und Heisenberg bedeuten hier keine Ausnahme. Sie beharrten trotz Kenntnis der jeweiligen Gegenerinnerung unverdrossen auf ihrer je eigenen Darstellung; so verläßlich dünkte sie ihr Gedächtnis – ein irritierendes Gewißheitssyndrom, dem sich Dritte nur schwer zu entziehen vermögen. Noch jüngste Veröffentlichungen zum Thema berufen sich, von eigenen Vorurteilen geleitet, mehr oder weniger vertrauensvoll auf diese oder jene Gedächtnisleistung, um darzustellen, was sich damals, im Jahr 1941, tatsächlich ereignete. Doch Verlaß ist, ich wiederhole es, auf derartige Vervielfältigungen und Konstrukte nicht.

Uns soll im folgenden allein das trügerische Gedächtnis, seine sich wandelnden Produkte und deren Wirkungen beschäftigen, seine unerschöpfliche Modulationsfähigkeit und deren Implikationen für eine kritische Erforschung der Vergangenheit, auch die Frage, warum dem so ist. Von traumatischen Erinnerungen wird im folgenden ebenso abgesehen wie von vergewaltigender Konditionierung eines Menschen durch

Folter oder »Gehirnwäsche«. Im Zentrum der Überlegungen steht das *deklarative* Gedächtnis, sei es episodisch, autobiographisch oder semantisch, nicht das prozedurale. *Episodisches* Gedächtnis heißt die Fähigkeit, detailreich (unter Einschluß von Zeit, Ort, Beteiligten, Namen etc.) eigene Erlebnisse oder fremde Erzählungen zu erinnern; *semantisches* Gedächtnis jene, die kontextunabhängiges Wissen bewahrt (wie beispielsweise eine mathematische Formel aber auch Allgemeinbegriffe wie »Baum« oder eine von den Einzelereignissen gelöste Lebenserfahrung). Es könnte sein, daß an beiden Arten des deklarativen Gedächtnisses unterschiedliche Hirnareale maßgeblich beteiligt sind; doch ist das noch nicht gesichert.

Wer, so lautet nach dem Gesagten eine erste methodische Forderung, Gedächtniszeugnisse auswerten will, bedarf wenigstens zweier Zeugen: der *Erinnerung* der einen Seite *und* der *Gegenerinnerung* der anderen, um die für die Zeugen kritischen Momente des erinnerten Geschehens aufspüren und einkalkulieren zu können. Er bedarf weiter möglichst umfassender Kenntnis des Augenblicks, in dem die jeweiligen Erinnerungen ins Gehirn eingespeist und jeweils wachgerufen wurden. Denn jede Erinnerung ist situationsbedingt, keine wird unverändert und situationsresistent auf Dauer gestellt, jede fließt unaufhaltsam weiter, paßt sich unwillkürlich und unmerklich, in ihren *Details* früher, in ihrer *Bedeutung* später den immer neuen Lebensverhältnissen des sich erinnernden Menschen an. Die jeweiligen Umstände ihrer Aktualisierung, der unabdingbar notwendige, doch immer neu kontextualisierte *Abruf* der Erinnerung – ob spontan oder für einen Auftraggeber, vor einem Geheimdienst oder für einen Freund – wirken *gestaltend* auf ihre inhaltliche Modulation ein.

Der Geschichtsforscher bedarf ferner, als eine unverzichtbare Voraussetzung historischer Analyse, *neutraler Kontrollmöglichkeiten*, mithin weiterer Zeugnisse, die unabhängig von den Beteiligten deren Erinnerungsleistungen zu überprüfen gestatten, will er die jeweiligen Aussagen angemessen würdigen und für seine Datensammlung und deren Interpretation verwerten. Er bedarf schließlich, um in den fortfließenden Fluß der Erinnerungen tieferen Einblick zu gewinnen, der *Parallel-*

erinnerungen der verschiedenen beteiligten Seiten. *Erinnerung*, *Gegenerinnerung*, *Parallelerinnerung* und *Erinnerungskontrolle* sind somit die vier Grundbedingungen einer einigermaßen erfolgreichen Gedächtniskontrolle.

Das alles klingt banal und selbstverständlich und wurde doch bislang von der Geschichtswissenschaft kaum systematisch und umfassend beachtet. Sobald eine einzige dieser Kategorien entfällt, gerät die Auswertung aller anderen ins Wanken. Der Mediävist freilich muß allzuoft auf mehr als eine verzichten. Besiegte beispielsweise griffen im früheren Mittelalter selten zur Feder; von Karls des Großen oder Ottos des Großen Gegnern etwa wissen wir weithin nur, was ihre Bezwinger erinnerten, während diese selbst für immer verstummten. Die Anfänge der meisten Institutionen, auch der bedeutsamsten wie etwa der Universität, liegen im Dunkeln, weil nur späte Legenden, nicht Fakten erinnert wurden. Worauf dürfen wir uns da verlassen? Die Antwort auf diese Frage ist entscheidend für die wissenschaftlich gesicherte Konstruktion von Vergangenheitsbildern. Um diese Sicherung aber steht es schlecht.

Wir haben es – wie Seitenblicke auf ethnologische Forschungen verdeutlichen – mit einem generellen anthropologischen Sachverhalt zu tun. Das menschliche Gedächtnis liefert keine gesicherten Daten für die selbst erlebte Vergangenheit, obgleich wir Menschen auf seine Erinnerungskünste angewiesen sind. Es erinnert sich – aber unzuverlässig. Es stellt Zusammenhänge her – aber unter Ausschaltung von Fakten, die der tatsachenbewußte Historiker für unabdingbar hält, gar durch Implantate, die der Faktizität ermangeln. Es bietet keine wahre Geschichte, sondern ein im Augenblick des Erinnerns mögliches oder nützliches Konstrukt, einen gerade und nur »jetzt« aktuellen Sinn. Für alle Geschichtswissenschaft, die auf zerebrale Erinnerung angewiesen ist, ein katastrophaler Befund. Warum verhält es sich so? Warum können wir uns auf unser Gedächtnis nicht uneingeschränkt verlassen? Warum selektiert und manipuliert es gemäß den Bedürfnissen der forteilenden Zeit und des Augenblicks? Steht der Historiker, der auf Informationen aus dem Gedächtnis angewiesen ist, derartigen Irrungen machtlos gegenüber? Wie könnte er dieser Ungewißheit Rechnung tragen?

Was gegen sie unternehmen? Zur Antwort genügt der Hinweis auf den grenzenlosen Modulationsspielraum der Erinnerungen nicht.

Auch entziehen sich derartige Fragen der ausschließlichen Kompetenz des Historikers. Denn wer die Leistungen des Gedächtnisses beurteilen will, muß dessen Arbeitsweise kennen. Die Erforschung des Gedächtnisses aber ist die Domäne von Psychologen, Neuropsychologen, Neurophysiologen und Evolutionsbiologen. Letztere klären, wie das Gehirn und seine Arbeitsweisen entstanden; Neurophysiologen, wie sich das Gedächtnis über weiträumig verteilte Hirnaktivitäten manifestiert und wie diese durch elektrische Signale und chemische Prozesse stimuliert oder gehemmt werden; Neuropsychologen verdeutlichen, zu welchen Leistungen das ganze System fähig ist. Auch der kognitiven Ethologie, der tierische und menschliche Intelligenz vergleichenden Verhaltensforschung, werden wichtige Einsichten verdankt. Die Geschichtswissenschaft könnte sich diesen Disziplinen als eine weitere Kognitionswissenschaft anreihen, insofern sie einen reichen Schatz interzerebralen Verhaltens, das Wissen um frühere kognitive Interaktionen und ihre Wirkungen, im Prinzip das Gedächtnis aller menschlichen Kulturen bis hin zu rezenten Gesellschaften, als Studienobjekt anzubieten hat. Geschichte ist, so gesehen, eine Erfahrungswissenschaft.

Wie dem aber sei, nur die Zusammenarbeit mit den erwähnten Kognitionswissenschaften vermag Auskunft über die tiefgreifenden Irritationen beim Erinnern und damit über entscheidende Faktoren beim Zustandekommen historischer Quellen zu erteilen, soweit letztere sich dem Gedächtnis verdanken. Um solche Kooperation ist es freilich unter Historikern noch viel schlechter bestellt als um die Analyse faktenmanipulierender Erinnerung. Die Vergangenheitsforscher beschieden sich bislang mit dem »kulturellen Gedächtnis«, den greifbaren Überlieferungen nämlich, wie faktenfern oder faktennah diese auch immer waren, die sie mangels besserer dankbar hinnahmen, auch gegeneinander abwogen, doch beides, ohne das Überlieferte strengster Erinnerungskritik zu unterwerfen.

Psychologische Tests aber (etwa zur Beurteilung von Zeugenaussagen im Kriminalprozeß entwickelt) bestätigen und verallgemeinern, was das Kopenhagener Gespräch schon erkennen ließ. Sie zeigen, daß ein *fehlerfrei* reproduzierendes Erinnern die absolute *Ausnahme* darstellt, daß sich in der Regel in jedes memorierte Detail unmerklich *Veränderungen* einschieben und mit einem hohen *Verformungsspielraum* zu rechnen ist. Die Tests lassen darüber hinaus erkennen, daß keine Erinnerungsleistung ein bloßes Abrufen gespeicherten Wissens darstellt, vielmehr eine unbewußte, unkontrollier- und daher unvorhersagbare *Konstruktionsleistung* des Hirns im Augenblick und unter den speziellen externen und internen Vorgaben seiner Aktivierung. Sie verraten, daß und wie *verschiedene* Erlebnisse in der Erinnerung ineinander übergehen können, daß deren klare Trennung – von traumatischen Erfahrungen abgesehen – eher unwahrscheinlich ist und daß auf diese Weise eigentümlich *irreale Erlebnisbündel*, mitunter Scheinerlebnisse memoriert werden; somit verweisen derartige Tests auf zahlreiche Verformungsmöglichkeiten, die durchweg in den historischen Quellen wiederbegegnen und von Historikern mit ihren Methoden aufgespürt werden können. Die Tests offenbaren endlich, daß die Intensität einer detailreichen *episodischen* Erinnerung verblaßt und diese in ein generalisierendes, nur eine allgemeine Bedeutung bewahrendes *semantisches* Erinnern übergeht, das sogar völlig auf die Memoration des auslösenden Geschehens verzichten, ja, sich an ein ganz anderes anbinden kann.

Es ergeben sich bei meinem gegenwärtigen Kenntnisstand wenigstens sechzehn Veränderungsfaktoren, die im Erinnerungsprozeß wirksam werden können und die der Historiker zu beachten hat, um seine entsprechenden Zeugnisse angemessen zu beurteilen. Ich fasse sie als primäre Verformungskräfte zusammen. Sie treten gewöhnlich gebündelt auf. Aus Zeitgründen muß ich an dieser Stelle auf ihre Ableitung verzichten und auch einen siebzehnten Faktor, nämlich die immer wieder neu »aktualisierte« Verrechnung aller Faktoren durch das Hirn, übergehen und mich mit einer Aufzählung begnügen. Doch lassen sich diese Faktoren an anderen Beispielen erhärten.

Konstitutiv für die Erinnerungsbilder sind visuelle Eindrücke, Episoden und Worte, die sich 1) bald *aktiver* Teilnahme am Geschehen, bald bloß *passivem* Zuschauertum verdanken, sich 2) ohne sonderliche gedankliche Kontrolle an *intuitiv* benutzten *Erzählmustern* orientieren können oder sich 3) durch *Wiederholung* einprägen – drei Faktoren, die sich in der Gedächtnisforschung von größter Bedeutung erweisen. Von nachhaltiger Wirkung sind 4) die die Wahrnehmung konditionierenden Wissensvorgaben (die sich neuronal als Engramme manifestieren) und 5) die Anzahl und Dichte der Geschehnisse, die ein Gedächtnis verarbeiten muß. Die Zeugen *wählen* 6) halb bewußt, zumeist aber unbewußt aus den Informationsbündeln, die ihnen zur Verfügung stehen, *aus* und *konstruieren* 7) daraus eine Geschichte, *ein geschlossenes Ganzes*, mit 8) sich selbst in dem eigentümlichen Licht des eigenen *Beteiligt- oder Ergriffenseins*. Sie können, wie Wiederholungen zeigen, 9) wesentliche Elemente ihrer Erinnerungen *kanonisieren* und sie damit auf Dauer stellen. Dazu treten 10) *Kontamination*seffekte, 11) *Teleskopie* und 12) *Überschreibungen* sowie 13) eine bemerkenswerte sowohl die Qualität (etwa »böse« zu »gut«) als auch die tatsächliche zeitliche Abfolge verändernde, Früheres später, Späteres früher setzende *Inversionsbereitschaft*. Weiter ist 14) jedes Erinnern abhängig vom Augenblick, in dem es geschieht, von der *biographischen Erinnerungssituation*. Schließlich ist 15) der Akt der Wahrnehmung, der sich für das Hirn nicht zuletzt als eine Gedächtnisoperation erweist, ein situativ bedingter Enkodierungsprozeß, dessen bedingende Konstellation zwar für den Erinnerungsabruf bedeutungsvoll ist, in der Regel aber nicht wiederkehrt und deshalb Erinnertes gemäß der *aktuellen Abrufsituation* manipuliert; darauf komme ich sogleich zurück.

Ein sich erinnernder Zeuge beschreibt somit gerade nicht, was tatsächlich geschehen ist, er liefert vielmehr eine sich von den Tatsachen entfernende Abstraktion. Gleichwohl ist er in der Regel auch später von der Richtigkeit seiner Erinnerungen, ihrer Tatsachengemäßheit überzeugt, so *gewiß* ist er sich seines Gedächtnisses. Er liefert damit 16) einen Hinweis auf eine neben den genannten primären Verformungskräften (mithin neben *aktiver respektive passiver Beteiligung, intuitiver Narrativität, Wiederholung, Geschehnisvielfalt und -dichte, ungezielter Selektivität, Kontamination, holistischer, egozentrischer Konstruktivität mit Neigung zur Kanonbildung, Kontamination, Teleskopie, Überschreibung, qualitativer und temporaler Inversion sowie hirnexterner und hirninterner Situativität* weiterhin erkennbare) sechzehnte generelle Wirkungskomponente des Gedächtnisses, die regelmäßig wiederkehrt: das *Gewißheitssyndrom*, wie es genannt werden kann. Erinnerung wird sich aus sich selbst heraus ihres Falschseins oder des Grades ihrer Verfälschung nicht bewußt; sie kann sich nicht selbst kontrollieren. Sie ist sich in der Regel ihrer Sache sicher. Ohne eine unabhängige Kontrollmöglichkeit wäre die Fehlerhaftigkeit des Erinnerten nicht zu erkennen.

Kriterien wie »vitales Interesse« eines Autors oder *Diskurskontext* seiner Äußerungen, so wichtig sie dem Historiker auch sein und wie nachhaltig sie in die Komposition eines Textes auch eingreifen mögen, operieren bewußt und mit bereits verformten Erinnerungen; sie treten somit zu den primären als *sekundäre Verformungskräfte* hinzu, lassen sich aber anhand evidenter Signale oder durch schlichten Textvergleich leicht erkennen und einkalkulieren. Auch gezielte Selektion, *bewußt* ausgesuchte Erzählmuster, der ungeheuer manipulativ wirkende Eingriff in Erinnerungen durch jede Form ihrer *Verschriftung*, weiter die vom Erzähler *einkalkulierte Erwartungshaltungen des Publikums* und dergleichen Faktoren mehr rechne ich zu diesen sekundären Kräften. Sie werden als solche von der Geschichtswissenschaft schon längst beachtet. Die Übergänge zwischen primären und sekundären Faktoren sind mitunter freilich fließend.

Wie und wieweit nun kann der Historiker, der dazu verdammt ist, aus Quellen zu schöpfen, die durch Erinnerungen, durch eben diese selektierenden, situativen, verformenden, konstruierenden, auch enkodierenden, speichernden, abrufenden Verhaltensweisen des Gedächtnisses bedingt sind – wie kann der Historiker dieses Treiben des Gedächtnisses durchschauen, ohne sein Erkenntnisziel aus den Augen zu verlieren: zu zeigen nämlich, was wann wo wie warum von wem zu welchem Zweck und mit welchen Mitteln getan, erlitten, gedacht, gewünscht wurde, wie es auf die Gesellschaft wirkte und in die »eigentliche« Geschichte einging? Das Beispiel des Kopenhagener Gesprächs verweist ja auf schwer übersteigbare Grenzen der Erkenntnis. Lassen dieselben sich dennoch überwinden oder wenigstens zurückschieben? Um keine falschen Erwartungen aufkommen zu lassen, sei jedoch ausdrücklich betont, daß keine Gedächtniskritik, auch keine Hirnforschung unzutreffende Erinnerung, die in den historischen Quellen festgeschrieben ist, heilen könnte. Diese Disziplinen verweisen aber auf Bedingungen, die zu irrenden Leistungen führten, und damit auf die Chance, dieselben angemessen beurteilen und einkalkulieren, die Bandbreite möglicher Verformung abschätzen und Gegenindikationen vorschlagen zu können.

Es gilt Abschied zu nehmen von der üblichen Annahme, daß Erlebnisse voneinander abgeschirmt und als ganze ungestört im Gedächtnis überdauern. Erlebnisse erweisen sich vielmehr als komplexe, dem Hirn zufließende Informationsmengen. Sie zergliedern sich in Informationen, die dem Hirn längst vertraut sind (alles, was schon enkodiert und gespeichert wurde), in Fremdes, Ungewohntes und Belangloses. Vertrautes, nämlich ein gleiches elektrochemisches Signal, wird von den je zuständigen Neuronen als Vertrautes registriert, ein Farbsignal vom »Farbgedächtnis« als dieses Farbsignal, ein Formsignal vom »Formgedächtnis« als dieses Formsignal, ein Ton vom »Tongedächtnis« als dieser Ton, ein Geruch vom »Geruchsgedächtnis« als dieser Geruch; Fremdes wird aufmerksam geprüft, für den Augenblick Belangloses frühzeitig, im Sekundenmaß zur Seite gelegt. Jedes Erlebnis wird auf diese Weise bei seiner elektrochemischen Enkodierung in Einzelelemente zergliedert und in den fraglichen Hirnregionen enkodiert und gespeichert. Syntax, Semantik und Melodik eines Satzes beispielsweise werden in unterschiedlichen Hirnregionen registriert, enkodiert und abgespeichert. Spätere Erinnerung muß diese Elemente wieder vereinen. Das aber gelingt, weil in der Zwischenzeit, zwischen Geschehen und Erinnerungsabruf, sich gewöhnlich die Operationsbedingungen des Hirns verändert haben, in der Regel nur mit einem beträchtlichen Modulationsspielraum.

Die Gründe für das irritierende Verhalten des Gedächtnisses sind in der trotz gewaltigen Speichervermögens begrenzten Speicherkapazität des menschlichen Gehirns zu suchen. Die unerschöpfliche Fülle der Einzelheiten dieser Welt müßte das Gedächtnis, würde es alles in unveränderter Intensität zu bewahren versuchen, hoffnungslos überfordern. Es muß aus den unzähligen Informationen, die ihm unablässig zufließen, auswählen; muß intern bewerten, beispielsweise Gleichartiges zusammenfassen, muß abstrahieren, vergessen, wenn es Neues hinzulernen will, um endlich das nicht zu Übergehende in der Sprache des Gehirns – elektrische Impulse, chemische Signale – zu *enkodieren* und als Engramm zu *speichern*. Derartige Enkodierung und Speicherung sind sich selbst steuernde neuronale Prozesse ohne lenkende Oberinstanz, bei dem ausgedehnte Regionen des Gehirns synchron beteiligt sind; sie vollziehen sich unbewußt. Auch können hier bereits Fehler auftreten, nicht erst während der dritten Phase der Gedächtnisarbeit, dem *Wiederabruf* des Gespeicherten. Allein das Wichtigste eines Erlebnisses gilt es festzuhalten, seinen essentiellen Kern.

Doch dieses Wichtigste ist nicht für jedes wahrnehmende und erinnernde Hirn und für jeden Augenblick seiner Aktivität identisch. Die Wertung unterliegt vielmehr momentanen Dispositionen, nicht dem Geschehen als solchem, auch nicht dem bewußt steuernden Willen des wahrnehmenden Menschen, jedenfalls beiden nicht allein. Diskrepanzen in den Erinnerungen verweisen somit auf Verschiebungen in der hirninternen Bewertungsskala eingehender oder bereits enkodierter Geschehenssignale für das memorierende Hirn. Neuerliche Wertungen treten auch beim Abruf des Gespeicherten zutage. So formen, um nur darauf zu verweisen, die diesen Abruf auslösenden Informationen, etwa das die Erinnerungen weckende »Stichwort«, oder die augenblickliche emotionale Befindlichkeit des Zeugen und mit ihnen Faktoren, auf die der Zeuge nur bedingt Einfluß nehmen kann, maßgeblich seine jeweiligen Explikate. Anders befragt, besser oder schlechter gelaunt, fröhlich oder traurig, satt oder hungrig hätte ein Zeuge zu demselben Geschehen mehr oder weniger und anderes erinnert und expliziert.

Derartige hirninduzierte Umwertung gilt übrigens keineswegs bloß für die Erinnerungen von Zeugen; sie findet sich auch – was hier nur angedeutet sei – in deren Bewertung durch Historiker oder Richter, insofern diese nämlich auf ihre eigenen Gedächtnisdaten angewiesen sind, um fremde wahrzunehmen und zu beurteilen. Ein Richter könnte freilich durch weitere Befragungen Parallelerinnerungen herbeiführen und damit die Erinnerungskontrolle erleichtern. Der Historiker aber verfügt in der Regel nur über ein und oftmals sehr knappes Erinnerungszeugnis ohne derartige Parallelen, die deshalb aber nicht unmöglich gewesen wären; es hätte in anderem Kontext ganz anders ausfallen können. So muß der Historiker seine Quellen auf diese anderen Möglichkeiten hin prüfen und dabei nach Indizien für jene erwähnten Verformungsfaktoren Ausschau halten. Bei Heisenberg etwa ist sehr deutlich eine wachsende Kanonisierung seiner Erinnerungsexplikate zu registrieren, was diese nicht zutreffender macht.

Als entscheidend für die neuronale Enkodierung von Wahrnehmungen erweisen sich somit (neben dem individuellen genetischen Programm des Wahrnehmenden) die kontingenten externen wie hirninternen Begleitumstände des wahrzunehmenden Geschehens. Die psychische Kondition etwa – Streß, Scham, Glücksgefühle, Hoffnung, die ganze Gestimmtheit – des Wahrnehmenden, die neuronal in einem je spezifischen Ausstoß an Transmittern, Peptiden, Hormonen oder Opioiden besteht, sich mithin als neuronaler Operationscode manifestiert, diese Kondition bedingt seine Erinnerungsleistungen. Diese sind – eine unangenehme Konsequenz – um so zuverlässiger, je näher die hirnrelevanten Operationsbedingungen zum Zeitpunkt des Abrufs den Konditionen zum Zeitpunkt der Erlebnisenkodierung und der Einspeicherung der Engramme liegen, und um so problematischer, je weiter sich die Bedingungen von den ursprünglichen Verhältnissen entfernten. Wie könnte der Historiker je solche Bedingungen zuverlässig erfassen?

Die Umformungen des Erinnerten setzen freilich noch früher, nämlich bereits mit der Wahrnehmung selbst ein. Diese stellt ihrerseits nicht bloß einen Informationsinput dar, sie ist vielmehr zugleich ein Neuronen aktivierender oder deaktivierender Erinnerungsprozeß, eine komplexe Operation nach angeborenen und erlernten Mustern. Externe, mithin gesellschaftlich-geschichtliche Vorgänge werden durch interne Bewertungstätigkeit des Hirns in der Sprache elektrischer Impulse und chemischer Signale enkodiert. Das Gedächtnis steuert durch bereits enkodiertes, in Einzelelemente zerlegtes Erfahrungswissen wie beispielsweise Erkennensmuster für Vertrautes oder Fremdes (etwa die Sprache oder deren Aussagemuster), durch irritierendes Vorwissen (wie Streß oder Zuordnung des Freundes zu den Feinden), durch Prädispositionen (wie Angst oder Sorge vor Überwachung) oder durch unbewußte oder bewußte zielorientierte Erwartung von Wirkungen in unvorhersehbarer Weise die Datenbewertung und Selektion der Daten aus den verwirrenden Einzelheiten, die jeweils auf die Sinne einströmen und die – durch eine Art Vorschaltgedächtnis (oder sensorisches oder Ultrakurzzeitgedächtnis) gefiltert – nur zum geringsten Teil an das Kurz- und Langzeitgedächtnis weitergegeben werden.

Erwartungen aber bedürfen ebenfalls der Erinnerung. So appellieren Wahrnehmungen an gespeicherte Aktivitätsmuster, nach denen eingehende Sinnesdaten, hirninterne Bewertungen, bereits gespeicherte Engramme und zielorientierte Erwartungen miteinander verrechnet werden. Doch niemand kann voraussagen, auch nicht der Beteiligte selbst, wie sich das Hirn bei jedem zu leistenden Operationsschritt tatsächlich verhalten, welche Erwartung es tatsächlich hegen, was es also in welcher Weise bewerten und auf Dauer dem Gedächtnis anvertrauen und was es dann zu Bewußtsein bringen wird. Das ist wie beim Wetter; es wirken zu viele variable Faktoren gleichzeitig. Wir stolzen, selbstbewußten Reflexionskünstler herrschen nicht absolut im Haus unserer Erinnerungen. »Es« erinnert sich vielmehr in uns. Ich aber bin mein Gedächtnis. Ohne »Käpt'n im Kopf«, ohne Herrschaft über meine Erinnerungen, bin ich kein Käpt'n meines eigenen Selbst. Hat der Historiker nun vollends zu verzagen?

Ganz so pessimistisch müssen wir nicht sein. Entziehen sich frühere Gehirnzustände auch jeglichem wissenschaftlichen Zugriff, so hinterlassen sie doch erkenn- und auswertbare Spuren.

Wer beispielsweise unter Streß enkodierte, wird sich, so lehren psychologische Versuche, unter gleichartigem Streß präziser an das Erlebte erinnern als in streßfreiem Zustand; wer in der Badewanne ein Gedicht auswendig lernte, wird es dort leichter aufsagen können als auf einem Spaziergang. Die seelische Gestimmtheit filtert Wahrnehmung und Erinnerung des Beobachters, bedingt und moduliert die interne Repräsentation der äußeren Umstände. Bei jedem Aufruf des Vergangenen im Gedächtnis geschieht Entsprechendes, so daß wiederholte Erinnerungen (wenn sie nicht festgeschrieben wurden) selten einander völlig gleichen und mit der Zeit erheblich divergieren können. Streßfreiheit statt Streß, Gleichgültigkeit statt Anspannung manipulieren die streß- oder spannungsinduzierten Erinnerungen; auch sie sind wie jede psychische Konstellation Aktivitätsmodi von Neuronen, die an der Gedächtnisbildung beteiligt sind. Derartige Faktoren aber resultieren aus beobachtbaren Umständen oder zeitigen solche. Sie stehen damit grundsätzlich dem suchenden Blick des Historikers offen, wenn er – durchaus mit seinen traditionellen Methoden – seine Quellen auf entsprechende Anzeichen durchmustert.

Streß, Mißtrauen, Vorsicht und Sorge trüben nicht nur den Blick, weil sie die neuronalen Aktivitäten konditionieren. Sie lenken und gestalten unabsichtlich und unmerklich, ohne daß sich der Zeuge dessen bewußt wird, mit der Wahrnehmung auch die Erinnerung und mit dieser jene. Sie selektieren aus dem Geschehen, was ihnen gemäß ist, und übergehen den Rest. Sie produzieren eine vorurteilsgesättigte und dadurch ereignisfremde Erinnerung, die sich bei jedem Abruf ein wenig weiter transformiert. Hier hat der Historiker Schritt um Schritt zurückzugehen, um das sich auch hier artikulierende Gewißheitssyndrom zu durchdringen und die subjektiven Wahrnehmungs- und Enkodierungsbedingungen zu durchleuchten.

Die Unschärfe erinnerter Ereignisse, mit der sich Historiker vielfach begnügen müssen, kommt somit durch die spezifische Arbeitsweise des informationsverarbeitenden Gehirns zustande und unterliegt dort derselben Unvorhersagbarkeit der Bewegung einzelner Moleküle, die auch sonst die Welt der Atome kennzeichnet. So wenig wie etwa Ort und Geschwindigkeit eines Elektrons zugleich wahrgenommen werden können, so wenig ist es möglich, die zerebralen Beobachtungsbedingungen eines Beobachters und das Beobachtete gleichzeitig zu erfassen, geschweige denn, eine Erinnerung zu erwarten, die den sich nur seines Gehirns bedienenden Beobachter für alle Zeit festlegt. Auch der Entdecker der Unschärferelation erinnert sich nicht schärfer als andere Menschen. Lediglich die Statistik psychologischer Tests vermag in begrenztem Umfang Prognosen zu stellen.

Erinnert werden ferner vorwiegend Bilder, nicht Handlungsabläufe; statische Szenen, kein Geschehensfluß. Auch derartige Bilder dienen der Entlastung des Gedächtnisses. Sie können, weil gleiche Netzteile benutzt werden, von gleichartigen anderen Bildern oder Szenen respektive ihren Konstruktionselementen so überschrieben werden, daß ein Konstrukt aus einander ursprünglich Fremdem, eine nie wahrgenommene Szene, keine reale Vergangenheit erinnert wird. Gilt es, Abläufe zu erinnern, werden diese, wenn überhaupt, gewöhnlich unbewußt aus einer Reihe von getrennt abrufbaren Einzelszenen konstruiert. Auch die dabei vom Gedächtnis verwandten Konstruktionselemente, die das eine mit dem anderen Bild verknüpfen, verdanken sich keineswegs stets oder durchweg dem jeweils zu erinnernden Geschehen; vielmehr schieben sich wiederholt ältere oder jüngere Erfahrungen, nicht zugehörige Szenen ein, die das sich erinnernde Hirn als solche nicht realisiert. Zudem kann die Abfolge der montierten Bildsequenzen im Vergleich zur Realität gestört sein.

Hirnforschung und die übrigen Kognitionswissenschaften können also erklären, was der gedächtniskritische Historiker an seinen Forschungsobjekten beobachten kann, auch wenn jene Disziplinen das Zustandekommen einzelner Erinnerungen noch nicht völlig durchschauen. Sie verweisen auf die Allgemeinheit der Erinnerungsunschärfe und begründen sie. Sie erlauben damit auch heute schon dort in einem gewissen Umfang Gedächtniskritik, wo keine Gegen-, Parallel- und Kontrollerinnerungen zur Verfügung stehen, wo nur die Subjektivität der einen Seite sich artikulierte. Denn sie signalisieren den typischen Modulationsspielraum jedweden deklaratorischen oder expliziten Gedächtnisses: Zeit, Ort, Dauer, Verlauf, nähere Umstände eines Geschehens und dergleichen Faktoren mehr geraten ins Schwimmen und heischen, je bestimmter sie behauptet werden, um so gründlichere Vorsicht bei ihrer Verwertung, fordern Skepsis, geradezu Mißtrauen. Die Distanz zwischen dem forschenden Historiker und der fernen Vergangenheit schwindet nimmer, obgleich das subjektiv Wesentliche länger stabil bleibt.

Die genannten Disziplinen verdeutlichen aber auch, wann einer Erinnerung einiges Vertrauen entgegengebracht werden darf: dann nämlich, wenn das episodische Gedächtnis noch nicht vom semantischen zurückgedrängt ist (der Historiker hat es zu prüfen) und wenn die neuronalen Operationsbedingungen des sich erinnernden Menschen den Umständen zum Zeitpunkt der Enkodierung und Abspeicherung weitgehend gleichen.

Unser Thema, »Geschichte und Gehirn«, weist freilich eine weitere Dimension auf, der wir uns abschließend, wenn auch knapp und andeutungsweise zuwenden wollen. Haben wir doch bislang nur auf das Verhältnis externer Signale und deren hirninterner Repräsentation geachtet, ohne den sozialen Raum derartiger Kommunikation zu betrachten. Erinnerung aber bedarf einer Abrufinformation, um zustande zu kommen; und das Erinnerte wirkt zurück in die Gesellschaft – sei es durch Explikation, sei es durch entsprechendes gedächtnisgesteuertes Handeln und beider Rezeption. Die Modulationen der Erinnerung übertragen sich so auf die gesamte Gesellschaft. Diese besitzt ein neuronales Ferment.

Hirne kommunizieren direkt oder indirekt miteinander, indem sie gemäß dem Artikulationsspielraum eines Lebewesens Signale versenden, die von gleichermaßen operierenden Hirnen aufgefangen und »verstanden« werden, und indem sie hinter kontingentem Geschehen entsprechende Signale vermuten. Derartige interzerebrale Interaktion berührt das Forschungsfeld des Historikers nicht minder als die Erinnerungsunschärfe. So sollen wenige Bemerkungen zu dieser sozialen und kulturellen Dimension interzerebraler Kommunikation meine Überlegungen beschließen.

Die relevanten Austauschprozesse beginnen bereits im Kindesalter und müssen es tun, weil kein Menschenkind mit einem physiologisch ausgereiften Hirn geboren wird. Ein noch unfertiges Instrument, bedarf das kindliche Hirn des physischen Ausbaus seines neuronalen Netzwerkes. Dieser Ausbau, das Flechten des Netzwerks, wird durch Impulse der kulturellen Umwelt bewirkt und gelenkt, denen das Kleinkind vom ersten Lebenstag oder Lebensmoment an ausgesetzt ist und die in kürzer oder länger befristeten kritischen Lebensphasen auf empfangsbereite Neuronen treffen: durch Liebkosungen der Mutter ebenso wie durch Züchtigungen, durch das Erlernen der Sprache, der ersten sozialen Regeln, der ganzen Erziehung ebenso wie durch deren Vernachlässigung.

Auf diesem Wege wirkt die Kultur entscheidend mit am Ausreifen des Hirns und an der Formung seiner für Wahrnehmungen, Weltbild, Sozialisation und Denken maßgeblichen neuronalen Netze; und diese Wechselbeziehung setzt sich fort, solange Menschen miteinander kommunizieren und interagieren. Den Flexibilitätsgrad derartiger Netze – ob sie mit der Pubertät auskristallisiert sind (wie der Hirnphysiologe Wolf Singer formuliert) oder ob später noch, vielleicht in gewissen Grenzen ein weiterer Ausbau erfolgen kann (wie andere vermuten) – lasse ich hier unbeachtet. Aus derartiger Kommunikation entstehen mit der Zeit, und das ist unstrittig, soziales Wissen, gesellschaftliche, politische Ziele, kulturelle Wirklichkeit. Deren Zuschnitt gründet so gut in interzerebraler Kommunikation wie in interaktivem Handeln. Menschliche Kultur und menschliche Natur erscheinen hier wie die zwei Seiten derselben Medaille.

Die Neuronen sind, wie auch andere Körperzellen, von ihrer ersten Ausprägung an auf Austausch und Interaktion erst mit ihrer körperinternen, dann mit ihrer körperexternen Umwelt angelegt. So gestaltet diese kulturelle Umwelt (in den Grenzen genetisch bedingter Disposition) die neuronalen Netze der an ihr partizipierenden Individuen; und umgekehrt: So exprimieren sich in der kulturellen Umwelt die neuronalen Geflechte im Hirn jener Individuen, die diese Umwelt mitgestalten. Zur Allgemein-, Geistes-, Sozial-, Struktur- und Kulturgeschichte, zur

Wissenssoziologie als den bisherigen methodischen Zugängen zur Historie könnte und sollte eine *neurokulturell* orientierte Forschung treten.

Die Fehleranfälligkeit von Erinnerung stiftet nicht bloß Verwirrung; sie produziert, so ergibt sich, neues Wissen; sie wirkt kreativ. Mit sich selbst stets identische Erinnerungen setzten fortgesetzt mit sich selbst identische neuronale Aktivitäten voraus. Wie sollte da Neues denkbar werden? Erst die hohe Modulationsanfälligkeit neuronaler Prozesse gestattet ein Ausbrechen aus der Routine, provoziert Krisen, Neukombinationen vertrauter Elemente, Assoziationen. Partielles Vergessen, irrige Erinnerungen, die gleichsam ständig mit sich selbst spielenden und variierenden Operationspotentiale des Hirns bedingen demnach Kreativität. Gesellschaftlicher Wandel besitzt somit ein erinnerungsgestörtes, vergessensinduziertes Ferment. Dasselbe genauer zu erforschen ist ein lohnendes Ziel.

Gezielt zu steuern ist auch dieser Sozialisationsprozeß der sich verbreitenden Erinnerungen und ihrer Derivate nicht. Jeder Versuch eines Eingriffs in diesen Prozeß – und sei er von den autoritativsten Instanzen initiiert – führt nur zu begrenzt vorhersagbaren Wirkungen. Auch hier treffen wir auf ein ohne lenkende Oberinstanz sich selbst steuerndes hochkomplexes System. Mangelnde Vorhersagbarkeit besagt aber nichts über nachträgliche Begründbarkeit. Im Gegenteil: So komplex die Selbstentfaltung des Systems auch sein mag, als grundsätzlich endlich müßte sie wenigstens nachträglich erforschbar sein. Hier hätten die Historiker mit Soziologen und vor allem mit (wie es in der Hirnforschung tatsächlich bereits geschieht) Mathematikern zu kooperieren, um die Algorithmen derartiger Systeme zu erforschen.

Die Geschichtswissenschaft muß hier nicht Zuschauer bleiben. Die Art und Weise nämlich, wie etwas weitergegeben und rezipiert, mit welchen Modulationen und welcher Fehlerquote es aufgegriffen wurde und wird, auch die Beurteilung der jeweiligen Abrufinformationen, welche die Erinnerungskaskaden modellieren, steht wenigstens grundsätzlich ihren Methoden offen, ist historisch erforschbar und bietet ob der angedeuteten

Relation zwischen Gedächtnismodulation und Kreativität in günstigen Fällen entscheidende Winke für die Innovationsfähigkeit einer Gesellschaft sowie für die Dynamik und die Richtung kulturellen Wandels. Die bislang viel zuwenig beachteten Erinnerungsweisen einer Zivilisation, die Konfrontation der Leistungen des kulturellen Gedächtnisses mit jenen des zerebralen, können dem Historiker somit Befindlichkeiten der Individuen und Kollektive anzeigen, die ihm bislang verborgen blieben. Hier eröffnet sich ein ausgedehntes Forschungsfeld und Forschungspotential, das traditionelle und neurokulturelle Forschungsansätze miteinander verschränkt.

Die Arbeitsweise einer gedächtniskritischen Geschichtswissenschaft wird sich nicht bloß wie bisher auf hypothetische Kombinationen verfügbarer Quellenzeugnisse konzentrieren, sie wird sich vielmehr auf hypothetische Korrekturen überlieferter Erinnerungen ausdehnen müssen – gewiß ein weites Feld, aber ein betretbares ...

Ich breche diese Vision einer künftigen Geschichtswissenschaft ab, bevor ich mich vollends in ihre Weite verliere, und resümiere, was ich sagen wollte. Da hat uns der Blick auf ein widersprüchlich erinnertes historisches Ereignis zu einer (uns leider nur kursorisch möglichen) Einsichtnahme in die Arbeitsweise des Hirns genötigt und uns damit zur Betrachtung körpergesteuerter Sozialisationsbedingungen geführt, denen der Mensch von den ersten Augenblicken seiner Existenz an und, solange er lebt, ausgesetzt ist. Das Ergebnis, das keine unserer erzählenden Überlieferungen, kein einziges der erzählenden Momente dokumentarischer Akten (Diplomatiker mögen an die Narrationen der Urkunden denken) ausnimmt, dieses Ergebnis zwingt zu weniger naivem Umgang mit und zu größerer Skepsis gegenüber überlieferten Gedächtnisdaten, als sie bislang üblich sind. Erinnerungszeugnisse sind stets Gegenwartszeugnisse; sie verraten primär nur etwas über die situative Verflechtung des Augenblicks, in dem sie zustande kamen und expliziert wurden, erst sekundär künden sie irgendwie auch von dem Erinnerten. Der Historiker hat es zu beachten, will er die Wirklichkeit seiner Quelle nicht verfehlen.

Gedächtnisforschung mündet somit durch erinnerungsskeptische Quellenkritik zunächst in Destruktion bislang verbreiteter Geschichtsbilder. Aber sie muß dabei nicht verharren; sie kann, da sie das schöpferische Zusammenspiel von Leib und Kultur zu sehen lehrt, zu neuen Konstruktionen fortschreiten. Sie fordert bislang vernachlässigte methodologische Präzisierungen, die biologische und kulturelle Anthropologie stärker als je miteinander verschränken und neurokulturelle Parameter individueller und kollektiver Interaktionen im forteilenden Zivilisationsprozeß liefern.

Ohne daß schon alle Konsequenzen derartiger Forschung für die Geschichtswissenschaft zu überschauen wären, lassen sich doch jetzt schon Untersuchungsbereiche umreißen, deren Bearbeitung durch eine mit Neurowissenschaften kooperierende Geschichtsforschung weiterführende Erkenntnisse erwarten läßt. Zu denken wäre etwa an die Abfolge der in Erziehung, Habitus, Interessen, Wertsetzungen, privaten und öffentlichen Existenzmustern differierenden menschlichen *Generationen*, deren neuronale Netze ja durch die jeweilige Elterngeneration maßgeblich geformt wurden; »Zeitgeist« wird faßbar. Phänomene wie »Herrschaft« und »Dienst«, die weithin Habitualisierung voraussetzen, lassen sich anthropologisch deuten. Zu denken wäre ferner an die Divergenz einander fremder *Kulturen*, die sich nicht zuletzt einem von divergierenden Erinnerungen geprägten Sozialisationsprozeß verdanken – bis hin zu deren Zusammenprall. Ein solcher Umgang mit neurokulturellen Erkenntnissen könnte zu neuen Einsichten in den *Auf- und Niedergang* großer Reiche, religiöser Kulte und Weltreligionen führen, ja, in erinnerungsinduzierte Bedingungen der Entfaltung menschlicher *Zivilisation* und deren *Erkenntnis* überhaupt.

Wie dem auch sei, wer sich in die Arbeitsweisen des Gedächtnisses vertieft, wird zu einem menschengemäßen Umgang mit den Überlieferungen ansetzen, wird fehlerhafte Daten, deren situative Konditionierung entdecken, um den Blick auf bislang unerkannte politische, soziale oder kulturelle Zusammenhänge freizuräumen, ohne daß jetzt schon feststünde, zu welchen Geschichtskonstrukten das alles ihn führen wird. Wir stehen an einem Beginn.

Christian Geyer
Frieds Brainstorming. Jetzt ist auch die Geschichte aufs Gehirn gekommen

Von der »Vision einer künftigen Geschichtswissenschaft« spricht derzeit Johannes Fried, der renommierte Frankfurter Mediävist. Die Vision, um die es ihm geht, möchte die Resultate der Gehirnforschung in dem Sinne ernst nehmen, daß sie die Geschichtswissenschaft von den Füßen auf den Kopf stellt. Eine mit den Kognitionswissenschaften verbündete »neuronale Geschichtswissenschaft« soll bis in die Handbücher hinein eine eigene Darstellungsform entwickeln. Für Fried steht fest: Die Historie steht vor ihrem *neuronal turn*, vor ihrer gehirnzellulären Wende.

Wie lange ist es her, daß der *linguistic turn* in der Geschichtswissenschaft für einen Grundlagenstreit sorgte? Nicht lange, gerade einmal zehn Jahre. Der poststrukturalistische Topos das Subjekt sei nur eine Schnittstelle von Diskursen, hatte auch unter Historikern eine Methodenreflexion erzwungen, die im vergangenen Jahrzehnt Titel hervorbrachte wie »Wer hat Angst vor dem linguistic turn?« (Peter Schöttler) oder »Unsichere Geschichte. Zur Theorie historischer Referentialität« (Hans Jürgen Goertz). Die Aufregung schlug sich, sieht man recht, in einem vergleichsweise bescheidenen Ergebnis nieder. Man sprach jetzt einfach noch häufiger als bislang von »Konstruktion«, wenn man sich auf Vergangenes bezog – die Konstruktion der Kaiserwahl und so weiter –, und setzte im übrigen auf Körpergeschichte als das Konstrukt, das laut Philipp Sarasin bleibt, wenn hinter der Sprache zwar nicht mehr der Geist wohnt, es gleichwohl aber noch ein »Hinter« geben soll. Freilich hatte sich schon lange zuvor die Frage nach dem Subjekt in der Geschichte durch den strukturgeschichtlichen Sog der Historischen Sozialwissenschaft einigermaßen verflüchtigt. Der strukturgeschichtlich nicht faßbare »Rest« des Bewußtseins wanderte in die Erzählung aus.

Aber auch dieser Rückzugsort erweist sich nun als illusionär, als Geist auf verlorenem Posten. Die Perspektive, die Fried für eine neurokulturelle Geschichtswissenschaft eröffnet sehen möchte, geht über eine verfeinerte Gedächtniskritik konsequenterweise weit hinaus. Sie zielt, ausgehend von der Freiheits- und Bewußtseinskritik der Hirnforschung, auf das Ganze des historischen Subjekts und seiner kollektiven Strukturen. In dem veröffentlichten Akademievortrag »Geschichte und Gehirn« (in diesem Band auf Seite 111) umreißt Fried diese Perspektive wie folgt: »Müssen wir vergangenes Handeln neu bewerten, weil es sich dem Willen der Handelnden entzog und statt dessen dem von genetischer Kondition, elektrochemischen Aktivitäten und kulturellen Inputs geregelten Spiel der Neuronen unterlag; weil alles, was der Mensch hervorgebracht, seine kollektiven und individuellen Lebensweisen, sein Können, seine Werke und deren Wirkungen, alle Kognition und Intention, die Religion und selbst die Philosophie, weil seine ganze Existenz sich kontingenz-induzierten Interaktionen von Neuronen mit soziokulturellen Mächten, mithin einem neurokulturellen Geschehen verdankte, das mehr Natur und Gesellschaft als der Träger des Hirns, der sich als Ich erfahrende individuelle Mensch, zu verantworten haben?« Drängende Fragen der Neurowissenschaft, die man »für Geschichtsforschung und Geschichtsschreibung« nicht länger »verharmlosen« dürfe.

Wer hat Angst vor dem *neuronal turn*? Natürlich hat auch Fried keine abschließenden Antworten parat. Er möchte vielmehr eine Methodenreflexion anregen, »ohne daß jetzt schon feststünde, zu welchen Geschichtskonstrukten das alles führen wird. Wir stehen an einem Beginn.« Er selbst beschränkt sich für den Augenblick darauf, in einer Art Brainstorm siebzehn neuronal bedingte Faktoren vorzustellen, die für die Verformung von Erinnerung verantwortlich sind. Sie alle lassen sich dahin gehend zusammenfassen, daß die Vergangenheit stets ein Produkt der Gegenwart ist, abhängig von der biographischen, durch Erkenntnis und Interesse geprägten Erinnerungssituation. Tradierungsprozesse sind nun einmal nichts anderes als ein schon durch das Partyspiel »Stille Post« bekanntes und durch die Vorsichtsregel »Man höre auch die andere Seite« nur leidlich korrigierbares Verzerrungsgeschehen. Trau keiner Quelle, die auf einem Gehirn mit über dreißig Neuronen beruht, lautet die Botschaft, mit der Fried hier im Grunde also bloß die Prinzipien seriöser Quellenkritik noch einmal auf einen neuronal abgesicherten Begriff bringt. So bewahrheitet sich, was der Hirnforscher Gerhard Roth schrieb: Die Neurowissenschaften, sofern sie die Bedingtheiten des Gedächtnisses aufzeigen, sagen »nichts, was nicht Philosophen, Psychologen und gute Menschenkenner zu allen Zeiten bereits gesagt haben«.

Ein Beispiel: Mit Hilfe bildgebender Verfahren konnte der Hirnforscher Manfred Spitzer unlängst nachweisen, daß man sich an solche Wörter am besten erinnert, die in einem positiven emotionalen Kontext gespeichert wurden, und daß das Speichern emotionsabhängig in unterschiedlichen Gehirnregionen erfolgt: bei positiven Emotionen im Hippocampus, bei negativen im Mandelkern. Was fügt ein solcher experimenteller Befund den Erkenntnissen der Wahrnehmungspsychologie hinzu, Erkenntnisse, wie sie von der Werbung schon immer fruchtbar gemacht wurden und sich in Frieds Verformungsfaktor Nummer acht niederschlagen? Demnach konstruiert man seine Erinnerung »in dem eigentümlichen Licht des eigenen Beteiligt- oder Ergriffenseins«. Was leistet in diesem Zusammenhang das Wissen um Hippocampus und Mandelkern? Was erführe man, was man nicht schon durch Wahrnehmungspsychologie und Menschenkenntnis wüßte?

Die Brisanz des ausgerufenen *neuronal turn* in der Geschichtswissenschaft ist denn auch nicht so sehr eine methodologische als eine philosophische. Tatsächlich wird eine Geschichtswissenschaft, die sich dem neurowissenschaftlichen Paradigma verschreibt, eo ipso zur Geschichtsphilosophie. Ehe man sich's versieht, geht es um die Möglichkeit von Geschichte überhaupt, um die Frage, ob der Anfang der Neurowissenschaft nicht das Ende der Geschichtswissenschaft ist. Denn unversehens steht nicht bloß der subjektive, sondern auch der objektive Geist zur Disposition, wie er in den symbolischen

Formen der Geschichte, in ihren Allgemeinbegriffen, Strukturen und Institutionen festgemacht wird.

Für Gehirnforscher wie Wolf Singer sind die (historischen) Formen geronnenen Bewußtseins determinierte Epiphänomene neuronaler Prozesse, rein physiko-chemische Gehirnaggregate, um die sich eine Geschichtswissenschaft, der es um Bedeutung, um Leidenschaften und Interessen, um Motive und Mentalitäten geht, vergeblich mühen würde. Man könnte es auch so sagen: Wenn sich der geschichtliche Zusammenhang soziokultureller Mächte in einem neuronalen Makrogeschehen erschöpft, hätte sich die Geschichtswissenschaft für die Geschichte als die falsche Adresse herausgestellt. Mehr noch, zum ersten Mal hätte die Rede vom Ende der Geschichte einen nachvollziehbaren, einen neuronalen Sinn. Wo kulturelle Inputs nur als elektrochemische Aktivitäten gedacht werden können, ist die Bühne der Geschichte definitiv leer geworden. Eine neuronale Geschichtswissenschaft begibt sich notgedrungen ihrer historischen Referentialität. Bei aller Exaktheitsemphase, die den *neuronal turn* begleitet: Lädt man sich hier nicht eine höchst unsichere Geschichte auf?

Es ist Frieds Verdienst, eine derart ernüchternde Perspektive unerschrocken ins Auge zu fassen und für die Debatte geöffnet zu haben. Aus Sicht des Gehirns, das mit der Umwelt physiologisch – etwa mit Schallwellen – kommuniziert, erscheint das neue Frankfurter Projekt nur folgerichtig, die Geschichte zur Hilfswissenschaft für »Neuropsychologen, Neurophysiologen und Evolutionsbiologen« zu erklären. Frieds Vorschlag für eine Vereinigungsvision liest sich so: »Die Geschichtswissenschaft könnte sich diesen Disziplinen als eine weitere Kognitionswissenschaft anreihen, insofern sie einen reichen Schatz interzerebralen Verhaltens, das Wissen um frühere kognitive Interaktionen und ihre Wirkungen, im Prinzip das Gedächtnis aller menschlichen Kulturen bis hin zu rezenten Gesellschaften als Studienobjekt anzubieten hat. Geschichte ist, so gesehen, eine Erfahrungswissenschaft.«

Es fragt sich freilich nicht nur, wie eine auf den naturwissenschaftlichen Erfahrungsbegriff, näherhin auf das Reflexmodell zusammengeschnurrte Geschichtswissenschaft noch als Geschichtswissenschaft funktionieren könnte. Durchaus unklar ist auch, ob die Neurowissenschaften von solch einer Geschichte profitieren würden. Denn deren Experimente lassen sich ja nur am lebenden Objekt durchführen. Wie aber sollte man das interzerebrale Verhalten von Toten messen können, wie Otto den Großen als Studienobjekt der Magnetresonanztomographie herrichten? Hier tappen wir einstweilen im dunkeln. Doch wer wäre befugt, über solche Fragen ein »Ignorabimus« zu verhängen? Sag niemals nie, lautet das heuristische Prinzip der Gehirnforschung.

Auch das Ende der Geschichte mag nicht so zwangsläufig auf uns zukommen, wie es zunächst scheint. Der Hirnforscher Wolfgang Prinz hat einen Vorschlag zur Güte gemacht, wie die Erlebensperspektive historischer Subjekte und die Beobachterperspektive des Labors seiner Zunft miteinander in Einklang gebracht werden können: durch das tapfere Aushalten ihrer Inkompatibilität. Entsprechend steht für Prinz nicht die Abschaffung, sondern die Komplexitätssteigerung der Geschichte auf der Agenda: »Wir leben ja auch in anderen Bereichen mit Inkompatibilitäten, also müßten wir sie auch hier aushalten können.« (In diesem Band auf Seite 20.)

So gesehen hätte eine am *neuronal turn* orientierte Geschichtswissenschaft von morgen zu erforschen, wie die Menschen von heute handlungsfähig geblieben sind, obwohl sie die Ergebnisse der Hirnforschung bereits im Kopf hatten. Darzustellen wären die Abstraktionsleistungen, mit denen man aus funktionalen Gründen so handelte, als sei man – wie eingeschränkt auch immer – frei, während man am Determinismus zugleich keinen wissenschaftlichen Zweifel hegte. Selbst wenn man sich ein Werkzeug des Historikers vorstellen könnte, mit der eine derartige Introspektion und historische Validisierung möglich sein sollte, könnte der *neuronal turn* leer ausgehen. Denn womöglich würde sich mit einem solchen Werkzeug nur zeigen, daß die unterschiedlichen Perspektiven gar keinen Unterschied machen, daß der *neuronal turn* kein solcher turn ist, der das Denken, Fühlen und Handeln des Menschen in irgendeiner Weise berührt. Die Menschen würden nach wie vor im Bewußtsein des Anderskönnens handeln. Denkbar wäre der

Befund, daß sie ihre wie auch immer bedingte Freiheit nicht wegdenken können. Und der Verdacht käme auf, daß es eine von diesem Bewußtsein losgelöste »objektive« Freiheit gar nicht gibt – daß bereits das Bewußtsein des Anderskönnens die Freiheit ist, etwa so, wie das Schmerzerlebnis der Schmerz ist.

Dann gäbe es überhaupt nichts »auszuhalten« im Prinzschen Sinne. Dann hätte vielmehr der Hirnforscher Niels Birbaumer recht, der sich als »Physikalist« bezeichnet, gleichwohl – oder wohl besser: deshalb – seiner Zunft eine Begriffsverwirrung vorhält, wenn sie sich anschickt, über Geist, Wille oder Freiheit zu sprechen: »Ich kann einen freien oder einen unfreien Willen nicht messen, deshalb kann ich nichts über ihn sagen.« (In diesem Band auf Seite 27.) Frieds Experiment ist, zu Ende gedacht, wie ein Lackmustest auf die Naturalisierung des Geistes. Wenn sich erweisen sollte, daß mit der neurowissenschaftlichen Prämisse keine Geschichte zu machen ist, dann könnten Mediävistik und Gehirnforschung bei ihrem jeweiligen Leisten bleiben.

Markus Völkel
Wohin führt der »neuronal turn« die Geschichtswissenschaft?

Ein zentraler gegenwärtiger Machtdiskurs ist der ›Gehirndiskurs‹. Hier geht es um Öffentlichkeitswirkung, um Forschungsgelder und das langfristige Prestige von Fächern. Die Historiker haben diesen Diskurs nicht begonnen, aber es ist nicht verwunderlich, daß sie am Diskurs teilhaben wollen, schon um von seinen positiven Folgen zu profitieren.

In historischer Perspektive ist der neuronale Ansatz, jedenfalls so, wie ihn Johannes Fried für möglich hält, eine Neuauflage der Determinismusthese. Wir hatten sie schon in vielen Auflagen. Sind es die Sterne, die unsere Taten sympathetisch bestimmen, ist es Gottes mittel- oder unmittelbares Eingreifen? Handelt es sich um das Milieu oder den Diskurs? Was spielt das noch für eine Rolle?

Es empfiehlt sich, bei der Begriffs- und Theoriebildung ganz genau hinzusehen. Indem man den bestimmenden ›Mächten‹ Natur und Gesellschaft das ›neuronale Geschehen‹ hinzufügt, erweitert man die Reichweite der Determinismusthese um wirklich gar nichts, was sich noch in historische Erklärung oder Erzählung umsetzen läßt. Es mag ja sein, daß wir in Reiz-Reaktions-Schemata geschaltet sind und in Feedback-Wellen schwimmen, aber was leistet diese Erkenntnis im historischen Bereich? Für die liebevoll neuronal ausgemalte Verformung der Erinnerung haben wir jede Menge von erklärenden Thesen von der Lernpsychologie bis zur gegenwärtig modischen Geschichtspolitik. Ein Neuronensturm verdoppelt nur die Fragwürdigkeit des Fragwürdigen, ohne etwas zur Erklärung beitragen zu können. Bloß verdoppelnde Fragen sollte man ohne Scheu trivial nennen.

Den angedeuteten Übergang von der Aufhebung des subjektiven Geistes (wohl auch Ich/Subjekt genannt) zu der des objektiven Geistes (manifeste Geschichte) kann man eigentlich nur als extreme Denksportaufgabe bezeichnen. Was sollte uns wohl dazu bewegen, die Kathedrale von Chartres, den Code civil oder die Machetennarben der Opfer von Ruanda als ›reine Epiphänomene neuronaler Prozesse‹ zu deuten? Es ist tröstlich, in den Gehirnvorgängen eine weitere Quelle von Kausalität entdecken zu können, aber drei Einwände sind hier doch am Platz. 1.) Die Historiker haben schon genug damit zu tun, mit dem Ozean von sozial und diskursiv erfahrbaren Einflüssen erklärend wie erzählend fertig zu werden. Ihr Reich ist von dieser Welt und groß genug. 2.) Eine schlüssige Theorie des Überganges von neuronalen Vorgängen zu kulturellen und historischen Resultaten fehlt bislang. 3.) Gäbe es diese Theorie, dann müßte sie rein spekulativ bleiben, weil empirische Forschung, und das sollte Gehirnforschung doch sein, am toten Objekt nicht erbracht werden kann. Es fehlen sowohl die Brücke in die konkrete Lebenswelt als auch in die tote Vergangenheit. Und selbst wenn es sie gäbe, dann wäre ihre Erklärungskraft verschwindend gering, denn schließlich müßte die ›zerebrale Erklärung‹ in jedem Einzelfall nachweisen, wo sie zu zur lebensweltlichen Erklärung komplementär ist, in welchem Falle sie uns wenig Neues sagen würde oder wo sie im Widerspruch dazu steht, in welchem Falle sich die Frage stellen würde, ob denn die massive Vorstruktur dieser spezifischen historischen Lebenswelt in ihren Tausenden von Manifestationen durch dieses jämmerliche Geschehen im Einzelhirn aufgewogen wird.

Eine Geschichtswissenschaft, die ihr erstes Prinzip im Gehirn findet, kehrt in die ›Sinnfalle‹ zurück, die ihr der Positivismus des 19. Jahrhunderts schon einmal gestellt hatte. Dabei handelt es sich um eine doppelte Falle. Sinn ist zuallererst eine soziale Größe, und somit ist auch das Gehirn, wenn es aller sozialer Tatsachen Anfang ist, Anfang nur im Sinn einer Verabredung unter Menschen, daß es so sei. Das Hirn wird also primär eine soziale Größe, eine ›Verabredungstatsache‹ bleiben. In dieser Ebene kann die Geschichtswissenschaft ihrer sozialen Ursprungsverfassung niemals entkommen. Indem zweitens ein primär sozial definierter Sinn die Würde eines biochemischen

Apriori erhält, begibt sich die Geschichtswissenschaft freiwillig ihrer Definitionsmacht. Diese müßte, sobald man sich nur die Tradition dieses Wissenstypus ansieht, eigentlich darin liegen, den ›Sinn‹ verschiebbar, als expansiv, jedenfalls in keinem Fall als biologisch vordefiniert erscheinen zu lassen. Da hilft für die Zukunft nur noch eines: Je mehr Gehirn die Neurologen in die Gesellschaft tragen, um so mehr Gesellschaft muß die Geschichtswissenschaft ins Hirn projizieren.

Unbefriedigend ist auch die These von Wolfgang Prinz von der grundlegenden Unverträglichkeit zwischen der ›Erlebensperspektive historischer Subjekte‹ und der ›Beobachterperspektive im Labor‹. Wie soll inkompatibel sein, was bislang konzeptuell noch gar nicht vereinigt wurde? Hier wäre ein Gedankenexperiment zu empfehlen: Man könnte mit den Mächtigen dieser Gegenwart beginnen und ihr neuronales Geschehen ununterbrochen in Entscheidungssituationen (zum Beispiel Irakkrise) aufzeichnen und dieses dann bis zum letzten GI vor Ort fortsetzen. Das Ergebnis wäre eine ungeheuere Datenmenge, die wir empirisch zu einem konkreten historischen Geschehen in Korrelation setzen könnten. Auf diese Weise wären sogar die fehlenden Mittelbegriffe zwischen Gehirn und objektiver Geschichte zu beschaffen. Voraussetzung dazu ist allerdings, daß man die Lebenswelt selbst in ein Labor verwandelt. Gelingt dies, dann wird allein das Gehirn zum Zentrum der Geschichte werden, aber erst dann. Bei dieser Zwangsvorstellung angelangt, fühlt man sich doch irgendwie berechtigt, dem neuronalen Ansatz in der Geschichte mit einer gewissen Distanz und Ironie gegenüberzutreten.

Friedrich Wilhelm Graf
Brain me up!
Gibt es einen neurobiologischen Gottesbeweis?

Nicht nur die Geschichtswissenschaft werkelt daran, sich im neurobiologischen Paradigma auf neue Füße zu stellen. Auch in der Theologie steht man dem *neuronal turn* aufgeschlossen gegenüber. Es gibt eine Neurotheologie – und dies schon seit längerem. Ende des neunzehnten Jahrhunderts untersuchte William James neben Gebeten und Visionsberichten auch psychiatrische Patientenakten, um besonders exzentrischen, irrationalen religiösen Glauben verstehen zu lernen. »Das Spezifische der religiösen Erscheinungen findet James in den Gefühlen, Akten und Erfahrungen, in denen das Individuum sich mit dem ›Göttlichen‹ in Beziehung weiß«, schrieb Ernst Troeltsch in einer Rezension der 1902 erschienenen »Varieties of Religious Experience. A Study in Human Nature«. »Das Urphänomen der Religion ist die Gegenwart des Göttlichen, die Realität des Unsichtbaren, die psychologisch mit allen Vergegenständlichungen von Gedanken in fühlbarer Gegenwart, also in letzter Linie mit Vision, Halluzination usw. zusammengehört und die von einem eigentümlichen, nur dem Religiösen bekannten, unwiderleglichen Realitätsgefühl begleitet ist.« Doch läßt sich außergewöhnliche Transzendenzerfahrung in Alltagssprachen kommunizieren? James betonte Grenzen rationaler Deutung religiöser »Erlebnisse«. Kontinentaleuropäische Kritiker seines »Psychologismus« verwiesen zudem auf Geltungsfragen. Experimentelle Psychologie könne nichts zum kognitiven Gehalt, zur Realitätsadäquanz religiöser Erfahrung sagen. James' »praktisch-biologische«, populärdarwinistische Theorie, daß Religion im gelungenen Fall die »Selbstbehauptung des Lebens« fördere und als »Anpassung an die Umgebung und das Ganze des Daseins« der Gesundheit diene, erweise bestenfalls den psychohygienischen Nutzen religiösen Glaubens, aber nicht die Wahrheit seiner Inhalte.

Wer klassische Kontroversen über die Grenzen experimenteller Religionspsychologie kennt, kann die aktuelle Aufregung um eine vermeintlich revolutionäre »Neurotheologie« gelassen wahrnehmen. Denn in neuen neurowissenschaftlichen Sprachspielen werden nur alte Grenzkämpfe zwischen den »zwei Kulturen« reinszeniert. Jeder menschliche Bewußtseinsakt hat eine neurophysiologische Grundlage, auch religiöses Erleben. Diesen trivialen Sachverhalt hirnexperimentell bald sehr viel differenzierter nachzeichnen zu können ist ein höchst erfreulicher Erkenntnisfortschritt. Aber führen Versuche, religiöse Gefühle in bestimmten Hirnarealen zu lokalisieren, zum optimierten Verstehen von Glaubensvorstellungen? Ermöglichen sie gar Aussagen über die Existenz oder Nicht-Existenz Gottes? Zweifel sind geboten, gerade um seriöser Neuroforschung willen. Viele Menschen singen, und die biochemischen Substrate dieser bisweilen erhebenden Aktivität lassen sich durch Brain-scan-Untersuchungen prägnant abbilden. Manche singen gern »Ein feste Burg ist unser Gott«, andere lieber Marienlieder, wieder andere eher die Internationale. Ob in Magnetresonanzbildern auch solche Unterschiede sichtbar werden? Oder visualisiert der Brain-scan-Forscher nur die mit dem Singen verbundenen neuronalen Prozesse, unabhängig vom Inhalt des Gesungenen? Der Begriff »Neurotheologie« wurde wohl 1984 von James B. Ashbrook, einem evangelikalen Glaubensapologeten, geprägt. Der analog zu »Neuroökonomie« gebildete Neologismus stiftet nur Verwirrung, weil er einen falschen, illusionären Erkenntnisanspruch spiegelt. Wer religiöse Bewußtseinszustände durch hirnbildgebende Verfahren erfassen will, betreibt neurologisch orientierte Religionsforschung, aber keine Theologie. Selbst wenn die Probanden sich im Kernspintomographen »unmittelbar zu Gott« oder »eins mit dem Kosmos« fühlten, kann der Hirnforscher in seinen bunten Spect-Aufnahmen weder Gott noch das Weltenganze aufscheinen lassen. Er kann nichts Seriöses über »das Absolute«, »die Transzendenz«, »das Seinsganze« oder »die Einheit der Wirklichkeit« – ausnahmslos Begriffe aus Neuerscheinungen von »Neurotheologen« – sagen, sondern allein neuronale Grundlagen mentaler Prozesse ins Bild setzen, die konventionell mit Religion verbunden werden. Wer hier elementare begriffliche Unterscheidungen vernachlässigt und behauptet, Brainscanning religiöser Virtuosen erlaube »eindeutige Rückschlüsse« auf die Existenz oder Nicht-Existenz Gottes, ist entweder naiv oder ein Scharlatan. Ob die Theo-Neurologen auch die manche ihrer Fachgenossen prägende Neigung zur populistischen Sensationsmache in eigenen Hirnarealen lokalisieren können? Den neurotheologischen Medienguru gibt erfolgreich der Radiologe Andrew Newberg. In »Why God won't go away«, gemeinsam verfaßt mit Eugene d'Aquili und Vince Rause, berichtet Newberg über Kernspin-Untersuchungen dreier Franziskaner-Nonnen und acht meditierender buddhistischer Mönche.

Fühlten sie sich in mystischer Ekstase nahe bei ihrem Gott oder im Nirwana, zogen sie an einer Schnur, woraufhin ein schwach radioaktives Kontrastmittel in die Venen tröpfelte und Durchblutungsmuster im Gehirn sichtbar machte. Bei erfühlter Gottesnähe herrschte in den für Körperwahrnehmung zentralen Scheitellappen der Großhirnrinde weithin Funkstille. Diese »Deaffenzierung« deutet Newberg als Reizblockade, die die »normale« Unterscheidung von Innen und Außen, Selbst und Welt aufhebe, also elementares Einswerden mit »Gott« oder dem »Kosmos« erzeuge. Newberg verallgemeinert die auf schmaler experimenteller Grundlage gewonnenen Befunde zum »neurobiologischen Gottesbeweis«: Unser Nervensystem sei immer schon auf die Begegnung mit »transzendenten Mächten« programmiert. Er übersteigert die experimentelle Erkundung biochemischer Grundlagen mystischen Bewußtseins zu neurologischer Missionspredigt oder religiöser Hirnphysiologie. Bedürfen die neuen Neurowissenschaften einer wissenschaftsreligiösen Selbstlegitimation? Die saloppe Rede vom neuronalen »Gottesmodul« oder »Religionsgen« legt es nahe, die kognitiven Investitionen in innovative Hirnbildgebungsverfahren mit intensivierter Nachdenklichkeit über begriffliche Repräsentationen der visualisierbaren Gen- und Proteinaktivitäten zu verknüpfen.

Andere Neurologen deuten religiöse Vorstellungen als Zeichen einer gefährlichen, weil ansteckenden Seelenkrankheit. Sie verstehen sich als Religionspathologen, die endlich die vielen Gottesleiden des Menschen erfolgversprechend behandeln können. Seit 1970 deuteten Nervenärzte Trancezustände besonders Frommer als Zeichen für Schläfenlappenepilepsien. Ellen Gould White, die charismatische Stifterin der Kirche der Siebententagsadventisten, hatte seit 1845 neben dem erhöhten Christus und engelgleichen Lichtgestalten auch Satan »geschaut«. Gregory Holmes von der Dartmouth Medical School diagnostizierte 1981, sechsundsechzig Jahre nach Whites Tod, die vermeintlich außerordentlichen Visionen als gewöhnliche epileptische Anfälle. Vilayanur Ramachandran von der University of California meinte bei Patienten mit Schläfenlappen-Epilepsie beobachten zu können, daß sie auf religiös konnotierte Wörter sehr viel intensiver, heftiger reagieren als auf sexuelle Signale. Andere Neurobiologen wollten durch künstliche Stimulation religiöser Erregung zeigen, daß Gottesempathie nur pathologische Überempfindlichkeit spiegele. Mediale Sensation machte der an der kanadischen Laurentian University lehrende Neuropsychologe Michael A. Persinger mit einem gelben Religionsempfangshelm, in den Magnetspulen montiert waren. Einige Probanden deuteten die empfangenen Signale als erschütternde Bekundungen einer übersinnlichen Macht, andere als offenbarungsgleiche Begegnung mit ihrem persönlichen Schutzengel. Einzelne Experimentierfromme sahen sich unter der stoßsicheren Magnetwellenhaube gar vom altbösen Feind verfolgt.

Wird in solchen Versuchen auch die Seriosität der neuen Neuroreligionsforschung »durchgetestet«? Persinger meint, Gott ein für allemal als bloßes Hirngespinst entlarvt zu haben. Ließen sich Gottesvorstellungen im Religionsmagnetwellenexperiment erzeugen, seien sie bloße Imaginationen, Einbildungen. Dieses Argument ist von überschaubarer gedanklicher Komplexität. Ist nicht jeder rationale Gedanke nur gedacht, so daß sich die alteuropäische Unterscheidung zwischen stringenten und weniger klaren Argumenten im Alleinerlei der vielen subjektiven Denkbewegungen auflöst? Schon im achtzehnten Jahrhundert stritten akademische Religionsdeuter über die

Frage, ob man religiös sein müsse, um den Glauben anderer nachvollziehen zu können. Die »Neurotheologen« haben diese Frage wieder auf die Agenda der religionshermeneutischen Disziplinen gesetzt. In »Zen and the Brain«, dem 1998 erschienenen Hauptwerk neurologischer Religionsforschung, gelangt James H. Austin nach achthundert Seiten zu einem eher ernüchternden Resultat.

Meditative Techniken könnten neurophysiologische Vorgänge aktiv beeinflussen, aber keine Wissenschaft verfüge über abschließende Perspektiven, um das komplexe Zusammenspiel zwischen den subtil kodierten Sprachen des Gehirns und den je besonderen religiösen Selbsterfahrungen von Individuen erklären zu können. Die derzeit geführte Debatte über die Hirnforschung läßt neben den großen Erkenntnischancen auch die ideologischen Verführungspotentiale der szientifischen »Neurodämmerung« erkennen. Kein halbwegs Vernünftiger wird darauf verzichten wollen, Genaueres über jene Eigenwelt zu erfahren, die wir »unser Gehirn« nennen. Doch niemand verfügt über direkte Wege in diesen Kosmos, und jede Entdeckungsreise in bisher unbekannte Neurokontinente und ferne Proteingalaxien bleibt an prekäre Perspektivität gebunden. Jeder wissensdurstige Forscher hat in der Konfrontation mit dem bisher Fremden immer schon sich selbst mitgebracht. Jede Theorie ist in die klassischen Begründungsprobleme verstrickt, an denen sich über Jahrhunderte hinweg Philosophen und Theologen abgearbeitet haben. Wenn alles menschliche Bewußtsein eine neuronal rekonstruierbare Grundlage hat, dann muß auch das Wissenkönnen dieses Sachverhaltes in neurowissenschaftlichen Begriffen zu explizieren sein. Läßt sich dieses Iterationsproblem selbst noch einmal neurowissenschaftlich formulieren und bearbeiten? An genau dieser Stelle bleibt die Diskussionslage der »zwei Kulturen« offen.

Nur Dogmatiker erheben abschließende Deutungsansprüche und unterlaufen gebotene Selbstreflexivität. Im Kontext des Streits ums menschliche Gehirn dürfte der Sinn der Rede von einer »göttlichen Intelligenz« gerade darin liegen, den elementaren Sachverhalt zu symbolisieren, daß kein Neuro-Empfangshelm sich selbst aufsetzt.

Bettina Walde
Ein Fingerschnipsen ist noch keine Partnerwahl. Ein Gespräch

Frage: Frau Walde – kaum ein Philosoph vertritt heute noch die Auffassung, es gäbe einen freien Willen. Wie kommt das?

Bettina Walde: Diese Position läßt sich nur schwer mit der Vorstellung in Einklang bringen, daß alles Weltgeschehen determiniert sei. Der freie Wille kollidiert mit unserem Erfahrungswissen, daß jedes Ereignis durch irgendein anderes hervorgerufen wird.

Frage: Aber wurde die Vorstellung einer vollständigen Determinierung sämtlicher Naturprozesse nicht bereits mit der Quantenphysik ad acta gelegt?

Bettina Walde: Nein. Dort wird zwar der mechanistische Determinismus aufgegeben, aber nicht der probabilistische: Es gibt ja immer noch statistische Vorhersagen für das Auftreten von Ereignissen. Auch die Kausalität wird nicht über Bord geworfen – sie ist nur indeterministisch verfaßt. Außerdem: Selbst wenn man sagen könnte, wie sich die quantenmechanische Unbestimmtheit auf der makroskopischen Ebene fortsetzt, wären wir damit noch nicht bei der Freiheit. Es fehlte dann schließlich immer noch das Wissen, wie Willensentscheidungen durch charakterliche Dispositionen, Überzeugungen und Wünsche bestimmt werden.

Frage: Welche Rolle spielen die Ergebnisse der modernen Hirnforschung in der philosophischen Debatte um den freien Willen?

Bettina Walde: Zunächst einmal gar keine. Die Philosophen hatten schon lange vor der aktuellen Diskussion um neurophysiologische und psychologische Einwände gegen den freien Willen damit begonnen, diesen altehrwürdigen Begriff anders zu deuten. Die Vorstellung, daß wir in der Lage sind, als handelnde Individuen Kausalketten in Gang zu setzen, vertritt unter Philosophen längst nur noch eine kleine Minderheit. Denn diese traditionelle, sogenannte starke Lesart der Freiheit enthält kaum aufzulösende Widersprüche.

Frage: Als da wären?

Bettina Walde: Wenn Ihre Entscheidungen neue Kausalketten in Gang setzen, unter exakt gleichen Bedingungen aber auch anders hätten ausfallen können, dann sind sie de facto nicht weit von einem Zufallsereignis entfernt. Denn eine Entscheidung kann dann ja ganz offensichtlich nicht durch frühere Intentionen und Überzeugungen bestimmt sein. Aber Zufall ist gerade nicht das, was wir mit »Freiheit« meinen.

Frage: Der Neurologe Benjamin Libet zeigte vor über zwanzig Jahren, daß, noch bevor wir uns entscheiden, einen Finger zu bewegen, die motorischen Areale des Gehirns ein Bereitschaftspotential aufbauen. Daraus zogen nicht wenige Interpreten den Schluß, wir könnten den Gedanken, frei handelnde Wesen zu sein, getrost zu Grabe tragen.

Bettina Walde: Das wäre zu weit gefolgert. Libets Resultate legen lediglich nahe, daß die unmittelbare Steuerung einer bestimmten Teilklasse von Handlungen unbewußt erfolgt. Er untersuchte ja ausschließlich Handlungen, bei denen der Abstand zwischen Absicht und Ausführung maximal einige Sekunden beträgt. Daraus zu folgern, daß wir gar keine Entscheidungen frei träfen, ist unzulässig. Dazu müßte man erst die Relevanz der Libetschen Ergebnisse im Hinblick auf solche Willensentscheidungen genauer beschreiben, wie wir sie im Alltag treffen – speziell auf solche, die in bezug auf Fragen nach der Verantwortung unseres Handelns wichtig sind.

Frage: Können Sie ein Beispiel geben?

Bettina Walde: Ein von langer Hand geplantes Verbrechen etwa. Oder die individuelle Berufswahl. Überhaupt sämtliche Handlungen, bei denen Absicht und Ausführung zeitlich weit auseinander liegen.

Frage: Kann man solche Prozesse überhaupt experimentell untersuchen?

Bettina Walde: Ich wüßte nicht, wie. Unter gewöhnlichen Laborbedingungen ist es wahrscheinlich kaum realisierbar, Intentionen und Handlungen mit großem zeitlichem Abstand zueinander zu studieren. Es ist etwas anderes, nach den neuropsychologischen Ursachen eines Fingerschnipsens zu fahnden als nach denen einer Partnerwahl. Aber schon die Versuche mit den kurzfristigen Willensakten sind problematisch.

Frage: Inwiefern?

Bettina Walde: Nahezu alle bisherigen empirischen Untersuchungen in diesem Bereich lassen sich so deuten, daß die im Hinblick auf Willensentscheidungen maßgebliche Ausbildung der Handlungsabsicht schon im Zusammenhang mit der Versuchsanweisung erfolgt – und nicht erst unmittelbar vor der Durchführung der einzelnen fraglichen Handlung.

Frage: Wie meinen Sie das?

Bettina Walde: Die Zeitangaben der Probanden über das Auftreten ihrer Handlungsabsichten sind höchstwahrscheinlich nur Angaben darüber, wann eine schon lange vorher – bei Einführung in den Versuchsablauf – gebildete Intention handlungswirksam wird.

Frage: Das hieße ja, daß viele der bisherigen empirischen Untersuchungen gar keine Ergebnisse über Freiheit oder Unfreiheit des Willens liefern.

Bettina Walde: Genau. Sie zeigen allein, daß einmal gebildete und bereits vorhandene Intentionen auf unbewußtem Wege tatsächlich Folgen zeigen.

Frage: Der US-Psychologe Daniel Wegner hat unlängst experimentell nachgewiesen, daß wir uns über die Urheberschaft unserer Handlungen prinzipiell irren können.

Bettina Walde: Auch diese Versuche müssen wir kritisch betrachten. Solche Phänomene sind ja nichts Neues: Durch geschickte Manipulation der Wahrnehmung, des Verhaltens sowie des zeitlichen Auftretens von Handlungsabsichten kann man bei Versuchspersonen natürlich den Eindruck auslösen, sie seien der Urheber einer Handlung, obwohl sie es ganz eindeutig nicht sind. Beispielsweise kann man einer Person unter Hypnose bestimmte Anweisungen geben, die sie dann nach der Hypnose durchführt – mit der festen Überzeugung, sie selbst beschlossen und gewollt zu haben. Diese Phänomene zeigen lediglich, daß einige unserer Handlungen unter ganz bestimmten, eng umgrenzten Bedingungen auf falsche Weise mit dem Gefühl der Urheberschaft verknüpft sind. Wiederum gilt: Man darf die Resultate nicht unkritisch auf Entscheidungen und Handlungen übertragen, die unter ganz anderen Bedingungen ablaufen.

Frage: Es kommt also auf den Zeithorizont an.

Bettina Walde: Richtig. All jene Absichten, die im Alltag relevant sind und die von Philosophen im Hinblick auf die Frage nach der Freiheit untersucht werden, haben meist einen viel größeren zeitlichen Abstand zur Handlung und sind viel allgemeiner. Oder anders ausgedrückt: Sie sind nicht nur auf die Durchführung konkreter motorischer Abläufe bezogen.

Frage: Gibt es alternative Definitionen von Freiheit, die nicht in Widerspruch zu den Ergebnissen empirischer Studien geraten?

Bettina Walde: Sicher. Wir kennen schwächere Lesarten dieses Begriffes.

Frage: Zum Beispiel?

Bettina Walde: Etwa diese: Frei handeln heißt, daß man gemäß seinen Überzeugungen und Wünschen handelt.

Frage: Ließe sich ein so gefaßter freier Wille empirisch überprüfen?

Bettina Walde: Theoretisch ja. Dazu müßte man zeigen, daß sich gewisse mentale Größen – Wünsche, Überzeugungen, Absichten und Handlungen – auf klar abgrenzbare Prozesse im Gehirn abbilden lassen. Wünschenswert wäre es aber vor allem, Versuchsanordnungen zu entwickeln, die Ausbildung und Entwicklung von zeitlich lange vorgeordneten Intentionen und ihre kausale Relevanz im Hinblick auf die Umsetzung der entsprechenden Ziele untersuchen.

Frage: Obwohl viele Philosophen und Hirnforscher den freien Willen für eine Illusion halten, gestehen sie ihm doch Sinn und Zweck zu. Er soll dem Menschen helfen, sich besser zu orientieren und flexibel in sozialen Gemeinschaften zu verhalten. Was ist damit gemeint?

Bettina Walde: Der Eindruck, daß wir die Urheber unserer Handlungen sind, erlaubt es uns, die eigenen Handlungen von denen anderer Personen zu unterscheiden. Das ist grundlegend für unser gesamtes soziales Leben und dabei spielt es zunächst einmal überhaupt keine Rolle, ob unser Eindruck berechtigt ist oder auf einer Illusion beruht. Wie unsere sozialen Kompetenzen beeinträchtigt werden, wenn dies nicht mehr gegeben ist, sieht man an pathologischen Veränderungen des Willens. Etwa bei psychischen Erkrankungen, die es den Betroffenen nicht mehr erlauben, Wahrnehmungen oder auch Bewegungen sich selbst zuzuschreiben. Diese Personen haben dann das Gefühl, ferngesteuert zu sein, oder erleben ihren eigenen inneren Monolog als fremde Stimme.

Das Interview führte Hubertus Breuer

Reinhard Olivier
Wonach sollen wir suchen? Hirnforscher fragen nach ihrer Frage

In Gottfried Benns Erzählung »Gehirne« macht Dr. Rönne eine besondere Handbewegung, indem er die zwei Hände so wölbt, daß sie ungefähr ein Gehirn umfassen. Das ist ein Ausdruck für die mit dem Gehirn verbundenen Rätsel: Es täuscht eine Zugänglichkeit vor, die es nicht hat. Tatsächlich muß man dem Gehirn eher die Tiefe des Kosmos zuschreiben, als sich auf sein geringes Volumen zu verlassen.

Die Methoden der direkten Beobachtung sind begrenzt: EEG, Elektrode, Kernspintomographie, Rückschlüsse aus Ausfallerscheinungen. Mit der Elektrode wird an einem oder mehreren Neuronen die individuelle Aktivität registriert, die anderen Methoden sind pauschal und liefern mehr oder minder genaue Lokalisierung erhöhter Aktivität, aber weit über dem neuronalen Level. Das Problem ist, die so entstehenden Muster zu deuten. Das ideale Ergebnis wäre eine Zuordnung von bestimmten Aktivitätsmustern zu bestimmten geistigen und motorischen Aktivitäten. Natürlich sind die Ergebnisse interessant, aber je höher das Auflösungsvermögen des Verfahrens ist, desto verwirrender werden sie, und wenn sie über bloße Bildfibeln hinausgehen sollen, so benötigen sie einen theoretischen Ansatz zu ihrer Deutung. Jede noch so komplizierte oder noch so vertrackte Theorie oder Tätigkeit muß sich auf diese Weise abbilden lassen und der Deutungsansatz daher von einer im Prinzip beliebigen Komplexität sein. Woher gewinnt man ihn?

Die Berücksichtigung nur der Orte maximaler Aktivität ignoriert, daß das Gehirn als Ganzes tätig ist, und greift Teilaspekte heraus, deren Einordnung man nicht kennt. Seit wann sagt der das Wichtigste, der am lautesten spricht? Jeder Wissenschaftler kennt die unzähligen Querverbindungen seines Faches, die in einem einzelnen Argument berücksichtigt werden müssen. In einer strukturellen Deutung müßten viel subtilere Unterscheidungen getroffen werden. Aus Mathematik und Physik ist bekannt, daß die Eigenschaften einer Dynamik oder funktionaler Beziehungen im allgemeinen über Fixpunktverhalten (Fixpunkte, Eigenvektoren, Attraktoren) aufgeschlüsselt werden. Dies sind vermutlich gerade die »Orte des Schweigens«. Wie will man sie auf diese Art entdecken?

Beobachtung greift in das Geschehen ein. Dieser quantentheoretische Grundsatz gilt ebenso unerbittlich für das Gehirn. Dazu zählen die Begleitumstände eines Experimentes. Ein mit einer Elektrode angestochenes Neuron degeneriert. Bei jemandem, der in einem engen, dunklen Tunnel liegt und kopfrechnen soll, sind die Abschirmreaktionen des Gehirns sicher von vergleichbarer Größenordnung wie die geforderte Aktivität. Die Tiere werden für Experimente oft monatelang trainiert, unter den unnatürlichsten Bedingungen, und es ist klar, daß Anpassungsprozesse stattfinden und schließlich eine hochkünstliche Situation gemessen wird. Es kann bestenfalls noch eine automatisierte Zuflucht des Gehirns gefunden werden. Man stelle sich einen Klavierspieler vor, auf seinen Stuhl gefesselt, eine Elektrode im Kopf, der für jeden gespielten Ton einen Schluck Wasser erhält. Es ist aus vielen Beobachtungen anzunehmen, daß das Gehirn seine geistige Arbeit nur unter subtilen Randbedingungen leistet, die sehr leicht zu stören sind. Gerade diese Tatsache macht eine Verfeinerung der Beobachtung, die ja nötig wäre, so schwierig. Darüber hinaus wird in all diesen Experimenten aufgrund ihrer Konzentration nur zielgerichtetes Verhalten untersucht und autonomes aufgrund der Einweisung auf zielgerichtetes umgepolt. Das gilt auch für das Experiment zur Willensfreiheit.

Die Experimente zielen auf zu einfache Situationen, und dafür sollen sie zu komplizierte Sachverhalte klären. Sie sind fast ausnahmslos auf einen schematischen Ablauf angelegt, weil sie sonst nicht ausgewertet werden können. Dahinter steckt vermutlich die Überzeugung vieler Hirnforscher, daß es letzten Endes einen einfachen Zugang zum Gehirn gibt, eine Art Urformel. Gerade das ist aber nicht anzunehmen. Es gibt nicht gerade viele Gemeinsamkeiten für die gesammelten Produkte des menschlichen Geistes und seiner Psyche, und niemand kennt einen einfachen Schlüssel, der sich ja auch begrifflich fassen lassen müßte, falls er sich im Gehirn fände. Ich nenne ein verhältnismäßig einfaches Beispiel eines Problems, an dem man sich bereits die Zähne ausbeißen kann: Was ist, in einer Gehirnsprache, ein Kreis?

Die praktisch einzige naturwissenschaftliche Methode, die Struktur unbekannter Objekte aufzudecken, ist die Untersuchung der Wechselwirkungen solcher Objekte untereinander. Die funktionalen Zusammenhänge sollen strukturell erklärt werden. Dazu bedarf es vieler solcher Objekte, die im Prinzip als gleich angesehen werden müssen. Die Objekte müssen miteinander reagieren, und darin verraten sie ihre eigentliche Struktur, die ohne Funktionalität nicht erkennbar ist. Sie wird sodann benutzt, um die beobachtete Dynamik zu erklären. Natürlich bedarf das bei komplizierten Objekten eines langen Anlaufes und eines wechselseitigen Fortschreitens.

Die Wechselwirkung des Gehirns mit seinesgleichen ist die Kommunikation. Man muß daher bei dieser Methode die geistigen Aktivitäten zugrunde legen für ein Modell. Und man tut gut daran, für verschiedene Typen von Aktivität auch jeweils nach besonderen Strukturen zu suchen. So erfordern die elektrodynamische Energie und die Kernkräfte in der Physik andere Strukturmodelle. Im Falle des Gehirns wird man zumindest zielgerichtetes und autonomes Verhalten unterscheiden müssen. Dabei sollte sich das Strukturmodell natürlich an den physiologischen Gegebenheiten orientieren. Sodann müßte es so weit ausgebaut werden, daß mit Hilfe der darauf definierten Dynamik im Modell die psychologischen Begriffe definiert werden können und somit theoretisch zugänglich sind, und dann setzt ein Vergleichsprozeß mit dem realen Gehirn ein. Das psychophysische Problem läßt sich damit nicht lösen.

Dieses Vorgehen erlaubt Experimente, die von der Theorie her bestimmt sind und theoretische Fragen beantworten. Hierfür ist die Physik in ihren Methoden ein Vorbild. Es ist offensichtlich, daß ein solcher Weg zum Gehirn nicht kurz ist und einer hochkomplexen und strukturreichen formalen Theorie bedarf, die schrittweise verfeinert werden muß.

Auf dem Wege dahin gibt es fundamentale Fragen, zum Beispiel: Wie allgemein ist das individuelle Gehirn, was läßt sich aus seiner Beobachtung auf andere übertragen? Oder: Wie liest das Gehirn aus sich selbst ab, und welche der modellhaften Vorgänge lassen sich ablesen? Hierfür müssen allgemeine Grundsätze formuliert werden in der Sprache der Theorie. Der Begriff »Unbewußtes« reicht dafür nicht aus. Jedes Gehirn hat eine abgründige und nicht auslotbare Individualität und Unvergleichbarkeit. Die Theorie müßte einen Weg finden, Allgemeinheit und Individualität nebeneinander bestehen zu lassen in ihrer engen gegenseitigen Verbindung. Objektivität und Subjektivität sind gleichwertige Eigenschaften und »Sehweisen« des Gehirns.

Die Allgemeinheit des Gehirns scheint besonders ausgeprägt in den formalen Wissenschaften Mathematik und Physik, weil dort die individuellen Abweichungen am stärksten ausgemerzt sind, und beide bestehen zu wichtigen Teilen aus internen Ablesungen. In ihnen müßte sich also eine allgemeine Struktur und Dynamik wiederfinden, nach deren Prinzipien das Gehirn arbeitet, und man sollte sie benutzen, um eine formale Theorie dafür zu entwerfen. Mathematische Methoden sind formale psychologische Prinzipien. Die Physik zeigt übrigens, wie eng Experiment und hochkomplexe Theorie ineinandergreifen.

Keine geistige Äußerung, kein Satz läßt sich direkt aus dem Gehirn ablesen, die Aktivität bedarf der Interpretation und der theoretischen Deutung. Die Vorgänge im Gehirn sind viel komplexer als das, was ablesbar ist. In welcher Sprache lassen sie sich beschreiben? Alle Experimente, auch das über die Willensfreiheit, betreffen Kurzvorgänge, und es gibt keine systematische Beschreibung von Langzeitprozessen (auch hier kann die Mathematik helfen!). Aber fast alle psychischen Prozesse sind langzeitig. Ein Entschluß kann Jahre brauchen zu seiner Entwicklung. Was passiert in dieser Zeit? Worin besteht der Abschluß? Nicht nur Entscheidungen, auch Einsichten sind gehirnintern formuliert, bevor sie abgelesen werden können. Gibt es eine gehirninterne, strikt gerichtete Zeit? Was ist Kausalität in solchem Zusammenhang? Wie läßt sich feststellen, ob Neuron B, das nach Neuron A feuert, kausal von Neuron A abhängt? Sehr viele Neurone feuern gleichzeitig, und die Abhängigkeiten sind im allgemeinen nicht meßbar.

Bei »großen« Entschlüssen ist das Ergebnis für Außenstehende oft früher zu erkennen. Das berührt nicht den Freiheitsbegriff. Ein »freier« Entschluß hat natürlich eine Geschichte. Das System Gehirn hat zahlreiche Eigenschaften, die keinem anderen System zukommen. Die entsprechenden Begriffe müßten erst geschaffen werden. Wir sehen mit teuren Maschinen ins Gehirn, doch wissen wir gar nicht, wonach wir suchen sollen. Wie soll man die Aktivität von Milliarden Neuronen auf etwas Unbekanntes interpretieren?

Ein Beispiel ist kreatives Verhalten. Es ist unbekannt, woher dabei das Neue stammt und wie es sich eingliedert. Das alles gehört zum autonomen Bereich, von dem wir wenig wissen und der nicht vorzuformen ist. Stanislaw Lem hat dafür im Wogen des Ozeans von Solaris ein schönes Bild entworfen. Und Wolfgang Hildesheimers Marbot sagt: »Wir werden mit Gewißheit nichts von dem erfahren, was im Künstler vorgegangen ist, außer seinem Gebot, was in uns vorzugehen habe. Der Künstler spielt auf unserer Seele, aber wer spielt auf der Seele des ›Künstlers‹?« Marbot hat die Frage als erster gestellt. Die Antwort steht bis heute aus.

Thomas Buchheim
Wer kann, der kann auch anders

Die Erkenntnisse der Neurobiologie machen nach Wolf Singer, Direktor am Frankfurter Max-Planck-Institut für Hirnforschung, unwidersprechlich klar, daß sämtliche Verhaltensweisen, Gefühle und Gedanken des Menschen, seien sie bewußter oder unbewußter Natur, auf neuronale Signalverarbeitungsprozesse in unserem Gehirn zurückzuführen sind. Damit kann nach seiner Auffassung kein Grund mehr bestehen, überlegte Entscheidungen aufgrund ihres bewußten und daher vermeintlich von uns selbst gesteuerten Zustandekommens für freier zu halten als unbewußte und automatische Vorgänge und Gehirnleistungen, die auch die Philosophie früherer Zeiten niemals für ›frei‹ hat erklären wollen. Weil nun vielmehr alle Gehirnprozesse als gleichermaßen determinierte Vorgänge einzuschätzen sind, könne es keine sachliche Rechtfertigung dafür geben, manchen Handlungen überhaupt noch das Prädikat ›frei‹ zuzuerkennen und anderen nicht.

Es ist hier keineswegs meine Absicht, als Laie an den wissenschaftlichen Erkenntnissen der Neurobiologie irgendwelche Zweifel anzumelden. Indessen sind philosophische Thesen wie die, daß unsere Freiheit aus dem erklärten Grund eine Illusion sein müsse, mit Vorsicht zu genießen und zu prüfen, ob nicht umgekehrt einige fehlerhafte Interpretationen wissenschaftlicher Befunde im Spiele sein müssen, damit man aus rein naturwissenschaftlichen Erkenntnisfortschritten zu philosophisch derart grundstürzenden Schlußfolgerungen gelangen kann. Ich sehe insbesondere vier fragwürdige Punkte in den Überlegungen Singers, die jenen Schlußfolgerungen den Boden zu entziehen drohen: 1.) die Bedeutung der Worte ›Können‹ und ›Anderskönnen‹; 2.) die Zuschreibung gedanklicher Tätigkeit an das Gehirn statt den Menschen; 3.) die Knüpfung möglicher Freiheit an die Leugnung statt an die Qualität von Determination; und 4.) die These, daß unsere Praxis moralischer Rechtfertigung trotz endgültiger Desillusionierung der Freiheit rational aufrechtzuerhalten sei.

1.) Der allzu plakativen Überschrift und Hauptthese Singers, die da lautet: »Keiner kann anders, als er ist«, muß zunächst einmal entgegengehalten werden, daß nicht nur wir arme Körperwesen, sondern überhaupt gar nichts, nicht einmal der liebe Gott »anders kann, als er ist«. Denn jedes Können, das eines ist, bezieht sich auf Tätigkeit, die *nicht* schon ausgeführt ist, sondern die man nur tun könnte – oder auch nicht. Es sei denn vielleicht, man gebrauchte das Wort ›können‹ im Sinne der aktuellen Meisterschaft, mit der etwas ausgeführt wird: beispielsweise ein gekonnter Sprung oder gekonntes Klavierspiel oder ein gekonnt geschriebener Artikel. Aber selbst in diesem Fall spricht man nur deshalb von ›gekonnt‹, weil man mit hinzudenkt, daß dieselbe Person in einem zwar leicht anders gelagerten, aber prinzipiell vergleichbaren Fall etwas anderes, aber ebenso Meisterliches derselben Art getan haben würde. Jedem Können haftet also wesentlich ein *irreales* Moment an, etwas, das noch nicht ist, aber kraft des Könnens sein könnte – was Singer völlig verkannt zu haben scheint. Deshalb spricht man von einem Können in bezug auf bereits ausgeführte Handlungen so, daß der Betreffende anders *hätte* handeln *können*; und nur in Beziehung auf das noch ausstehende und künftige Handeln sagt man, daß er es oder das Gegenteil tun *kann*. Außer der Richtung auf Irreales und Zukünftiges hat ein jedes Können aber auch eine vielverzweigte und weit zurückreichende Wurzel im Vergangenen und Nichtmehr-Seienden. Denn niemand ›kann‹ das, was ihm nur einmal geglückt ist, sondern allein solches, was er in variantenreichen Wiederholungen zu beherrschen gelernt hat. Wie aber sind diese vielen früheren Gelegenheiten im Moment einer neuerlichen Tat präsent? Das Können, jedes Können ist also in doppelter Hinsicht eine *virtuelle*, weit durch die Zeiten eines Lebens ausgestreckte Größe; etwas uns selbst und gegenseitig nur Zugebilligtes oder Zugeschriebenes, das nicht im Gegenwartscharakter neuronaler Muster allein zu Hause ist. Aus allen diesen Gründen sagt man niemals mit Bezug auf tatsächlich Eingetretenes – das, was der Fall ist –, daß es anders sein kann, als es ist. Das Können hat gar keinen Ort im Raum bloßer Tatsächlichkeit.

Es ist eine interessante philosophische Frage, ob und wie der Determinismus mit dem Irrealis des Kontrafaktischen oder Zukünftigen, mit dem der Begriff der Freiheit durchsogen ist wie der Schwamm mit Wasser, überhaupt zurechtkommen kann. Niemand bestreitet, daß am Ende der Tage alles irgendwie gekommen, also tatsächlich geworden ist. Also muß wohl auch die Entscheidung eines Menschen irgendwie herbeigeführt und zustande gekommen sein. Singer sagt deshalb mit vollem Recht, daß hierfür höchst »unterschiedliche Variablen und die Art ihrer Verhandlung untrennbar zusammenwirken und das Ergebnis festlegen« – d. h. ›determinieren‹. Der Streit geht aber vielmehr darum, aufgrund wovon es zu der Festlegung des Ergebnisses kommt. Wenn aufgrund eines Könnens der betreffenden Person, oder wenn aufgrund des Gedankens, daß es schön wäre, dies oder jenes zu tun, dann offenbar aufgrund von etwas, das nicht in bloßer Tatsächlichkeit besteht. Dann wäre die Entscheidung eines Menschen also ein Ort oder der Mensch meinetwegen auch eine recht kompliziert gebaute ›Festlegungsmaschine‹, von der Irreales gleichsam in tatsächliche Realität verwandelt wird. Warum ist das so unplausibel für die Neurobiologie? Wäre eine Entscheidung dagegen nichts als ein Bündel von tatsächlich auftretenden neuronalen Erregungszuständen, dann könnte von einem Können – auch von dem So-Können, wie man tatsächlich handelt, strenggenommen gar nicht mehr die Rede sein. Zwar gibt es ein solches Bündel von Erregungszuständen im Gehirn eines Menschen, der eine Entscheidung fällt; jedoch sind die Aspekte des Könnens, die mit einer Entscheidung einhergehen, nicht in dieses Bündel eingeschnürt, sondern vagieren über verschlungene Räume und Zeiten hinweg, wie ja auch unser Blick wirklich über die äußere Landschaft schweift, obwohl ein ähnliches Bündel in unserem Gehirn vorkommt. Könnte das Bündel denn wohl festlegen, was wir zu sehen bekommen?

2.) Ein weiterer für die Gedankenführung Singers wichtiger Punkt betrifft die Frage, wer oder was es ist, der oder das eine Entscheidung herbeiführt. Singer betont durchwegs, dies sei eben das Gehirn: Es entscheide, setze Prioritäten, belege die verschiedenen Faktoren mit Aufmerksamkeit oder nicht. Doch ist dies, wie schon Aristoteles tadelt, ein seltsamer Mißbrauch der Sprache, der für die Theorie nicht folgenlos bleibt. »Denn«, wie Aristoteles sagt,[1] »nicht die Seele ist zornig oder bedrückt oder denkt, so wenig wie sie webt oder ein Haus baut, sondern besser ist zu sagen, der Mensch tue dies kraft seiner Seele.« So muß man wohl für heutige Verhältnisse besser sagen: Der Mensch tut das meiste von dem, was er tut, kraft seines Gehirns. So wenig wie meine Hand jemanden ohrfeigt, sondern ich, so wenig entscheidet mein Gehirn, sondern ich. Das heißt freilich nicht, daß ich nicht allein mit der Hand Backenstreiche austeilen oder allein mit dem Gehirn denken könnte. Dadurch, daß ich mit dem Gehirn denke, denkt aber doch noch nicht das Gehirn statt meiner.[2] Allein Wolf Singer scheint hierin einen Gegensatz zu erkennen derart, daß neurologisch ungebildete Philosophen früher einmal gemeint hätten, »ein zentralistischer Dirigent« jenseits unseres Gehirns und unserer Nervenzellen verwalte gleichsam von übergeordneter Position aus dieselben und stehe insbesondere für alle freien Entscheidungen eines Menschen gerade, während der Mensch des Fleisches ganz den Prozessen der Natur überantwortet sei. Aber das ist doch wohl eher eine pseudo-cartesische Karikatur, gespeist aus allzu seichter Kritik an einem philosophischen Freiheitsbegriff, als eine ernstzunehmende philosophische These. Denn man fragt sich mit Recht sogleich, wie denn wohl ein solcher »immaterieller Dirigent« in uns seine Entscheidungen herbeiführt, wenn sie nicht wiederum durch irgend etwas schon Gegebenes festgelegt oder determiniert werden. Man könnte nicht undifferenziert antworten: durch sich (den Dirigenten) selbst, da dieses Selbst ja eben wiederum unterschiedlich sein müßte, je nachdem, zu welcher Entscheidung es findet.

3.) Worin aber sollte, wenn die Dinge sich so verhalten, dann noch ein Unterschied bestehen können zwischen dem Freien

1 *De anima* I 4, 408 b 7-15.

2 Zur fast unversieglichen Quelle solcher Kategorienfehler siehe Vf., »Die Grundlagen der Freiheit. Eine Einführung in das Leib-Seele-Problem«, in: *Philosophisches Jahrbuch* 111 (2004), S. 1-16.

und dem Unfreien? Beide Arten sind doch Teil der Wirklichkeit des betreffenden Organismus und somit durch dessen Funktionieren zustande gebracht. Wieso also sagen wir von manchen Tätigkeiten eines menschlichen Organismus, wie zum Beispiel vom Führen eines mathematischen Beweises, sie seien frei, von anderen dagegen, wie zum Beispiel Husten oder Schwitzen oder Träumen, sie seien unfrei? Auch der Neurobiologe, wie schon immer der normale Mensch und die meisten Philosophen, sagt, das liege daran, daß die freien Tätigkeiten nicht nur bewußt (wie Singer meint), sondern bei Bewußtsein auch bejaht (zustimmend beurteilt), also absichtlich oder gewollt seien, während die anderen, wie zum Beispiel das Träumen, zwar bewußt, aber nicht bejaht, oder aber, wie das Schwitzen, nicht einmal bewußt sind. Hier ist viel mehr Differenzierung vonnöten, als Singer in seinen Darlegungen anbietet: Etwas bewußt tun heißt, es *statt* und im Unterschied zu seinem Gegenteil zu tun; etwas bejahter Weise tun darüber hinaus, sich selbst zu diesem Tun zu verstehen. Hält man sich die Bedeutung solcher logischer Differenzierungen nur recht dabei vor Augen, mag man ruhig nochmals Wolf Singer zitieren: »Unterschiedlich sind lediglich die Herkunft der Variablen und die Art ihrer Verhandlung: Genetische Faktoren, frühe Prägungen, soziale Lernvorgänge und aktuelle Auslöser, zu denen auch Befehle, Wünsche und Argumente anderer zählen, wirken stets untrennbar zusammen und legen das Ergebnis fest.« – Möge ich vor allem von den guten Argumenten anderer determiniert werden! – Nur wenn man also berücksichtigt, wie sehr Verschiedenes ›zusammenwirken‹ und ›festlegen‹ bei alledem heißen kann, ist man gerne bereit, diesem pauschalen Satz seine Zustimmung zu geben: Denn durch *irgendwelche* Faktoren muß schließlich all unsere Tätigkeit festgelegt werden, sonst wäre sie ein Zufallsprodukt und nicht eine Entscheidung der Person. Hingegen ist die Fortsetzung des Gedankens von Singer sogar in mehrerlei Hinsicht korrekturbedürftig: »[...], gleich, ob sich Entscheidungen mehr unbewußten oder bewußten Motiven verdanken. Sie bestimmen gemeinsam die dynamischen Zustände der ›entscheidenden‹ Nervennetze.« Denn es ist erstens nicht so, daß es keinen Unterschied macht, ob Motive bewußte oder unbewußte Motive sind; die instinktive Ablehnung eines Gegenübers oder ›falsche Chemie‹ zwischen Personen ist etwas ganz anderes als der bewußte und absichtlich genährte Haß auf jemanden. Zweitens sind es eben nicht die »Nervennetze«, die entscheiden, wenn eine Person entscheidet. Und drittens ist nicht jede Festlegung einer sich aus den Motiven ergebenden Tätigkeit des Organismus überhaupt eine ›Entscheidung‹. Niemand entscheidet sich, zu träumen oder zu husten, obwohl in beiden Fällen natürlich das Gehirn eine große, um nicht zu sagen: entscheidende Rolle zu spielen hat.

Es ist also, um das Bisherige zusammenzufassen, jederzeit die *Qualität* der Motive, Bedürfnisse, Argumente, sozialen Prägungen etc. pp., die für die Zusprechung der Freiheit einer Tätigkeit ausschlaggebend ist, nicht aber die Frage, ob es überhaupt durch irgendwelche Determinationen dahin gekommen ist, daß jemand so handelt, wie er handelt.[3] Daß der Mensch, wenn er etwas kann, auch anders kann, bezieht sich, wie mein erstes Argument hervorhebt, nicht auf das schon Herbeigeführte, sondern allein auf das Ausstehende in seinem Handeln. Während nach dem zweiten Argument eine Entscheidung nicht deshalb frei genannt wird, weil sie nicht durch gewisse Faktoren so und nicht anders zustande kam, sondern weil die Art der beteiligten Faktoren von besonderer (nämlich genuin intellektueller) Qualität ist.

4.) Obwohl Singer bei der Enthüllung der neuronalen Determination und Erklärung der Freiheit zur Illusion sich durchwegs der erwähnten, fehlerhaft objektivierenden Rede bedient: ›das Gehirn selbst trifft Entscheidungen‹ und ›setzt Prioritäten‹ und ›belegt mit Aufmerksamkeit oder auch nicht‹ –, mündet er am Ende wieder in die normale Redeweise, nämlich da, wo es darum geht, daß wir uns gegenseitig für unsere Taten zur Rechenschaft ziehen. »Die Person als ganze würde« – auch nach getätigter Einsicht in die neuronale Desillusionierung der Freiheit – »nach wie vor für all das zur Rechenschaft gezogen, was

3 Näher zu dieser Frage vgl. Vf., »Libertarischer Kompatibilismus. Drei alternative Thesen auf dem Weg zu einem qualitativen Verständnis der menschlichen Freiheit«, in: F. Hermanni und P. Koslowski (Hg.), *Der freie und der unfreie Wille*, München 2004, S. 33-78.

sie fühlt, denkt und tut, und diese Beurteilung umfaßte unbewußte und bewußte Faktoren gleichermaßen.« Ich fordere aber, daß nur der oder dasjenige für böse Taten bestraft wird, wer oder was sie begangen hat: Haltet euch also an mein Gehirn, aber verschont mich! Wenn es jedoch nicht möglich ist, den Schuldigen zu bestrafen, ohne Unschuldige in Mitleidenschaft zu ziehen, muß von einer Bestrafung abgesehen werden.

So wenig ich als ganze Person für die von der Gesellschaft als schlecht angesehenen Entscheidungen meines Gehirns büßen möchte, so wenig mag mir einleuchten, daß Wolf Singer es zuläßt oder gar fordert, daß »die Gesellschaft« (der Gehirne?) auch mit der »differenzierten Sicht der Entscheidungsprozesse, zu der die neurobiologischen Erkenntnisse zwingen«, an ihren überkommenen Bewertungen unseres Verhaltens festhält. Denn wenn mein eigenes Urteil bei der Festlegung meiner Handlungen keine wirklich moralische Qualität besitzt, dann darf auch die Verurteilung dieses Handelns durch die Gesellschaft nicht mehr moralisch sein. Der Mangel an »angepaßtem Verhalten«, wie Singer es ausdrückt, darf doch nicht zur öffentlich gebilligten Quälerei eines Gehirnes einschließlich der damit verbundenen Person ausarten, sonst bekämen wir die fürchterlichsten Zustände, die leider viel zu vielen Beispielen der bisherigen und jüngstvergangenen Praxis entsprechen würden, jedoch keinerlei intellektuelle Handhabe mehr gegen sie böten.

Wenn wir also als ganze Menschen für unsere Taten büßen müssen, dann sollten wir sie auch als ganze Menschen begangen haben. Wenn aber dies zutrifft, dann kann der Mensch als ganzer noch lange ›frei‹ sein, sofern nur die Art der Determination seiner neuronalen Netzwerke diejenige ist, die es rechtfertigt, ihm (und nicht dem Gehirn) Freiheit zuzuschreiben. Und das wiederum ist die Determination, die Gehirnzellen beim Denken und Urteilen des Menschen haben, worin immer sie – neuronal betrachtet – auch bestehen mag. Es steht also doch nicht ganz so schlecht um die Freiheit des Menschen auch nach der Entdeckung, daß Gehirnprozesse von bestimmter Art sind und bestimmten Gesetzmäßigkeiten oder Mustern folgen. Wir wissen nicht genau, was eigentlich ein Gedanke oder ein Urteil ist, auch wenn wir inzwischen wissen, daß in ihrem Zuge jene neuronalen Erregungsmuster auftreten. Man kann aber nicht allen Dingen wahllos dieselben Eigenschaften zuerkennen. So haben Dreiecke keine Farbe, Kristalle keinen Stoffwechsel und Gehirne (mit Verlaub) keine Gedanken. Frei aber kann nur ein Wesen sein, das denken kann. Wenn die Einsichten der Neurobiologie, wie Singer sagt, die »Dichotomie einer Person in freie und unfreie Komponenten überwunden« hat, so ist aus dem Nichtvorhandensein einer freien Komponente namens ›Gehirn‹ noch lange nicht darauf zu schließen, daß auch die Person selbst nicht frei sein könnte. Sowenig wie eben aus dem Nichtvorhandensein einer denkenden Personkomponente in mir geschlossen werden könnte, daß ich gar nicht denke.

Dennoch ist es natürlich ganz richtig, daß, wie Singer schreibt, die Beurteilung des Handelns von Personen immer »unbewußte und bewußte Faktoren gleichermaßen« berücksichtigen muß. Denn die Person ist eine aus Fleisch und Blut und Gehirn etc., die alle nicht Gegenstände ihres persönlichen Bewußtseins sind. Ein wahres Geheimnis bleibt demgegenüber der Satz: »Diese Sichtweise trüge der trivialen Erkenntnis Rechnung, daß eine Person tat, was sie tat, weil sie im fraglichen Augenblick nicht anders konnte – denn sonst hätte sie anders gehandelt.« Ist es denn nach den Einsichten der Neurobiologie so, daß eine Person immer anders handelt, wenn sie nur anders handeln *kann*? Wie immer man eine solche Erkenntnis auch begründen mag, trivial wäre sie meines Erachtens nicht.

Eberhard Schockenhoff
Wir Phantomwesen. Über zerebrale Kategorienfehler

Eine Schule von Gehirnforschern verbindet mit der Entwicklung ihrer Wissenschaft die Hoffnung, eines Tages das menschliche Bewußtsein in seiner Entstehung und spontanen Tätigkeit vollständig »erklären« zu können. Ethisch relevante Handlungen, die wir in unserer Alltagssprache auf die rationale Selbststeuerung der Person und ihre moralische Verantwortung zurückführen, sollen in einer wissenschaftlich exakteren Beschreibungssprache als neuronale Ereignisse interpretiert werden, die zwar im Handelnden lokalisierbar sind, ihm aber nicht mehr in der Weise der verantwortlichen Urheberschaft zugeschrieben werden können.

Das Verhältnis der Person zu »ihren« Handlungen wird dabei in der Weise gedeutet, daß diese als Instanz sittlicher Verantwortung hinter dem »Ort« verschwindet, an dem die neurophysiologischen Prozesse ablaufen, die der Gehirnforschung empirisch zugänglich sind. Die Rede von der moralischen Verantwortung und vom freien Willen des Menschen soll als Illusion entlarvt werden, die uns unser Gehirn vorspiegelt. Während wir uns aufgrund dieser undurchschauten Selbsttäuschung einbilden, die Ausführung unserer Handlungen durch Willensentschluß selbst ins Werk zu setzen, verhält es sich tatsächlich genau umgekehrt. Sobald das Bereitschaftspotential zu solchen Handlungen aufgebaut ist, erfolgt ihre Auslösung durch einen Mechanismus, den wir uns selbst durch die ihn begleitende Willensäußerung nur sekundär zuschreiben.

Wie problematisch diese Überlegungen aus der Sicht einer systematischen Ethik sind, läßt sich anhand der erstmals von Plato entwickelten Unterscheidung von Ursachen und Gründen verdeutlichen, die für eine philosophische Handlungstheorie von grundlegender Bedeutung ist. Auf die Frage: »Warum floh Sokrates nicht aus dem Gefängnis?« sind zwei Arten von Antworten denkbar: Der erste Antworttypus (A) lautet: Weil seine Sehnen und Knochen sich nicht bewegten. Er fragt nach den Ursachen, welche die Tatsache, daß Sokrates nicht aus dem Gefängnis floh, wie ein beliebiges Ereignis in der physikalischen Welt erklären können.

Der zweite Typus (B) dagegen erforscht die Gründe, die Sokrates bewogen. In dieser Frageperspektive kann die Antwort heißen: Weil er den Gesetzen des Staates gehorchen wollte. Gründe »bestimmen« menschliche Handlungen, aber sie »verursachen« sie nicht. Was menschliche Handlungen von physikalischen Ereignissen unterscheidet, ist die Struktur ihrer Intentionalität. Menschen handeln um der Ziele willen, die sie durch ihr Handeln erreichen wollen. Ein erkanntes und bewußt gewähltes Ziel »verursacht« ihr Handeln jedoch nicht, denn es bleibt die Möglichkeit, auch anders zu handeln.

Wenn »Gründen« nur insofern Wirksamkeit im Handeln zugestanden wird, als sie mit wissenschaftlich erkennbaren »Ursachen« konvertibel sind, werden das Phänomen des Handelns und somit die Fragestellung der Ethik bereits durch die Wahl einer solchen wissenschaftlichen Beschreibungssprache eliminiert. Wollten wir auf die Frage, warum Sokrates nicht aus dem Gefängnis floh, antworten: weil sich in seinem Gehirn kein Bereitschaftspotential aufgebaut hatte, so wäre dies zweifellos ein erheblicher wissenschaftlicher Erkenntnisfortschritt gegenüber dem trivialen Hinweis auf die Mechanik des menschlichen Bewegungsapparates. Trotz ihres höheren wissenschaftlichen Elaborierungsgrades müßte eine solche Auskunft aber noch immer zu dem Antworttypus A gezählt werden, in dessen Geltungsbereich die Frage nach den Gründen, die Sokrates bestimmten, als sinnvolle Frage überhaupt nicht gestellt werden kann.

Das Programm eines naturalistischen Reduktionismus verdankt seine Attraktivität in hohem Maß dem Umstand, daß es grundlegenden methodologischen Prinzipien der modernen Naturwissenschaften zu entsprechen scheint. Hinzu kommt die tiefsitzende Überzeugung vieler Forscher vom nichtmetaphysischen oder gar ontologiefreien Charakter wissenschaftlicher Erklärungsversuche. Grundbegriffe der philosophischen Handlungstheorie wie Intentionalität, Absichtlichkeit und Zurechenbarkeit erscheinen ihnen als Überbleibsel einer antiquierten Metaphysik. Tatsächlich können aber auch die empirischen Deutungselemente neurowissenschaftlicher Theorien nur auf dem Hintergrund einer bestimmten metaphysischen Option verstanden werden. Diese legt sich in einer einfachen Setzung darauf fest, daß neuronalen »Ereignissen« ein höherer Realitätsgrad zugesprochen werden soll als den Absichten, handlungsleitenden Gründen oder frei gewählten Zielen menschlicher Akteure. Dabei handelt es sich keineswegs um eine neutrale Beschreibung der Wirklichkeit, sondern um eine verdinglichte Ontologie.

Neurowissenschaftliche Theorien wollen menschliche Handlungen als eine Unterart der Klasse natürlicher Ereignisse begreifen, ohne daß sie eine Erläuterung dafür geben, warum dies so ist. Durch diese Verschleierung ihrer eigenen Voraussetzungen bewegt sich die reduktionistische Erklärung menschlicher Handlungen, Überzeugungen und Zielsetzungen immer schon in zirkulären Annahmen. Die Eliminierung der subjektiven Perspektive des Handelnden und die Verfälschung der Wer-Frage (Wer handelt? – Antwort: Ich gehe spazieren; ich treffe Vorbereitungen zu einem Mord) zu einer reinen Was-Frage (Was geschieht? – Antwort: Es gibt ein Gehen in mir; in mir baut sich eine Bereitschaft zum Töten auf) sind nur möglich, wenn die Vorentscheidung zugunsten einer verdinglichten Ereignisontologie bereits gefallen ist. Phänomenologische Erklärungen bestehen auf einer subjektiven Weltperspektive und halten am Begriff der Intentionalität als Unterscheidungsmerkmal zwischen der physikalischen und der geistigen Welt fest. Sie können die Wirklichkeit menschlicher Handlungen besser erklären als reduktionistische Interpretationsmodelle.

Eine wissenschaftliche Theorie, die mentale Phänomene aus neuronalen Gegebenheiten erklären möchte, ist selbst ein mentales Phänomen, denn der Vorgang des wissenschaftlichen Erklärens spielt sich im Bewußtsein ab. Eine reduktive Theorie des Bewußtseins, die dessen Eigenständigkeit durch die Rückführung auf basale Vorgänge oder Ereignisse auflösen möchte, beruht auf einer Petitio principii. Das zu Erklärende (das menschliche Bewußtsein) wird im Vollzug des Erklärens (durch das Aufstellen einer reduktionistischen Theorie) als Bedingung seiner Möglichkeit bereits vorausgesetzt. Das Bewußtsein ist der Ausgangspunkt, nicht das Ergebnis des Erklärens; es kann daher auch nicht »wegerklärt« oder auf noch ursprünglichere Phänomene zurückgeführt werden. Eine wissenschaftliche Theorie, die einen solchen Versuch unternimmt, zerstört ihre eigenen Voraussetzungen. Sie endet in einem Selbstwiderspruch, da sie ihre notwendigen Entstehungsbedingungen nicht mitreflektiert, sondern nachträglich wieder aufhebt.

Hinter der Unmöglichkeit, eine eliminative Position widerspruchsfrei zu formulieren, verbirgt sich ein weiteres Problem. Überzeugungen sind offenbar, handle es sich dabei um solche moralischer, religiöser oder wissenschaftlicher Art, mentale Zustände komplexer Natur, die sich nicht in einer Punkt-zu-Punkt-Korrespondenz auf physikalische Basiszustände im Gehirn zurückführen lassen. Nach allen neurowissenschaftlichen Erkenntnissen, über die wir bis heute verfügen, sind auf der Ebene der neuronalen Netzverknüpfungen keine satzartigen Gebilde auszumachen, die mit den Gehalten unterschiedlicher Überzeugungen auch nur annäherungsweise korrespondieren.

Das Unterfangen, mentale Zustände wie moralische Wertüberzeugungen und theoretische Einstellungen zu zentralen Lebensproblemen, aber auch moralische Einzelphänomene wie individuelle Entscheidungen, Gewissensregungen oder die Empfindungen von Schuld und Scham auf neuronale Determinanten zurückzuführen, ist undurchführbar. Das wird offenkundig, sobald man über allgemeine Vermutungen hinaus Antwort auf präzise Fragestellungen erwartet.

Soll nur die Tatsache, daß wir überhaupt moralische Wertüberzeugungen vertreten, Entscheidungen fällen und Gewissensregungen verspüren, durch neuronale Vorgänge erklärbar sein? Müßte darüber hinaus nicht auch ihr intentionaler Gehalt, also der jeweilige Umstand, daß ich bestimmte, von anderen unterscheidbare ethische Grundüberzeugungen teile, auf seine jeweilige neurobiologische Basiskonfiguration zurückgeführt werden können? Wie ist es zu erklären, daß mein Gewissen gegenüber sozialer Ungerechtigkeit besonders empfindlich reagiert oder daß ich auf mein Versagen gegenüber manchen sittlichen Forderungen mit tiefer empfundener Beschämung als in anderen Fällen antworte? Falls dies gelten soll, stellt sich die Frage, wie es sich mit den physikalischen Substraten meiner Überzeugungen, Gewissenserlebnisse und Reuegefühle verhält, wenn ich aufgrund lebensgeschichtlicher Erfahrungen, milieubedingter Fremdeinflüsse – oder ganz einfach durch neue und bessere Argumente – zu ihrer Korrektur veranlaßt werde.

Mentale Begriffe wie Selbstbewußtsein, Ich und Geist oder die ethischen Postulate von Freiheit und Verantwortung lassen sich nicht als Phantomgebilde erklären, an denen wir nur noch aus sozialen Gründen festhalten. Sie beweisen ihren Realitätsgehalt vielmehr durch die Fähigkeit des Menschen, sich im Denken zu orientieren, sich selbst Handlungsziele zu setzen und seine Entschlüsse aufgrund besserer Einsicht zu revidieren. Sollte es den Neurobiologen, die uns als Phantomwesen entlarven wollen, jemals gelingen, einen eingefleischten Moralisten der alten Schule von der Richtigkeit ihrer neuen Theorie zu überzeugen, so könnten sie – grausame List der Vernunft! – eine solche Bekehrung auf der Basis ihrer hirnphysiologischen Annahmen gerade nicht erklären. Sie stünden fassungslos vor der Macht des Geistes, die in der inneren Freiheit des Konvertiten über ihre eigene physikalische Theorie triumphiert.

Reinhard Brandt
Ick bün all da. Ein neuronales Erregungsmuster

»Ick bün all da«, ruft der Igel dem Hasen zu, der rennt und rennt und am Ende immer auf den Igel trifft, der ihm zuvorkam. So sieht die neue Hirnforschung das Verhältnis zwischen Geist und den Zellen und ihren Synapsen im Gehirn: Der Geist rennt und rennt, und die Hirnzellen können genüßlich ausrufen: »Wie sünd all da!« Mit ihren raffinierten Horchgeräten und Kernspintomographen hören die Forscher das homerische Gelächter der Zellen über den verwirrten Geist und den Willen der Menschen, die sich frei und selbständig dünken und doch nur ausführen, was im grauen Netzwerk der Zellen zuvor festgelegt wurde. Der Geist gleicht der Fliege, die auf einem Wagenrad sitzt und sich einbildet, das Rad zu bewegen.

Was will man da noch sagen? Den hochmütigen Fliegen und dem kurzsichtigen Hasen zu Hilfe eilen? Die Freiheit gegen Max-Planck-Direktoren verteidigen? Mit dem Fuß aufstampfen und zeigen, daß man verdammt noch mal frei ist, nach rechts gehen kann und nach links, ganz wie man will und wie niemand vorhersagt? Wer die Freiheit verteidigt, endet sowieso meist kleinlaut mit dem Satz: »Freiheit ist die Einsicht in die Notwendigkeit« (man lese Chrysipp, Spinoza, Fichte), es mußte so kommen. Und das Gefühl der Freiheit, das unweigerlich unsere Entschlüsse und die ihnen folgenden Handlungen begleitet, auch dieses unvermeidliche Gefühl ist wohl nichts anderes als eine Illusion, die aus der Retrospektive auch meistens verschwindet: Man hätte damals eben doch nicht anders handeln können. Das Freiheitsgefühl scheint nur der blinde Fleck im Auge zu sein, der uns die determinierenden Ursachen nicht sehen läßt. Im übrigen verhalten wir uns grundsätzlich so, daß wir nicht an die Freiheit der Menschen glauben; wenn das freie Wahlvolk anders stimmt oder der freie Nachbar anders handelt, als erwartet, so fragen wir nach den Ursachen und Motiven wie beim Ausfall von Gas und Strom oder beim auffälligen Verhalten von Hunden und Katzen. Du hättest anders handeln können, das sagen wir bevorzugt, wenn es um Schuldzuweisungen geht, aber sonst sind wir »Deterministen«: Von dem und dem war nichts anderes zu erwarten; Sokrates lügt eben nicht, der kann nicht anders.

Daß wir unseren Alltag mit Täuschungen und Illusionen verbringen, läßt sich auch in anderen Kontexten zeigen. Wir meinen, daß wir sehen können, daß die Sonne kleiner ist als die Erde und genauso groß wie der Mond; aber schon die antike Astronomie belehrte die Menschen, daß die Sonne im Zentrum des Planetensystems steht und wesentlich größer ist als Erde und Mond zusammen. Also läßt sich mit Illusionen ganz gut leben; der Wissenschaftler deckt sie auf, ohne sie aufzuheben, und er wird in Kürze, so meint der Neurologe, auch erklären, wie die wissenschaftlich nicht haltbaren Illusionen in den vernetzten Zellen des Gehirns erzeugt und dem Geist, ihrem Schatten, übermittelt werden. Mit der Freiheit haben wir, so scheint es, schwache Karten gegen den Hirnforscher, der über Schuld und Unschuld Bescheid weiß, optimistisch in die Zukunft blickt und immer neue Drittmittel einfährt.

Aber es gibt eine Schwäche, mit der der Wissenschaftler nicht rechnet. Kehren wir noch einmal zu dem Igel und dem Hasen und dem Neurologen zurück. Außer den dreien gibt es einen vierten, den wir bisher nicht in Betracht gezogen haben, weil er nicht sichtbar ist und in der »Ick bün all da«-Geschichte und im Institut des Wissenschaftlers nicht vorkommt, weder als höriger Proband noch als freier Forscher. Der vierte sind wir, die über die drei reflektieren und dabei seltsame weitere Illusionen entdecken, deren Opfer nun nicht der Hase ist, sondern der Forscher selbst. Was sahen die Menschen vor dem antiken Kopernikus und nach ihm und der vorgeblich kopernikanischen Wende? Sie sahen und sehen immer dasselbe, ein intensives Helles in runder Form und stetiger Bewegung im Sehfeld, nicht weniger und nicht mehr – die Sonne kann man nicht sehen, sondern nur erkennen nach Mythen und Theorien, die richtig oder falsch sind. Wir können weder Türen noch Telefone, weder Sonnen noch Monde sehen, sondern nur aufgrund von sinnlichen Informationen und begrifflichen Konzepten erschließen und erkennen. Wir sehen Optisches, wir hören Akustisches, wir ertasten Haptisches – aber was das jeweils für Dinge sind, die wir da sehen und hören und ertasten, darüber können uns die Sinne nicht mehr belehren. Wir meinen, wir würden einen im Wasser gebrochenen Stab sehen, der dann doch gerade ist. Aber das ist eine Illusion des Skeptikers: Was wir völlig richtig sehen, ist eine graue gebrochene breitere Linie; daß es ein Stab ist, gar ein gebrochener Stab, dazu schweigt der Sehsinn pflichtgemäß, denn von Stäben weiß er nichts. Was ein Stab ist, sagt uns der Verstand.

Blickt der Neurologe ins Feld, so sieht er keinen Igel und keinen Hasen, sondern bestimmte Formen und Farben und Bewegungen, die er, ein igel- und hasengewohnter Abendländer, richtig erkennt. Vielleicht hielt er den Hasen zuerst für ein Kaninchen und ließ sich durch einen Spezialisten, etwa einen Jäger, dankbar korrigieren: *Sehen* läßt sich nicht, was ein Hase und was ein Kaninchen ist. Im Labor sieht er etwas Graues, das sich weich und feucht anfühlt und stumm ist; als wissenschaftlicher Spezialist erkennt er dieses Etwas als Gehirn; mit seinen Apparaten identifiziert er Synapsen und Zellen, immer im Zusammenspiel von Sinnesinformationen und hochspezialisierten Erkenntnisleistungen. Seine Berichte über die Ergebnisse verzerren, aber sie vereinfachen auch die Situation durch die Benutzung der schon genannten Illusion: Er tut so, als könnte er die Zellen als Zellen und die Vernetzungen als Vernetzungen *sehen* – davon kann zwar die Rede sein, der Sache nach ist diese Redeform jedoch unhaltbar: Zellen und Vernetzungen kann man so wenig sehen wie Telefone und Computer, Stäbe und Sonnen und Monde.

Hier könnte der Hirnphysiologe immer noch zustimmen, aber das eigentliche Problem kommt auch jetzt erst.

Bei der Beschreibung des Gehirns und seiner gern als dynamisch bezeichneten Prozesse, bei der Erklärung der Zellen und ihrer Vernetzungen benutzt der Neurologe ein höchst seltsames Vokabular. Er sagt etwa: »Alles Wissen, über das ein Gehirn verfügt, residiert in seiner funktionellen Architektur, in der spezifischen Verschaltung der vielen Milliarden Nervenzellen.« Der Laie weicht hier natürlich kilometerweit in Ehrfurcht schon vor den vielen Milliarden Zellen zurück, nicht aber wir, die Näheres wissen möchten über das Wissen und die Wissenschaft des Gehirns. Da verfügt ein Gehirn über Wissen, oder Wissenschaft? Das Wissen oder vielleicht auch die Wissenschaft residiert doch wohl in einer Residenz, die es aber nicht gibt, weil das Gehirn sich dezentralisiert hat und seine Prioritäten pluralistisch trifft. Lassen wir die Frage nach den politisch korrekten Metaphern beiseite, die nicht ernsthaft stören sollten, obwohl eine Durchforstung zu einem beträchtlichen Erkenntnisgewinn käme. Was uns in der Sache interessiert, das ist die alte Frage, die schon an die naiven Materialisten gerichtet wurde: Wie kommen die ahnungslosen nackten Atome dazu, bestimmte identische oder verschiedene Formen zu haben? Wie kommen sie zur Bildung von gleichartiger Masse? Sollten sie sich verständigen? Treffen sie auf gemeinsamen Versammlungen Prioritäten und fallen zuerst allesamt senkrecht hinunter, um sich irgendwann zu verheddern und in Wirbeln Welten zu bilden? Atome können, so die reflektierte Gegenposition, allein und gemeinsam nur *sein* und nur *erkannt* werden, wenn sie an Formen partizipieren, die ideeller Natur sind; das Eine und Viele, das Selbe und das Verschiedene, das Gerade und Ungerade und alle geometrischen Formen liegen der Sache nach aller Möglichkeit der Atome, der Moleküle und der Zellen und ihrer Interaktion zugrunde. Später wurde an dieser Stelle das transzendentale, formen- und gesetzgebende Subjekt eingeführt. Nur so oder ähnlich läßt sich aus der Perspektive des vierten von Gegenständen in der Natur und ihrer Verknüpfung sprechen. Etwas Ideelles oder Geistiges stiftet die genannten Bedingungen der *Seins-* und der *Erkenntnis*möglichkeit der Dinge, die man empirisch post festum vorfindet. So erst ist Objektivität möglich, so erst unterscheidet der Forscher zwei Zellen, weil sie unterschieden sind, und wir müssen nicht postmodern annehmen, daß sie deswegen unterschieden sind, weil der Forscher sie unterscheidet; weil sie vernetzt sind, spricht der Forscher von Vernetzung, aber sie sind nicht vernetzt, weil der Forscher sich das ausdenkt. Es sei noch ein weiterer Punkt genannt, der die so ermöglichte Natur (auch des Gehirns der Tiere und Menschen) einerseits und die Erkenntnis andererseits markiert: Jede mitteilbare wahre oder falsche Erkenntnis setzt sich aus Urteilen zusammen wie z. B. »Alles Wissen, über das ein Gehirn verfügt, residiert in seiner funktionellen Architektur«; ein Urteil ist im einfachsten Fall die Einheitsverknüpfung von Subjekt und Prädikat, wobei diese Verknüpfung notwendig entweder bejahend oder verneinend ist (hier also: »Nicht alles Wissen, [...]« oder »[...] residiert nicht in seiner Architektur«). Die Verneinung vereint Subjekt und Prädikat im Urteil und behauptet zugleich deren Trennung. Die gegen die Vorstellung vom Primat der Materie oder des Gehirns gegenüber dem Geist gerichtete These lautet: In keiner Gehirnzelle und in keiner Synapse hat man und wird man das Äquivalent eines Urteils, besonders keine Verneinung entdecken. Wer je im Gehirn eine Verneinung auffindet, dem verpfände ich alle Synapsen, die an dieser Zeile beteiligt sind (beim Milliardenaufkommen wird das ja zu verkraften sein). Solange eine Urteils- oder Erkenntnisbildung und besonders eine Verneinung nicht entdeckt wurden, läßt sich der Geist nicht auf noch so dynamische und demokratisch vernetzte Prozesse des Gehirns zurückführen. Sie bieten notwendige, aber keine hinreichenden Bedingungen für den Geist, der nein sagen kann und mit seinem ersten Nein ins Dasein sprang.

Dem Naturwissenschaftler wird der empirische Realismus gerne zugestanden; er kann und soll dann von Zellen und Vernetzungen sprechen, die es einfach so gibt und die sich mit zunehmender Differenzierung kausal erklären lassen, weil sie nun einmal kausaler Natur sind, wie es in allen einschlägigen Werken steht. Geht es jedoch um ontologische Prioritäten, um die Bedingungen der Möglichkeit des empirischen Realismus und die genaue Kompetenzbestimmung von Geist und Gehirn, dann wird ein anderes Feld betreten. Von ihm aus läßt sich rasch entdecken, daß es tatsächlich zwei Igel gab, die ihr Doppelspiel mit dem Hasen und dem Forscher trieben. Der eine (hier weichen wir vom Urtext der Fabel ein wenig ab), der eine brüstet sich in seinem Versteck: Man solle nur noch eine Zeitlang forschen, dann werde sich schon zeigen, daß die bewegenden, dynamischen Kräfte der Hirnzellen und ihre prozessualen Vernetzungen alles Unbewußtsein und Bewußtsein, alles Wissen, auch das Wissen des Wissens und das Fühlen und das Wollen enthalten und daß sich der Geist komplett aus ihnen dynamisch und prozessual entwickelt hat, eine Spät- und Schattengeburt aus den Milliarden Kopulationen unter den Zellen. Der andere Igel (oder Igelin) gibt dagegen zu, ohne den Geist überhaupt nichts zu wissen, selbst daß sie zwei seien, verdankten sie ihm. Danach verlor sich das Gespräch mit ihnen in der Frage, was es nun eigentlich mit der Freiheit und der Schuld auf sich hat und welche Basis es für die Rechtsprechung gibt.

Otfried Höffe
Der entlarvte Ruck. Was sagt Kant den Gehirnforschern?

Früher waren es Sozialwissenschaftler, neuerdings sind es Hirnforscher, die einen Kardinalbegriff der Moderne, die Freiheit, zur Täuschung erklären. Im Namen eines zweiten Kardinalbegriffs, der Aufklärung, rücken sie dem ersten Kardinalbegriff zu Leibe. Wie der Untertitel eines Zeitungsessays behauptet, »Die Hirnforschung befreit von Illusionen«, erkennen sie von der Freiheit nur den faktitiven Rest an: die Freiheit als Emanzipation.

Als Beleg gelten Experimente des Verhaltensphysiologen Benjamin Libet aus dem Jahr 1985 und später der Neuropsychologen Patrick Haggard und Martin Eimer. Eigentlich wollte Libet die Existenz der Willensfreiheit experimentell aufzeigen und untersuchte zu diesem Zweck das willkürliche Auslösen minimaler Bewegungen. Von der autonomen Macht des Geistes überzeugt, erwartete er, daß dem Beginn der Prozesse im Gehirn, dem Aufbau eines sogenannten Bereitschaftspotentials, ein »Willensruck« vorausgehe: Tatsächlich stellte sich das Nichterwartete heraus: Dem Willensruck ging schon ein elektrisches Potential, das Bereitschaftspotential, voraus. Nun fügt sich dieses Ergebnis nahtlos in eine Fülle weiterer neurologischer Erkenntnisse ein: Vor dem Beginn von Handlungen laufen im Gehirn Prozesse ab, die vom Handelnden dann als »willentlich selbst verursacht« berichtet werden. Infolgedessen – behaupten Hirnforscher wie Gerhard Roth und Wolf Singer – habe der Mensch weder Freiheit noch Verantwortung, und der für das Strafrecht wesentliche Begriff der Schuldfähigkeit verliere sein Recht.

Wie würde der bedeutendste Freiheitstheoretiker der Neuzeit, Immanuel Kant, reagieren? Zweifellos nicht mit Abwehr, sondern mit Neugier, sogar mit doppelter Neugier, zunächst mit der Neugier des Naturwissenschaftlers, erst dann der des Philosophen. Denn Kant – dürfen wir nicht vergessen – studiert zunächst mehr die Naturwissenschaften, namentlich Newtonsche Physik. Sein Leben lang hält er naturwissenschaftliche Vorlesungen. Er liefert sogar beachtliche Forschungsbeiträge, etwa zur Erklärung der Passat- und Monsunwinde oder zu den Saturnringen und Nebelsternen. Und nach der Devise »Gebt mir nur Materie, ich will euch eine Welt daraus bauen« (*Naturgeschichte*, Akademie-Ausgabe Bd. I, S. 229) entwirft er eine Theorie der Weltentstehung, eine wissenschaftliche Kosmogonie, die in einer wichtigen Hinsicht sogar dem Vorbild neuzeitlicher Physik, Isaak Newton, überlegen ist. Denn sie macht sich von jenem göttlichen Nachbessern frei, das Newton, um einen Kollaps im Sonnensystem zu vermeiden, noch postulierte. Nicht Newton, sondern erst Kant verdanken wir eine rein säkulare, theologiefreie Kosmogonie.

Selbst mit seiner zweiten, philosophischen Neugier schlägt sich Kant nicht etwa auf die Seite des angeblichen Konkurrenten der Naturforschung, der Geisteswissenschaften. Er denkt vielmehr über die Grundlagen beider Bereiche nach, wobei er der Naturforschung einen beträchtlichen Vorrang einräumt. In diese Grundlagenneugier mischen sich nun Rückfragen ein, die ebenfalls den Rang von Aufklärung haben. Sie klären aber über Voraussetzungen von Aufklärung auf, gehören also zu einer reflexiven Aufklärung, die die große Philosophie seit je auszeichnet.

Eine erste Rückfrage gilt der Tragweite des Experiments. Sie setzt bei den Grundbegriffen »Ursache« beziehungsweise »Kausalität« und Wille beziehungsweise »Willensfreiheit« an. Eine Generation vor Kants erstem Hauptwerk, der *Kritik der reinen Vernunft*, hatte der Schotte David Hume den Kausalitätsgedanken in Zweifel gezogen und statt dessen von einer Gewohnheit gesprochen und von der Regelmäßigkeit, mit der beispielsweise auf Schnee Kälte folge. In der *Kritik der reinen Vernunft*, ihrem zweiten Teil, der »Analytik«, zeigt Kant gegen Hume, daß man eine beobachtbare Veränderung, eine Ereignisfolge, gar nicht als objektiv erkennen kann, es sei denn, man setzt etwas nicht Beobachtbares voraus. Wer erkennen will, daß die Abfolge: erst Schnee, danach Kälte, oder bei Libet: erst Bereitschaftspotential, danach Willensruck, nicht nur in seiner subjektiven Phantasie, sondern auch in der objektiven Welt stattfinde, der setzt dreierlei voraus. Erstens behauptet er eine zeitliche Abfolge: »erst Bereitschaftspotential, danach Willensruck«; zweitens behauptet er deren Nichtumkehrbarkeit: nicht erst Willensruck, danach Bereitschaftspotential; und zum Zweck der Nichtumkehrbarkeit setzt er drittens ein Deswegen voraus: Der Willensruck findet statt, *weil* zuvor ein Bereitschaftspotential aufgebaut wurde. Wer eine Ereignisfolge als objektiv behauptet, setzt – so Kant – eine Ursache-Wirkungs-Beziehung, mithin die Kausalität, voraus.

Kant hätte sich daher für das Libet-Experiment nicht bloß interessiert; er wäre über das Ergebnis nicht einmal überrascht. Um den Willensruck als ein objektives Ereignis zu erkennen, muß man nämlich ein vorangehendes Ereignis als dessen Ursache annehmen. Diese Notwendigkeit scheint freilich die Freiheit samt Moral als unmöglich zu entlarven. Im dritten Teil seiner *Kritik der reinen Vernunft*, der »Dialektik«, entpuppt sich dieser Anschein als ein veritabler Schein. Darin liegt eine Aufklärung über Aufklärung: Kant entlarvt die angebliche Entlarvung der Freiheit als eine Illusion.

Das zuständige Lehrstück, die Dritte Antinomie, konstatiert zunächst zwei grundlegend verschiedene Gesetzmäßigkeiten: kausalitätsgeprägte Gesetze der Natur und die fürs Handeln zuständigen Gesetze der Freiheit. Sodann stellt es deren frontalen Gegensatz fest, der schließlich, in einem dritten Argumentationsschritt, aufgelöst wird: Kant gibt dem Kritiker der Freiheit insofern recht, als jedes Ereignis, einschließlich jeder Handlung, sich auf Ursachen hinterfragen läßt. Man kann weder die Ursachenfrage von sich weisen noch deren Nichtbeantwortbarkeit belegen. Folglich ist jedes Ereignis potentiell determiniert. Wer aus diesem *methodischen* Determinismus aber jenen *dogmatischen* Determinismus ableitet, der die Freiheit für unmöglich erklärt, unterschlägt eine methodische Einschränkung: Ereignisse sind nur soweit determiniert, wie »man sich im Umkreis möglicher Erfahrung bewegt«. Außerhalb der Erfahrung dagegen bleibt die Freiheit zumindest denkmöglich, was eine erste Zwischenbilanz ergibt: Manche Hirnforscher nehmen Deutungen vor, die durch die (übrigens nicht ganz) unstrittigen[1] Beobachtungen nicht unstrittig gedeckt sind.

Diese philosophische Zwischenbilanz läßt sich noch durch einzelwissenschaftliche Aussagen bekräftigen. In seiner Neugier auf die Naturforschung der Zeit würde Kant nicht bloß die stolzen Aufklärungsthesen einiger Hirnforscher, sondern auch die skeptischen Einwände anderer Wissenschaftler rezipieren: daß nur weniges im Gehirn direkt beobachtbar, das meiste dagegen erst zu deuten ist; daß die Deutung das Gehirn als ganzes und nicht bloß die Orte maximale Aktivität zu erfassen hat, zumal so anerkannte Wissenschaften wie die Mathematik und Physik dynamische Prozesse über ein Fixpunktverhalten aufschlüsseln, so daß, hirnphysiologisch, »Orte des Schweigens« wichtig sind; oder daß die Experimente Kurzvorgänge betreffen, fast alle psychischen Prozesse langzeitig sind, Entschlüsse beispielsweise Jahre zu ihrer Entwicklung brauchen können.

Mit der ersten Zwischenbilanz, der bloßen Denkmöglichkeit von Freiheit, gibt sich Kant nicht zufrieden. Er wendet sich auch der Wirklichkeit zu, klärt aber zuvor den Begriff: Der Ausdruck »Freiheit« hat nämlich wie die meisten Leitwörter unseres Lebens viele Bedeutungen. Der Grund liegt nicht in einer Ungenauigkeit der Sprache oder der Sprecher, sondern in der Vieldeutigkeit der Welt. Nach der ersten Bedeutung findet sich eine elementare Freiheit schon bei Kleinkindern, sogar bei Tieren und Pflanzen, selbst bei Steinen. Im ersten, bescheidensten Sinn heißt nämlich eine Bewegung frei, die wie der freie Fall nicht von außen gehemmt ist. Daran schließt sich eine zweite Bedeutung an, ein (auch subhumanes) Handeln, das nicht aus äußerem Zwang erfolgt, sondern vom Handelnden selbst ausgeht: Wird jemand so stark gestoßen, daß er fällt, so ist der Stoßende frei, der Fallende aber nicht. Zur anspruchsvolleren dritten Bedeutung gehört ein Wissen. In Sophokles' Tragödie erschlägt der Titelheld Ödipus freiwillig einen Menschen, aber unfreiwillig seinen Vater.

Wo man nicht aus Zwang agiert, zusätzlich mit Wissen,

1 Es gibt sowohl methodische als auch inhaltliche Einwände.

spricht Kant von Willkür. Je nach deren Antriebsart unterscheidet er verschiedene Stufen,[2] denen drei Stufen der Freiheit entsprechen: die technische, auf irgendeinen Zweck bezogene Freiheit, die pragmatische, im Dienst des eigenen Wohlergehens bestehende Freiheit, schließlich die moralische Freiheit.

Die für Kant entscheidende Willensfreiheit, die vielzitierte Autonomie des Willens, besteht nicht in irgendeiner Selbstbestimmung, sondern einer Selbstbestimmung dieser höchsten, dritten Stufe. Kant versteht unter dem Willen die Fähigkeit, sein Handeln an der Vorstellung gewisser Gesetze auszurichten. Frei ist dieser Wille, sofern er sich das Gesetz (Nomos) selbst gibt. Da »selbst« auf griechisch »autor« heißt, spricht Kant von Auto-nomie. Schon auf den niederen Freiheitsstufen folgt man einem Gesetz, das aber nicht aus dem Willen selbst stammt, sondern von woanders herkommt, weshalb Heteronomie vorliegt. Die Frage der Willensfreiheit entscheidet sich jedenfalls nicht – wie im Libet-Experiment – an einer »atomaren« Handlung, sondern an der Art des zugrundeliegenden Gesetzes. Da sich aber weder das Libet-Experiment noch dessen Verbesserungen, vielleicht auch Korrekturen mit ihm befassen, ist ihnen – so eine weitere Zwischenbilanz – rein thematisch die Willensfreiheit entzogen.

Ohne jeden moralisierenden Unterton bestimmt sich die Moral nach Kant als die nicht mehr steigerbare, als die absolute Höchstform des Guten. Erst ihr entspricht der philosophische Begriff von Willensfreiheit. Nicht in einem Willensruck besteht sie, sondern in dem Umstand, daß der Wille keinem fremden, sondern dem eigenen Gesetz folgt.

Daß dem Menschen diese Möglichkeit tatsächlich offensteht, erläutert Kant an einem überzeugenden Gedankenexperiment: Angenommen, jemand wird »unter Androhung der unverzögerten Todesstrafe« aufgefordert, »ein falsches Zeugnis wider einen ehrlichen Mann ... abzulegen, ob er da, so groß auch seine Liebe zum Leben sein mag, sie wohl zu überwinden für möglich halte. Ob er es tun würde, oder nicht, wird er viel-

2 *Kritik der reinen Vernunft*, 2. Aufl. [= B] 561f. mit 830 und 833ff.; vgl. Höffe, *Kants Kritik der reinen Vernunft*, München [2]2004, S. 251ff.

leicht sich nicht getrauen zu versichern, daß es ihm aber möglich sei, muß er ohne Bedenken einräumen.«[3]

Daß man um eines Vorteiles, vor allem des Überlebens willen einmal unmoralisch handelt und beispielsweise lügt, wird jeder für möglich halten. Ebenso hält er es aber für möglich, die Lüge zu verweigern. Daher fährt Kant fort: »Er urteilt also, daß er etwas kann, darum, weil er sich bewußt ist, daß er es soll, und erkennt in sich die Freiheit, die ihm sonst ohne das moralische Gesetz unbekannt geblieben wäre.«

Ob die Hirnforschung für diese Art Freiheit, die wirkliche Willensfreiheit, ein *experimentum crucis*, eine entscheidende Frage formulieren kann, weiß ich nicht. Mit der dem Menschen angeborenen Wißbegier bleibe ich neugierig, freilich auch skeptisch. Denn wie will man die Welt des Sollens mit Einsichten aus der Welt des Seins aus den Angeln heben? Solange man lediglich die Libet-Haggar-Eimer-Experimente anführt, dürfen wir jedenfalls Kant folgen und die Moral samt Willensfreiheit zumindest in einer ersten Stufe für real halten. Und wo man sich durch Erziehung und Selbsterziehung die Haltung der Ehrlichkeit erwirbt, insofern sich die volle Wirklichkeit der Moral zu eigen macht, deshalb selbst in schwieriger Lage ehrlich bleibt und ebenso hilfsbereit oder couragiert, dort zeigen Moral und Willensfreiheit ihre Realität.

3 *Kritik der praktischen Vernunft*, § 6, Anmerkung.

Hans-Peter Krüger
Die neurobiologische Naturalisierung reflexiver Innerlichkeit

Wir leben in der westlichen Tradition des Christentums, seiner Reformierung und Säkularisierung in einem merkwürdigen Schisma von kulturell habitualisierten Erwartungen. Einerseits suchen wir, in einer reflexiven Rückbeugung aus dem individuellen Bewußtsein heraus auf unser Inneres zu uns selbst zu kommen. Dort, in diesem Inneren, sei etwas Seelenhaftes. In anderen Kulturen kann das Seelenhafte im Sinne eines mental Belebten überhaupt nicht verortet oder auch im Äußeren verortet werden, weshalb ihnen die Anschauung des und Teilhabe am dort Lebendigen viel wichtiger als die Rückbeugung ins Innere ist. Wir indessen sind es gewohnt, unsere Individualität als Resultat der nach innen gerichteten Reflexion zu verstehen, mithin als eine Innerlichkeit auszuzeichnen, die entsprechend gerichteten Bewußtseinsaufwand erfordert. Andererseits verdanken wir den Aufstieg dieser – zunächst ohnmächtig gekehrten – Haltung zur global vorherrschenden Kultur einer – im Kulturenvergleich – auffälligen Entzauberung der äußeren Welt. In ihr mag es noch symbolisch Reste für Epiphanien des Göttlichen geben, aber diese Offenbarung erfordert – von den Kirchen bis zu den Künsten – einen institutionell gestützten Interpretationsaufwand, der im Gefolge der Säkularisierung immer weiter an die Peripherie geschoben wird. Die äußere Welt wird, durchaus passend zur Beseelung der inneren, einer fortschreitenden Entseelung ausgeliefert, die sie der Manipulation und Instrumentierung zum strategischen Gebrauch für die Zwecke aller Seelen freistellt. Dieser Rückzug ins Innere mit der Freigabe des Äußeren entbindet enorme Lebensenergien zu ihrer ökonomischen und wissenschaftlich-technischen Bewährung im Äußeren.

Nun herrscht aber nirgendwo größere Unsicherheit als in

der Beantwortung der Frage, wo und wie die Grenze zwischen innerer und äußerer Welt verlaufe. Diese Frage fällt unter den gelebten Voraussetzungen zusammen mit dem Gegensatz zwischen dem seelenhaft Belebtem (Innerlichkeit) und dem möglichst nach Regeln oder Gesetzen Beherrschbarem (Äußerlichkeit). Hat man diese – keineswegs unproblematische – Identifikation zweier verschiedener Gegensatzpaare über nun viele Jahrhunderte habitualisiert, liegen noch immer die darin üblichen Fragen nahe: Wie kommt man aus dem Inneren des reflexiv erzeugten Individualbewußtseins heraus zu der Annahme anderer individueller Selbstbewußtseine, die einem doch offenbar äußerlich sind? Und wie kommt man aus der im Äußeren erfolgreichen oder erfolglosen Bewährung wieder zu sich ins Innere? – Diese Frage schien noch halbwegs beantwortbar zu sein, solange man für die Grenzziehung eine Glaubenssubstanz als das Dritte in Anspruch nehmen konnte, von dem her und zu dem hin der Unterschied zwischen äußerer und innerer Welt in einen Zusammenhang gebracht wurde. Aber diese christliche Auslegung der »Mitwelt« (Helmuth Plessner) unterlag selbst Schismen und mündete in die Institutionalisierung einer »dünnen Moral« (Michael Walzer).

In der westlichen Kulturtradition stellte die Hirnforschung zunächst ein schreckliches Faszinosum dar, eine gleichsam teuflisch attraktive Inversion des Sakralen, des für heilig Gehaltenen. Sie bedurfte zunächst des Verborgenen und des Bündnisses mit Mächten, um doch institutionell betrieben werden zu können. Sie profitierte historisch von Kolonialisierten, Kriminalisierten, von Kriegsverwundeten und Unfallopfern, von bereits aus dem Menschenkreis anderweitig Ausgeschlossenen oder demnächst von ihr selber Auszuschließenden als ihren Gegenständen. Denn sie behandelt ausgerechnet das Innere als Äußeres und provoziert so in dieser Kultur die Gefahr, daß womöglich der letzte Rückzugsposten des Selbstseins im Inneren auch noch veräußert werde. Wer in ihr Fadenkreuz gerät, hat die profane Grenze seiner Zugehörigkeit zum Leben der Seelen bereits verlassen oder soeben wieder in Apparaturen erreicht. Von ihren Hirntodkriterien hängen längst die Zuschreibungen personaler Rechtsträgerschaft und des Rechtsgutes »Leben«

ab. Noch heute vergeht kaum ein Interview eines Hirnforschers, in dem dieser nicht gefragt wird, ob er denn dort – im Inneren des Gehirnes – keinem Anhaltspunkt für Seelisches begegnet sei. Seine verneinende Antwort wird inzwischen öffentlich um so leichter tolerierbar sein, als er nicht alle Konsequenzen aus ihr zieht.

In der neurobiologischen Hirnforschung wirkt säkularisiert noch viel christliche Hermeneutik nach, insofern sie den hermeneutischen Zirkel der privilegierten Innerlichkeit in den hermeneutischen Zirkel des Gehirnes transformiert. Gerhard Roth versucht, im Unterschied zu anderen Perspektiven »Aus der Sicht des Gehirns« (2003) zu *sprechen*, was das Gehirn selber in unserer Lebensführung nicht tut. Er will »Das Gehirn und seine Wirklichkeit« (1997) zur Sprache bringen. Was wir alle als Prädikate in den äußeren Verhaltungen zueinander kennen, nämlich als »Fühlen, Denken, Handeln«, soll von innen her unter der Frage thematisiert werden, »Wie das Gehirn unser Verhalten steuert« (2001). Roth fragt sich daher selbst: »Worüber dürfen Hirnforscher reden – und in welcher Weise?«[1] Wolf Singer versteht unter dem Beobachter nicht nur Wissenschaftler im Labor oder Mediziner am Krankenbett. Es geht ihm um den »Beobachter im Gehirn« (2002). Im Hinblick auf diesen Beobachter *im* Gehirn, den Singer auch das »innere Auge« nennt, ergebe sich die Frage nach einem »neuen Menschenbild« (2003). Man könne zwar die phänomenologische »Selbsterfahrung und neurobiologische Fremdbeschreibung« als »zwei konfliktträchtige Erkenntnisquellen« ansehen. Aber insofern beide vom Gehirn ermöglicht werden, unterlägen wir der »Zirkularität«, daß das Gehirn sowohl das Erklärende (Explanans) als auch das der Erklärung Bedürftige (Explanandum) in einem sei.[2] – Wie kommen nur die Beobachtungs- und Erklärungsleistungen, die Wissenschaftler untereinander nach Methoden und Theorien in ihrer Community erbringen, in das Gehirn hinein? Handelt es sich hier nur um eine metaphorische Übertragung, die in eine hermeneutische Konfusion führt: Dann träte an die

1 Vgl. in: ebenda S. 223-234.
2 Vgl. in: ebenda S. 235.

alte Stelle der Seele nunmehr das Gehirn. Oder ermöglicht diese hermeneutische Vorverlegung des Beobachtens und Erklärens aus den Interaktionen der Wissenschaftler heraus in das Gehirn hinein auch heuristisch neue Beobachtungs- und Erklärungsleistungen? Wie können wir in dem, was die Neurobiologen behaupten, zwischen ihrem Verstehen und ihrem Erklären unterscheiden? Was teilen sie in unserer westlichen Kultur mit uns an einem Vorverständnis, ohne dieses zu problematisieren? Laufen sie womöglich Gefahr, das hermeneutische Vorurteil vom Primat reflexiver Innerlichkeit durch seine neurobiologische Naturalisierung nochmals zu verfestigen?

Die verallgemeinernden Urteile aus der Hirnforschung beruhen methodisch auf Korrelaten zwischen den – dank vor allem non-invasiver Meßmethoden – am Gehirn gemessenen neuronalen Aktivitäten einerseits und dem gleichzeitig von außen beobachteten Verhalten der Probanden andererseits. Die Beobachtung dieses Verhaltens von außen erfolgt auch unter Einschluß von Daten aus der aktualen Selbstbeobachtung der Probanden (Patienten), deren ich-bewußtes Selbsterleben so (zum Beispiel in aktual korrelierenden Wahrnehmungsexperimenten) Eingang in die Verhaltensbeschreibung und darüber vermittelt in die Korrelatbestimmung findet. Was ich seit langem als die kognitive Leistung der neurobiologischen Hirnforschung anerkenne, sind ihre empirisch-methodischen Nachweise für das Paradigma der selbstreferenziellen Funktionsweise des Gehirnes.[3] Im Unterschied zu den sogenannten »radikalen Konstruktivisten« (etwa Maturana) geht es in der neueren Hirnforschung weder vorwiegend *spekulativ* zu noch *ausschließlich* um eine bestimmte Art und Weise von selbstreferenzieller Systembildung, hier: des einzelnen Gehirnes. Da diese erfahrungswissenschaftliche, sowohl paradigmatische als auch empirische Leistung vorliegt, müssen ihre philosophischen Grenzfragen und Kritiken ernst genommen werden. Dank des neuen Paradigmas besteht meines Erachtens empirisch inzwischen kein Zweifel mehr daran, *daß die neuronalen Aktivitäten der Großhirnrinde struktural und funktional auf*

3 Vgl. H.-P. Krüger, *Perspektivenwechsel*, Berlin 1993, I. Teil.

einer »Selbstbeschäftigung« untereinander, unter den sogenannten »Meta-Repräsentationen« in ihrer räumlichen und zeitlichen Verteilung, beruhen, statt nur »Repräsentationen« aus den sensorischen Organen auf die motorischen Organe gleichsam umzurechnen. Ohne die selbstreferenzielle Funktionsweise des Gehirnes gäbe es nicht die für menschliche Lebewesen charakteristische Plastizität in ihrer vergleichsweise problematischen (weder instinktsicheren noch einfach reflexbedingten) Verhaltensbildung. Letztere weist sowohl kulturgeschichtlich eine enorme Variabilität als auch aktual eine enorme Bandbreite an für »gesund« bzw. »pathologisch« gehaltenen Verhaltensformen auf.

Im Sinne des grammatischen Subjekts von Sätzen tritt in der Hirnforschung unvermeidlich das Gehirn (die Zustände seiner Areale und Funktionen) als das Subjekt auf. Man darf jedoch die grammatische Subjekt-Position nicht mit ihrer semantischen Auslegung als Subjekt verwechseln, am allerwenigsten mit der in unserer Kultur geläufigen Semantik für das Subjekt als einem reflexiven Bewußtsein. In der Sprache der Hirnforschung sollen die genannten Korrelationen (zwischen Hirn- und Verhaltensaktivitäten) so bedeutbar und meßbar gemacht werden, daß von innen nach außen eine kausale Erklärungsrichtung zustande kommt. Dies führt nur in einer *starken Lesart zu einem naturalistischen Fehlschluß, wenn nämlich einseitig die Verhaltensaktivitäten nur noch als kausal ableitbare Epiphänomene der Hirnaktivitäten gelten*. Aber die genannten reflektierten Autoren der Hirnforschung vertreten auch schwache Lesarten der Korrelationen, die so Wechselwirkungen und indirekte Kopplungen verschiedener Systeme und Emergenzen einschließen. *Es gibt bei ihnen stärker als den naturalistischen Fehlschluß umgekehrt die hermeneutische Vorprojektion von etwas, das nur in der wissenschaftlichen Praktik selbst vorkommt, in die interne Funktionsweise des Gehirnes.* Die kausalen Erklärungsrichtungen werden in der Forschung erst schrittweise aus vorgängigen, metaphorisch entworfenen Verstehensrichtungen der Korrelation herausgearbeitet. Erfahrungswissenschaftliche *Forschungs*praktiken sind selbst *Verstehens*praktiken, in denen sich die lösbaren *Erklärungs*aufgaben erst im Maße der methodenabhängigen Darstellung reproduzierbarer Resultate ausdifferenzieren lassen.

Die bisherigen philosophischen Stellungnahmen unterscheiden nicht klar in dem Zusammenhang zwischen den naturalistischen Fehlschlüssen, den hermeneutischen Projektionen und den wirklich neuen Erklärungsleistungen der neurobiologischen Hirnforschung. Was die neuere Hirnforschung im Hirn entdeckt, ist letztlich gerade keine hierarchische und primär identitär operierende Funktionsweise des Gehirnes, obgleich es solche Momente in ihr gibt. Das Gehirn fungiert zwar als Zentrum des Organismus, nicht aber in sich wie ein hierarchisch-identitäres Gesamtzentrum von funktionsspezifischen Zentren. Es entspricht struktur-funktional keinem Bild, das man sich über Jahrhunderte von einem altsouveränen Herrscher (etwa auf Hobbes' »Leviathan«) gemacht hat. Es erinnert insbesondere auch nicht mehr an die monologischen Modelle der Selbstbeherrschung durch Selbstbewußtsein gegenüber dem Gegenstands- oder Aufmerkungsbewußtsein. Für ein hierarchisch-identitär aufgefaßtes Subjekt gibt es keine strukturell entscheidenden Hirnkorrelate, weshalb dieses alte Subjekt zu Recht von der Hirnforschung als soziokulturelles Konstrukt problematisiert wird.

Aber diese Problematisierung des alten Subjekts kann falsch verstanden werden, wenn sie in der starken, d. h. kausal einseitigen Lesart zur Leugnung des Eigenlebens soziokultureller Konstrukte führt, statt nach einem geschichtlich angemesseneren Spielraum für die Korrelationen zwischen den Hirnpotentialen und den Verhaltenspotentialen zu fragen. Sobald Roth nicht nur die schwache, sondern starke Lesart der Korrelationen vertritt, gerät er in den folgenden Selbstwiderspruch. Er bejaht dann einerseits das Freiheits*gefühl* als eine rational erklärbare Erlebensnotwendigkeit von Illusion. Gleichzeitig schränkt er andererseits die *rationale* Freiheit des Subjektes auf eine Bedeutung ein, die kausal nicht oder nur indirekt – über emotional bewegende Interaktionen – wirkt. Aus dieser gleichzeitigen Bejahung und Einschränkung folgt ein Problem für die eigene Forschung und deren Anwendungen als selber soziokultureller Praktiken. Die eigene neurobiologisch rationale Erklärung mag wahr sein, aber sie wäre als solche – laut Roths eigener Position – nicht nur kausal wirkungsarm (Wirkung im Sinne der Korrelation emotional-limbisch), sondern auch ein hirnphysiologisch determiniertes Freiheitsgefühl. Nehmen wir weiter an, Roth hätte für menschliche Individuen kognitiv recht mit seinem neurobiologischen »Plädoyer für einen *Individualismus*«, der zur selbstreferenziellen Funktionsweise des Gehirnes paßt, dann entstünde doch die folgende Frage: Wie kann zwischen seinem diskursiv-kognitiv erhobenen Wahrheitsanspruch, seinem dabei persönlich erlebten Freiheitsgefühl und beider kausaler Wirkungsarmut *für andere soziokulturell* unterschieden werden? Zumindest in wissenschaftsförmigen Praktiken sollte doch die empirische Bewährung des Wahrheitsanspruches zum Selektionskriterium erhoben werden! Viele Soziologen würden hier von einer institutionellen Wirksamkeit reden, und die meisten Philosophen würden sie an sprachlich-mentale (»geistige«) Kriterien binden wollen, welche beide – institutionell und sprachlich-mental – die Interaktionen der beteiligten Individuen überschreiten und sogar generationenübergreifend überdauern können müssen. *Gerade diese soziokulturelle Institutionalisierung diskursiver Mentalität, die dank der Schriftsprache ein semiotisch-kommunikatives Eigenleben gegenüber Individuen und ihren Generationen gewinnt, fehlt anderen Primaten.*

Wenn man wie Roth und die meisten angelsächsischen Neurophilosophen, damit »Geist mit empirischen Methoden untersucht werden kann«, diesen »auf *individuell erlebbare Zustände*« einschränkt »und alle denkbaren religiösen und sonstigen überindividuellen geistigen Zustände«[4] unberücksichtigt läßt, dann kommt man bestenfalls an das aktuale Selbstbewußtsein heran, nicht aber an die Spezifik geistiger Phänomene, die andere Konzepte, Methoden und damit auch andere Empirien erfordert. So ist es zum Beispiel für die soziokulturelle Evolution der menschlichen Spezies gravierend, daß es zu einer externen Emanzipation von individuell hirninternen Gedächtnis-

4 G. Roth, *Das Gehirn und seine Wirklichkeit*, Frankfurt am Main 1997, S. 272.

kapazitäten durch Monumente und Dokumente, Archive und weltweite Networks kommt. Auch die Hirnforschung selbst lebt von dieser weltweiten Emanzipation in ihrer empirischen Einlösung argumentativer Geltungsansprüche, die von anderer Ordnung als aktuale Bewußtseinszustände sind. Es ist zunächst einfach Faktum, daß keine anderen Primaten als die Menschen so etwas wie ein World Trade Center errichten und zerstören können. Das schaffen keine Schimpansen, weder im Guten noch im Schlechten. Dieses Beispiel möge zeigen, daß es für die Anerkennung der Spezifik geistiger Phänomene nicht nötig ist, ein ontologisches Geistprinzip außerhalb der natürlichen Welt anzunehmen. Insoweit stimme ich mit Roths und Singers Kritik am Dualismus überein. Soziokulturelle Phänomene liegen nicht außerhalb, sondern innerhalb der Möglichkeiten, die in Naturgesetzen beschrieben werden. Sowohl Aufbau als auch Zerstörung des Centers hatten das Gravitationsgesetz einzuhalten. Aber daraus folgt nicht, daß die soziokulturelle Bedeutung des Aufbaus und der Zerstörung in ihrer Spezifik, darunter auch im Hinblick auf ihre Kriegsfolgen, aus dem Gravitationsgesetz erklärt werden könnte.

Das kritische Problem besteht demnach also *nicht* darin, daß das Subjekt in dem Sinne sprachlich-mental ist, als es *überhaupt* den soziokulturellen Charakter hat, auch als Konstrukt in der kulturellen Evolution und als Zuschreibung in der sozialen Realität zu fungieren. Kurz gesagt: Ohne strukturelle Kopplung zwischen »Subjekt« (bewußtem Erleben) und »Geist« (soziokulturelle Position in der Ausübung sprachlich-selbstreferenzieller Mentalität) überhaupt gibt es keine spezifisch menschlichen Lebewesen. Kritisch wird erst die Frage, welche *bestimmten* soziokulturellen Interpretationen (Mentalitäten) besser oder schlechter zum Erlebenssubjekt passen, ihm gar widersprechen. Da das Subjekt (das Bewußtsein, das sich als subjektiv erlebt) entwicklungspsychologisch objektiviert werden kann, worin die neurobiologische Erklärung den korrelierenden Part für einzelne Gehirne übernimmt, komme es, so Singer, nur »indirekt«[5] zum Konflikt mit anderen soziokulturellen In-

5 Ebenda S. 62.

terpretationen des Subjekts als Konstrukt und Zuschreibung (»Geist«). Ich habe mit Singers *indirekter Vergleichsweise der funktionalen Äquivalente für die Selbstreferenz in den verschiedenen, füreinander emergenten Phänomengruppen* grundsätzlich keine Schwierigkeit, ja, ich halte sie für eine *paradigmatische Brücke in die Philosophische Anthropologie*.

Aber wie kommt nun bei Singer der Beobachter *ins* Gehirn? Es gibt im Großhirn *Meta*repräsentationen, die etwas anderes als Repräsentationen sind, das heißt anderes als Relationen, die auf chemische oder elektrische Weise die aus den Sinnesorganen kommenden Relationen so verarbeiten, daß motorische Organe verhaltensbildend anschließen können. Ich verstehe, daß es innerhalb der neuronalen Korrelate für Verhalten um ein echtes Problem der Relationierung zwischen *Meta*repräsentationen (der selbstreferenziellen Funktionsweise, topologisch vorgestellt anhand der Großhirnrinde) und *Repräsen*tationen (also verhaltenswirksamen Kopplungen zwischen Sensorik und Motorik, topologisch vorgestellt anhand der anderen Hirne im Gesamthirn) handelt. Ich halte es auch für philosophisch kompatibel und empirisch äußerst plausibel, das Bewußtsein schon in diesem Korrelatkontext als »Eigensignal« des Gehirnes an sich selbst (Roth) und als eine aktual synchronisierende Selbstunterscheidung von seinem Grundrauschen (Singer) zu thematisieren.

Offenbar weist das Relationierungsproblem zwischen Metarepräsentationen und Repräsentationen eine Ähnlichkeit mit dem alten geistes- und bewußtseinsphilosophischen Problem der Reflexion auf. Und dies könnte verständlich werden lassen, warum es für Singer zum Einfallstor der obengenannten hermeneutischen Projektionen wird. Ich halte letztere in dem *Forschungs*kontext von Entdeckungen für heuristisch unvermeidlich, nicht aber in der differenzierten Begründung für die Reproduzierbarkeit der Phänomene im Kontext ihrer *Darstellung*. Der Darstellungskontext muß sie klar unterscheidbar machen von anderen und anders reproduzierbaren Darstellungskontexten. Anderenfalls entsteht eine *hermeneutische Konfusion* zwischen den verschiedenen Phänomengruppen, die doch Singer selbst unterscheidet. Für diese Unterscheidung empfiehlt es sich, die in unserer Kulturtradition beliebteste Metapher, die *Reflexion* im Sinne einer nach innen rückbezüglichen Spiegelung, zugunsten eines jeden der vielen Kontexte von Selbstreferenz aufzulösen und neu zu fassen. Dabei darf hinter das von Singer erreichte Niveau, mindestens zwischen fünf emergenten Phänomengruppen unterscheiden zu müssen, nicht zurückgefallen werden, ja, muß philosophisch gesehen noch die Selbstreferenz der Sprache in ihrem institutionell-kommunikativem Eigenleben gesteigert werden.

Sowohl in Singers als auch in Roths Schriften schwingt mir noch zu viel von unserer alten Kultursemantik mit, nämlich eine enorme Hochschätzung für die Innenwelt als den Hort aller Reflexion, bei beiden natürlich gebrochen durch einen wissenschaftlichen Abstand. Wenn die von beiden Autoren auf das Gehirn übertragenen Metaphern im wörtlichen Sinne wahr wären, dann wäre jedes Verhalten im Lebenskreis wenn nicht überflüssig, mindestens aber nur ein Epiphänomen. So übernimmt bei Singer das Gehirn wortwörtlich gesehen die Aufgaben der *scientific community*, indem es Hypothesen generiert, überprüft und korrigiert, obgleich wohl nur Rückkopplungen spezifischer Schwingungsmuster in Netze neuronaler Relationen (also Korrelate) gemeint sein können.[6] Auch bei Roth schwingt ein gewisser Stolz mit, der auf die selbstreferenziellen Errungenschaften im gesamten Hirninneren, wenn er einerseits gegen die behavioristischen Hypothesen über die Außendetermination des Verhaltens anschreibt und andererseits die rationalistischen Überforderungen des Subjekts durch Geistiges, die ebenfalls, wenngleich anders von außen kommen, kritisiert,[7] als ob gleichsam die Seele im limbischen System und dessen herrlichen Rückkopplungsschleifen läge. Dies alles kann ja nicht für die *scientific communities* als argumentativer Geltungsanspruch erhoben werden, weil es dann die konzeptionell tragende Ausgangsfrage nach den Korrelaten gar nicht mehr gäbe.

6 Vgl. W. Singer, *Der Beobachter im Gehirn*, Frankfurt am Main 2002, S. 96, 109.

7 Vgl. G. Roth, *Fühlen, Denken, Handeln*, Frankfurt am Main 2001, S. 452f.

Roth und Singer fordern gegen den alten Dualismus von Natur- oder Geisteswissenschaft zu Recht, Geisteswissenschaften mögen nicht nur Verstehenskünste ausbilden, sondern auch Erklärungsleistungen vollbringen. Aber das Umgekehrte gilt in der Überwindung dieses anachronistischen Gegensatzes eben auch: Die neurobiologischen Forschungspraktiken sind Verstehenspraktiken, die das von ihnen selbst nicht kontrollierte Vorverständnis nicht mit ihrer Erklärungsleistung verwechseln sollten. Sie partizipieren, ihrer soziokulturellen Semantik nach betrachtet, noch immer an der Privilegierung der Reflexion aufs Innerliche. *Was früher – hermeneutisch gesehen – im Namen der Seele vorgetragen wurde, wird es heute im Namen des Gehirns.* Die Markierung des Primats zugunsten reflexiver Innerlichkeit hat sich nicht geändert, wohl aber das methodische Verfahren. Ich sehe den provozierenden Unterschied, der in der *Naturalisierung des hermeneutischen Vorverständnisses* liegt, aber auch die mentale Kontinuität in der Säkularisierung des Christentums und in der Teilnahme am Wettlauf im anthropologischen Kreis (Foucault), weshalb die neurobiologische Provokation medial die Wellen hochschlagen lassen kann. Kündigt man indessen das hermeneutische Primat reflexiver Innerlichkeit, das neurobiologisch nun im Gehirn naturalisiert wird, auf, wird man frei zur *Anerkennung vieler, auf verschiedene Weise selbstreferenzieller Phänomengruppen, deren Korrelationen sich geschichtlich ändern*. Da man nun nicht mehr die *Selbstreferenz des Gehirnes* mit der *des Lebens überhaupt, des Erlebens-Subjektes, der Sprache überhaupt und der soziokulturellen Mentalität* verwechseln oder die eine als Epiphänomen auf die andere zurückführen muß, entstehen endlich die von der Philosophischen Anthropologie anvisierten Forschungsperspektiven.

Lutz Wingert
Gründe zählen. Über einige Schwierigkeiten des Bionaturalismus[1]

»Freiheit ist jene kleine Bewegung, die aus einem völlig [...] bedingten Wesen einen Menschen macht, der nicht in allem das darstellt, was von seinem Bedingtsein herrührt. So wird aus Jean Genet ein Dichter, obwohl er ganz dazu bedingt war, ein Dieb zu werden.«[2]

Jean-Paul Sartre, von dem diese Sätze stammen, meinte mit dem »Bedingtsein« soziale Faktoren; beispielsweise – wie Genet – ein Findelkind zu sein, das unter der Vormundschaft einer seelenlosen Sozialbürokratie steht, bettelarm zu sein und von klein auf mit sozialer Verachtung gestraft zu werden. Sartre dachte nicht an biologisch beschreibbare Faktoren, die einen Menschen in seinem Verhalten so festlegen, daß kein Raum für Freiheit und Verantwortlichkeit besteht. Dazu war er zu naturvergessen. Aber auch mit mehr Sinn und Kenntnis der (Neuro-)Biologie hätte er wohl seine common-sense-konforme These aufrechterhalten: Gewöhnlich haben – erwachsene und gesunde – Menschen einen Handlungsspielraum, der Platz für Freiheit und Verantwortlichkeit läßt.

1 Eine auch von der Redaktion gekürzte Fassung dieses Textes ist im Feuilleton der *Frankfurter Allgemeinen Zeitung* vom 12. 1. 2004 unter dem redaktionellen Titel »Mein Ärger verraucht. Wie weit führt das Ticket der Hirnforschung?« erschienen. – Für hilfreiche Diskussionen zu diesem Text danke ich Jürgen Habermas und Karin Wördemann. Das Thema ist Teil der Agenda einer von mir geleiteten Forschungsgruppe zum Naturalismus am Kulturwissenschaftlichen Institut Essen. Den ständigen Mitgliedern der Arbeitsgruppe Matthias Kettner, Eva Neumann-Held und Louise-Röska Hardy sei für viele Anregungen und nützliche Diskussionen gedankt.

2 Jean-Paul Sartre, »Sartre über Sartre. Ein Interview« (1969), in: ders., *Das Imaginäre* (1940), Reinbek 1971, S. 13.

Folgt man Naturwissenschaftlern wie Gerhard Roth, Wolf Singer oder Wolfgang Prinz, dann hat Sartre unrecht. »Wir sind determiniert«, so Gerhard Roth.[3] Unser Handeln und Urteilen ist fixiert durch organische Prozesse, über deren Wirkung wir als bewußt Urteilende und Handelnde keine Kontrolle haben.

Wenn das so wäre, dann hätten wir nicht bloß für den Begriff der Schuld, sondern auch für den Begriff des Verdienstes, also eines Anspruchs kraft Leistung, keine legitime Verwendung mehr. Denn die »Lotterie der Natur« (John Rawls)[4] wäre ebenso die Ursache für eine positive wie für eine negative »schicksalhafte Entwicklung« (Wolf Singer).[5] Wir müßten zwar nicht aufhören, Lob zu zollen, Tadel zu erteilen oder Strafen zu verhängen. Aber wir müßten aufhören, diese reaktive Praxis mit dem anfechtbaren Anspruch fortzusetzen, jemand erfahre zu Recht Zustimmung, Tadel oder Strafe, weil er etwas getan hat, was sein Verdienst oder seine Schuld gewesen ist. Unsere reaktive Praxis müßte deshalb nicht haltlos werden. Sie ließe sich immer noch unter Verweis auf nützliche Anreiz- und Präventionseffekte begründen. Nützlichkeitserwägungen, auch über funktionale Äquivalente für die etablierten Prämierungs- und Sanktionierungspraktiken, wären nach wie vor am Platz. Nur die Rede von Recht und Unrecht nicht. Vorhaltungen nein, Ritalin ja – wenn denn die Nebenwirkungen dieses Amphetamins nicht schädlich sind.

Es braucht nicht viel soziale Phantasie, um zu sehen, daß sich

3 Vgl. diesen Band S. 218. Ausführlicher vgl. Roth, *Aus Sicht des Gehirns*, Frankfurt am Main 2003, insbes. Kap. 6, 9 und 10; ders., *Fühlen, Denken, Handeln. Wie das Gehirn unser Verhalten steuert*, überarb. Neuausgabe Frankfurt am Main 2003; ders., »Worüber dürfen Hirnforscher reden – und in welcher Weise?«, in: *Deutsche Zeitschrift für Philosophie* Bd. 52 (2004), S. 223-234, in diesem Band ab Seite 66.

4 Rawls, *Eine Theorie der Gerechtigkeit* (1971), Frankfurt am Main 1975, S. 94; »natural lottery« im amerikanischen Original: *A Theory of Justice*, new edition, Cambridge, Mass., 1999, S. 64.

5 Singer, »Verschaltungen legen uns fest«, in diesem Band ab S. 30. Ausführlicher ders., »*Conditio humana* aus neurobiologischer Perspektive«, in: Norbert Elsner (Hg.), *Was ist der Mensch?*, Göttingen 2002; ders., *Ein neues Menschenbild? Gespräche über Hirnforschung*, Frankfurt am Main 2003.

mit der praktisch wirksamen Zustimmung zu einem biologisch und psychologisch begründeten Determinismus unser sozialer Umgang und seine rechtliche Organisation erheblich ändern würden. Aber nicht nur das. Es würde sich auch unser Selbstverständnis als Urheber unserer Handlungen und Urteile ändern.

Folgt man einer deterministischen Auffassung, dann entpuppen wir uns keineswegs als Marionetten. Mit ihr wird nicht bestritten, daß wir als hochentwickelte Lebewesen eine gewisse, freilich Kant ferne, natürliche Autonomie besitzen: Unser Verhalten ist nicht stets reflexhaft, und es ist nicht durchweg stimulusgebunden. Vielmehr wird es von endogenen Prozessen des Organismus gesteuert, die kognitive und bewertende Funktionen erfüllen.

Die Urheberschaft, die mit dieser Autonomie verbunden ist, hat die Bedeutung der kausalen Verantwortlichkeit eines Organismus für sein Verhalten. Das erschöpft aber nicht den Sinn, in dem wir uns als Urheber unserer Handlungen und Urteile verstehen. Zu diesem Sinn gehört ein Einstehen für die Handlungen und Urteile, die je unsere sind. Welchen Sinn hätte es aber zu sagen: »Ich stehe für meine Dopaminausschüttung ein«? Dieses Element der Urheberschaft verschwände mit der deterministischen Auffassung. – Was stützt eine solche Auffassung?

Ein Argument baut auf den oft zitierten Experimenten von Benjamin Libet, Patrick Haggard und Martin Eimer auf.[6] Nach diesen Experimenten lag der bewußte, spontane Entschluß der Testpersonen später als der Zeitpunkt, ab dem neuronale Prozesse zur Ausführung eines willkürmotorischen Ablaufs wie dem des gezielten Tastendrückens einsetzten. Also kann die

6 B. Libet, »Unconscious cerebral initiative and the role of conscious sensory experience«, in: *Behavioral and Brain Sciences* 8 (1985), S. 529-566; ders., »Subjective Antedating of a Sensory Experience and Mind-Brain-Theories: Reply to Honderich« (1984), in: *Journal of theoretical Biology* 114 (1985), S 563-570; ders., »Do We have a Free Will?«, in: *Journal of Consciousness Studies* 6 (1999), S. 47-57, in diesem Band in deutscher Übersetzung ab Seite 268, und jetzt: *Mind Time. The Temporal Factor in Consciousness*, Cambridge, Mass., 2004. P. Haggard/M. Eimer, »On the relation between brain potentials and the awareness of voluntary movements«, in: *Experimental Brain Research* 126 (1999), S. 128-133.

Handlung des Tastendrückens nicht frei gewesen sein. Denn Handlungen – das ist die obere Prämisse – sind Körperbewegungen, die von bewußten, spontanen Entschlüssen verursacht werden.

Die deterministische Schlußfolgerung wird von den experimentellen Befunden aber nicht gedeckt. Eine Entscheidung ist kein bloßer Ruck. Das ist zu Recht immer wieder bemerkt worden.[7] Die Entscheidung ist auch ein Wählen und Zurückweisen. Wenn man sich für eine Handlung entscheidet, dann weist man deren Unterlassung zurück. Unterlassung ist aber mehr als blockierte Dopaminausschüttung. Zum Handeln gehört ein Urteil: »Es ist (jetzt) besser, das und das zu tun, als es zu unterlassen.« Die Probanden von Libet & Co. hatten allerdings keine Hinsicht, unter der es ihnen besser erschien, diese oder jene Taste zu drücken. Deshalb mußten sie im Labor Handlungen simulieren. Ihre nichtsimulierte Handlung war, den Aufforderungen des Laborleiters Folge zu leisten. Und dazu hatten sie sich lange vor ihrem Tastendrücken entschieden. So betrachtet gleichen die im Labor ausgeführten willkürmotorischen Bewegungen dem Sprung des Tormanns beim Elfmeter, der schon vor dem bewußten Registrieren des Torschusses zu reagieren beginnt. Sie sind nicht weniger freiwillig als die habitualisierte Parade eines geübten und warmgeschossenen Torwarts.

Die Entscheidung der Probanden, den Aufforderungen der Versuchsleiter zu folgen, fiel gewiß nicht vom Himmel. Aber daß dieses Faktum eine deterministische Schlußfolgerung stützt, setzt eine unplausible Freiheitsauffassung voraus. Man könnte sie das Würfelwurfmodell der Freiheit nennen: Frei bin ich, wenn ich auch anders handeln könnte – gesetzt den Fall, ich wollte nur anders. Das frei Gewollte ist wie ein Würfelwurf. Der Wurf könnte so ausfallen – ich könnte das wollen. Der Wurf könnte aber auch so ausfallen – ich könnte auch jenes wollen. Und je nachdem, wie die Würfel fallen, je nachdem, was mein Wille zufälligerweise gerade ist, so handele ich eben – wenn ich frei bin. Der freie Mensch hat keinen festlegenden

7 Vgl. z. B. Henrik Walter, *Neurophilosophie der Willensfreiheit*, Paderborn 1998, S. 307; John Searle, *Rationality in Action*, Cambridge, Mass., 2001, S. 289ff.

Grund, zu wollen, was er will. Dieses Würfelwurfmodell der Freiheit führt dazu, den freien Willen als ein unbeschriebenes Blatt zu denken. Kein Wunder, daß man ein solches Blatt nicht findet.

Befreit man sich von diesem Bild der Freiheit, dann kann man Freiheit als Fähigkeit zur Selbstbindung im Handeln durch Gründe verstehen. Frei ist man in seinem Tun, wenn man auch anders handeln könnte, gesetzt den Fall, man hätte einen Grund dafür, anders zu handeln. Da ein rechtfertigender Grund mit einem Urteil seiner Anerkennungswürdigkeit verbunden ist, bindet er nicht blind. Denn Urteile stoßen uns nicht zu, sondern werden von uns gefällt.[8] Damit ist gemeint, daß ich für den Anspruch einstehe, daß es sich tatsächlich so verhält, wie von mir behauptet; oder daß es tatsächlich (für mich) besser ist, das und das zu tun, als es zu unterlassen. Dieses Einstehen gegenüber anderen ist gemeint, wenn man betont sagt: »*Ich* behaupte das und das«, aber auch, wenn man sagt: »*Du* hast so und so entschieden; *du* hast so und so gehandelt.«

Mit diesem »Ich«-Sagen wird nicht auf eine homunculusartige Instanz namens »Ich« Bezug genommen, der keine physischen Prädikate zukommen. Vielmehr wird damit ausgedrückt, daß der Sprecher eine Reihe von ziemlich anspruchsvollen Dingen tut: Er setzt sein Urteil und seine Bewertung zu Wahrheitsbedingungen bzw. zu Normen und Wertmaßstäben in Beziehung. Und er unterscheidet zwischen dem Erfülltsein dieser Bedingungen und Anforderungen einerseits und seinem Urteilen, Entscheiden und Tun andererseits; er unterscheidet zwischen sich und der sozialen und natürlichen Welt. Wenn man, wie Neurobiologen es oft tun, sagt: »Das Gehirn urteilt und entscheidet«, dann müßte im Fall der Herstellung eines Wahrheitsbezugs gezeigt werden können, wie neuronale Prozesse einen fehlbaren Anspruch erheben, das heißt, wie sie irren können. Es müßte also der Schritt von Korrelationen zu Fehlrepräsentationen einsichtig gemacht werden. Das hat niemand

8 Vgl. hierzu auch Thomas Nagel, »Relativismus und Vernunft«, in: Matthias Vogel/Lutz Wingert (Hg.), *Wissen zwischen Entdeckung und Konstruktion. Erkenntnistheoretische Kontroversen*, Frankfurt am Main 2003, sowie die Einleitung dazu.

geleistet. Überdies wird in den aufwendigsten Versuchen zur Naturalisierung des Wahrheitsbezugs nicht mehr vom Gehirn, sondern vom Organismus mit einer nichtdeterministischen evolutionären Geschichte ausgegangen.[9] Auch mit Blick auf die sogenannten unbewußten Wertungen des limbischen Systems gilt, daß bewußte Bewertungen im Einzugsbereich von Gründen nicht überflüssig werden. Denn natürliche Funktionen als biologische Bewertungsmaßstäbe sagen uns nicht hinlänglich, was wir tun sollen. Das zeigt sich schon an den bioethischen Fragen, ob wir biologische Wachstumsprozesse funktional umwidmen sollen.

Andere Argumente für den Determinismus führen zum Beispiel »Konfabulierungen« bei Split-brain-Patienten, gutgläubige Selbsttäuschungen über die kausale Urheberschaft von Bewegungen des eigenen Körpers oder die Täuschungseffekte von maskierten Reizen an. Sie sollen die generelle These stützen: Gründe sind mitlaufende, rationalisierende Kommentare eines naturhaft-deterministischen Handlungsgeschehens. Die Belege reichen aber dafür nicht aus. Ich mag mich über den rücksichtslos rempelnden Passanten auf der Bahnhofstreppe ärgern. Bisweilen jedoch verraucht mein Ärger und verstummt mein Lospoltern, wenn ich erkenne, daß er extrem kurzsichtig ist. Ein Grund (»Er kann nichts dafür«) ändert mein Handeln. Gründe sind nicht immer bloß sozialverträgliche Rationalisierungen, die keine Rolle im Handeln spielen. Sie zählen. Und sie erklären in vielen Fällen am besten den Erfolg und Mißerfolg unserer Handlungen.

Aber nicht nur in unseren lebensweltlichen psychologischen Erklärungen nehmen wir Gründe ernst. Auch die Hirnforscher

9 Vgl. z. B Ruth Millikan, *Language, Thought and Other Biological Categories. New Foundations of Realism*, Cambridge, Mass., 1984; Fred Dretske, »Norms, History, and the Constitution of the Mind«, in: ders., *Perception, Knowledge and Belief. Selected Essays*, Cambridge 2000; Wolfgang Detel, »Teleosemantik. Ein neuer Blick auf den Geist?«, in: *Deutsche Zeitschrift für Philosophie* 201 (49), S. 465-491; ders., »Haben Frösche und Sumpfmenschen Gedanken? Einige Probleme der Teleosemantik«, in: ebd., 49 (2001), S. 601-626; Andrew Ariew/Robert Cummins/Mark Perlman (Hg.), *Functions. New Essays in the Philosophy of Psychology and Biology*, Cambridge, Mass., 2002.

und Psychologen im Labor kommen nicht umhin, Gründe zum Teil für bare Münze zu nehmen. Sie müssen nämlich die Handlungen, Gedanken und zum Teil die objektbezogenen Emotionen ihrer Patienten und Testpersonen bereits identifiziert haben, um dann die neuronalen Gegenstücke dieser kognitiven und wertenden Aktivitäten ausfindig machen zu können. Der umgekehrte Weg von den Aktivitätsmustern der Nervenzellpopulationen hin zu Handlungen oder Gedanken reicht nur zu der grobkörnigen Feststellung, *daß* die untersuchte Person etwas denkt oder tut. Er führt nicht zu der Angabe, *was* gedacht oder getan wird. Um das zu wissen, muß man Gründe kennen, die einen Gedanken oder eine Handlung zu spezifizieren erlauben. Wenn man nicht weiß, *worum willen* jemand sich so und so bewegt, kann man die zu einer bestimmten Handlung zugehörige Bewegungseinheit gar nicht ›sehen‹. Man wüßte gar nicht, daß zum Beispiel das Kopfkratzen und Weiterreden nicht zu der simplen Aktion gehört, die mit einem koordiniertem Griff nach der Wasserflasche im Korb vollzogen wird.

Die Unvermeidlichkeit des Rückgriffs auf ein lebensweltlich-kognitives Vokabular ist aber nicht bloß der nötige Griff nach einer Leiter, mit deren Hilfe man die neurobiologische Beschreibungsebene erreicht. Wenn das so wäre, könnte man von dieser Ebene aus dann alles Zurückliegende, die Gründe inklusive, doch unter eine neurobiologische Beschreibung bringen.[10] Doch das stimmt nicht. Unter einer solchen Beschreibung müßten die Eigenschaften von Gründen neuronal realisierten Eigenschaften entsprechen. Das ist jedoch nicht der Fall. Gründe sind Antworten in Reaktion auf zweifelnde Fragen, was man für wahr halten oder was man tun soll. Die Beantwortung solcher Fragen ist die Funktion von Gründen. Zur Erfüllung dieser Funktion müssen sie Wünsche, Absichten und Überzeugungen in Verbindung setzen mit deren Wahrheits- und Erfüllungsbedingungen in der Welt. Ohne die Eigenschaft, einen Bezug auf solche Gültigkeitsbedingungen herzustellen, würden Gründe ihre Aufgabe nicht erfüllen. Neuronale Zu-

10 So Ansgar Beckermann, *Schließt biologischer Determinismus Freiheit aus?*, MS 2002.

stände haben diesen Gültigkeitsbezug aber nicht. Sie können ihresgleichen nicht zu etwas von ihnen Verschiedenem in semantische Beziehungen bringen; also in Beziehungen des Erfüllens von Bedingungen für die Realisierung von Absichten und von Bedingungen für die Wahrheit von Überzeugungen. Die chemische Verbindung Acetylcholin hat keine semantischen Eigenschaften. Deshalb klappt die Neubeschreibung beispielsweise von Gründen im Neurojargon nicht. Es gibt keine durchweg neurophysiologischen funktionalen Äquivalente für Gründe und für die mit ihnen verbundenen Abwägungsprozesse. Aus diesem Grund kann man auch nicht, wie Singer es gelegentlich tut, Begriffe wie »Kongruenz unter Argumenten« oder »Kohärenz« auf neuronale Prozesse anwenden. Das Sprachspiel der Gründe, zu dem ein Freiheitsspielraum der Selbstbindung gehört, ist nicht ohne Funktionsverlust in ein neurobiologisches Vokabular übersetzbar.

Soll man diese Unübersetzbarkeit damit erklären, daß viele Zustände und Vorgänge in unserem Organismus unserem Bewußtsein prinzipiell entzogen sind? In der Konsequenz einer solchen Erklärung wäre das Bewußtsein der Freiheit, das uns bei einem Handeln aus vermeintlich rechtfertigenden Gründen begleitet, nur die Kehrseite einer Unwissenheit; der Unwissenheit darüber, was uns determiniert.[11]

In dieser Erklärung wird aber die Unwissenheit, die hier im Spiel ist, mißverstanden. Ab und an wenigstens stellen sich uns Soll-Fragen und müssen wir zu ihnen Stellung nehmen. Dieses Erfordernis einer Stellungnahme hat mit einer Unwissenheit zu tun, die die Kehrseite der begrenzten Unabhängigkeit unseres Denkens von der Realität ist. Neurobiologen erklären die Möglichkeit einer solchen Unabhängigkeit damit, daß das menschliche Gehirn überwiegend mit interner Erregungsverarbeitung beschäftigt ist. Unser Denken über die Welt ist ein ziemliches Stück weit von der Welt losgelöst. Deshalb kann es sein, daß wir in dem, was wir über die Welt denken, nicht entsprechend den jeweiligen Weltzuständen variieren. Das heißt, wir können uns

11 So argumentiert Björn Burkhardt, »First-person understanding of action in criminal law«, in: Sabine Maasen/Wolfgang Prinz/Gerhard Roth (Hg.), *Voluntary Action. Brains, Minds, and Sociality*, Oxford 2003.

über die Welt und über uns als Teil von ihr täuschen. Mit dem Bewußtsein unserer Irrtumsanfälligkeit besteht für uns ein Bedarf nach Vergewisserung. Gründe sollen diesen Bedarf dekken, indem sie Realitäten aufspüren helfen, die von unserem Denken unabhängig sind.[12]

Die Absage an das naturalistische Vorhaben, unser kognitives Vokabular komplett zu neurobiologisieren, erklärt sich nicht aus unserem Unvermögen, uns als Handelnde anders, nämlich aus »Sicht des Gehirns« zu sehen. Sie erklärt sich aus unserem epistemischen Situiertsein in der Welt und der damit einhergehenden Funktion von Gründen und Abwägungsprozessen.

Diese Absage zwingt mitnichten zu der Meinung, geistige Prozesse und Leistungen wie das Wahrnehmen und Klassifizieren von Gegenständen oder das Erfassen und Abwägen von Gründen seien unabhängig von neuronalen Prozessen, die deterministisch strukturiert sind. (Von der offenen Frage, ob jede kausale Relation eine deterministische ist, sei hier einmal abgesehen.)[13] Natürlich geschieht bei all dem etwas Materielles im Kopf. Die organische Natur begrenzt und ermöglicht Freiheit – die soziale Welt übrigens auch. Die kognitiven Prozesse und Leistungen sind in dem Sinn von neuronalen Prozessen abhängig, daß sie nicht ohne diese möglich sind. Aber daß etwas nicht ohne etwas anderes vorkommen kann, bedeutet nicht, daß es damit zusammenfällt. Ebensowenig müssen die Eigenschaften eines lebenden Systems durch die Eigenschaften seiner Teile festgelegt sein.

Die Abhängigkeit unseres bewußten geistigen Lebens von etwas, das in der Sprache und mit den Erkenntnismitteln der Naturwissenschaften erfaßt werden kann, steht außer Frage.

12 Mehr dazu in meinen Aufsätzen »Epistemisch nützliche Konfrontationen?«, in Lutz Wingert/Klaus Günther (Hg.), *Die Öffentlichkeit der Vernunft und die Vernunft der Öffentlichkeit*, Frankfurt am Main 2002, und »Die eigenen Sinne und die fremde Stimme. Über den mehrfachen Grund unserer Wissensansprüche«, in: Matthias Vogel/Lutz Wingert (Hg.), *Wissen zwischen Entdeckung und Konstruktion*, a. a. O.

13 Vgl. u. a. Elizabeth G. Anscombe, »Causality and Determination« (1971), wieder in: dies., *The Collected Philosophical Papers of G. E. M. Anscombe. Vol 2. Metaphysics and the Philosophy of Mind*, Oxford 1981.

Aber eine umgekehrte Abhängigkeit scheint ebenso zu bestehen.

Die Reifungsprozesse des menschlichen Hirns hängen ersichtlich auch von der Erziehung des Heranwachsenden und damit von der Interaktion zwischen Menschen ab. Das gilt insbesondere dann, wenn man die Individualität des menschlichen Hirns beachtet, auf die Reinhard Olivier in seinem Beitrag zum Thema eindringlich hingewiesen hat.[14] Erziehung erschöpft sich aber nicht in Dressur, und die Interaktion zwischen Heranwachsenden und Erziehenden ist nicht einfach eine materielle Wechselwirkung wie die zwischen Billardkugeln oder Stoffwechselelementen. Nach wie vor ist Erziehung ein sprachlicher und sozialer Prozeß. Sonst ließe sich Sozialisation durch Medikamentierung ersetzen.

Die belehrende Interaktion mit anderen, aber auch die begreifenden Erfahrungen mit der Natur lassen sich nicht erschöpfend als ein Vorgang beschreiben, der mit Aufmerksamkeit belegt ist, wie Singer den Erwerb von sprachförmigem Wissen und das anerkennende Verstehen von sozialen Regeln, also von Variablen bewußter Entscheidungen darstellt.[15] Um einer sozialen Regel folgen zu können, muß man zum Beispiel den Unterschied kennen zwischen der Aufforderung der Schaffnerin, die Fahrkarte vorzuzeigen, und der Forderung des Bankräubers, den Tresor zu öffnen. Die Differenz liegt in der Art von Gründen für Forderungen einerseits, Aufforderungen andererseits. Um sie zu kennen, muß man gelernt haben, zwischen einem bloß persönlichen Willen und einer überpersönlichen Autorität zu unterscheiden. Dazu reichen differente neuronale Signaturen nicht aus, sondern ist eine geltungsorientierte Interaktion erforderlich.

Wie die Plastizität des menschlichen Hirns mit der Rationalität und Sozialität sprachgestützter Lernprozesse zusammen-

14 Vgl. R. Olivier, »Wonach sollen wir suchen?«, in diesem Band S. 153. Vgl. a. Peter R. Huttenlocher, *Neural Plasticity. The Effects of Environment on the Development of the Cerebral Cortex*, Cambridge, Mass., 2002.

15 Vgl. seinen Artikel »Verschaltungen legen uns fest«, in diesem Band ab Seite 30.

hängt, ist eine offene Frage. Es ist schon richtig, zu verlangen, daß man sich das Geistige nicht vom Materiell-Organischen abgespalten denkt. Aber was heißt das eigentlich umgekehrt für die andere, die materielle Seite und genereller für unser Verständnis von Realitäten? Man wird hier keinen Schritt weiterkommen, wenn man sich nicht von einem tiefsitzenden Vorurteil befreit. Dem Vorurteil nämlich, daß nur das, was mit den Erkenntnismitteln der Biologie, der medizinischen Psychologie, Chemie und Physik erfaßt werden kann, real ist. Damit würde man die Grenzen der naturwissenschaftlichen Erkenntnismittel mit unseren Erkenntnisgrenzen gleichsetzen. Dieser Idealismus verträgt sich nicht mit einem erkenntnistheoretischen Realismus, der auch den Naturwissenschaften eingebaut ist.

Helmut Mayer
Ach, das Gehirn. Über einige neue neurowissenschaftliche Publikationen

»Reize und Empfindungen werden vorbewußt verarbeitet. Wichtige mentale Entscheidungen werden getroffen, bevor das Gehirn sich dessen bewußt ist [...] Ein moralisches Vakuum von 300 Millisekunden liegt zwischen dem Auslöser des Verhaltens im Gehirn und dem Bewußtwerden dieser Entscheidung.« So doziert die hinreißende Neurowissenschaftlerin Rachel Palmquist in Richard Doolings Roman »Brain Storm«, um dem zaudernden Objekt ihrer Begierde klarzumachen, daß die Entscheidung schon längst gefallen und zu Tathandlungen überzugehen sei. Ob daraus wirklich etwas wird oder die Skrupel des verheirateten jungen Anwalts obsiegen, sei hier nicht verraten. Aber woher kommen eigentlich diese 300 Millisekunden, auf die sich Dr. Palmquist beruft?

Sie entstammen einer prominenten neurowissenschaftlichen Theorie, und selbst wenn die Übertragung auf den moralisch-erotischen Anwendungsfall beherzt ist, so ist die Kernaussage richtig wiedergegeben: Es lasse sich experimentell nachweisen, daß Handlungsentscheidungen erst 300 bis 500 Millisekunden nach ihrer Auslösung im Gehirn uns bewußt werden. Also führe kein Weg an der Einsicht vorbei, daß unsere Handlungen durch das Gehirn vorgespurt sind und nicht durch unser bewußtes Ich hervorgebracht werden. Zwar hätten wir noch ein Zeitfenster von ungefähr 100 Millisekunden, um ein bewußtes Veto gegen diese Handlungsanbahnungen einzulegen, aber mehr bleibt vom ›freien Willen‹ nicht übrig.

Wie sieht nun das Experiment aus, das zu solcher Schlußfolgerung nötigt? Benjamin Libet bat seine Versuchspersonen, eine kleine Handbewegung auszuführen. Diese Handlung sollte nicht im voraus geplant sein, sondern spontan ausgeführt werden, sobald die Personen den Wunsch, den Drang oder die Neigung dazu in sich verspürten. Die Probanden hatten dabei einen rasch kreisenden Zeiger vor sich, dessen Stellung zum Zeitpunkt ihres empfundenen Entschlusses sie sich merken und anschließend dem Experimentator mitteilen sollten. Dieser Zeitpunkt, so zeigte das EEG, lag die berüchtigten 300 bis 500 Millisekunden nach dem Aufbau eines »Bereitschaftspotentials« im Gehirn. Libets Interpretation: »Das Gehirn ›entscheidet‹, eine Handlung auszulösen oder ein solches Auslösen zumindest vorzubereiten, bevor es irgendeine mitteilbare bewußte Wahrnehmung davon gibt, daß diese Entscheidung gefallen ist.«

An diesem Experiment und seiner Deutung ist fast alles merkwürdig, und entsprechend viele Angriffspunkte für Kritik gibt es. Daniel Dennett hat in seinem jüngsten Buch eine recht elegante Analyse einer Voraussetzung gegeben, die Libet implizit in Anspruch nimmt.[1] Unumgänglich für seine Interpretation ist ja die Annahme, die Gleichzeitigkeit zweier Ereignisse fixieren zu können, nämlich des Bewußtwerdens der Handlungsentscheidung und des bewußten Wahrnehmens einer Zeigerstellung. Solche Simultaneität braucht natürlich eine Abschätzung der notwendigen Verarbeitungszeiten von neuronalen Signalen im Gehirn. Wie lange brauchen nun aber die visuellen Signale der Zeigerstellung, um dort anzukommen, wo die Handlungsentscheidung – aufgrund von einlaufenden Signalen aus anderen Hirnbereichen – bewußt wird? Nun, das kommt darauf an, wo dieses ›Ich‹ des ›bewußten Willens‹ im Gehirn sitzt. Da man darüber nichts Genaueres weiß, lassen sich eine Reihe von Szenarien des Signalaustauschs im Gehirn entwerfen, die für die 300 bis 500 Millisekunden aufkommen. Natürlich möchte Dennett keines dieser Ad-hoc-Szenarien verfechten. Sie werden nur entworfen, um die Idee der Lokalisierung des bewußten Ich im Gehirn ad absurdum zu führen. Denn natürlich ist eine solche Lokalisierung ein Unding. Sie anzunehmen wäre ein merkwürdiger Rückfall in die von der Hirnforschung zu Recht verworfene Vorstellung einer zentra-

1 Daniel C. Dennett, *Freedom evolves*, London: Penguin/Allen Lane 2003.

len Kommandoinstanz – gerne auch »Cartesisches Theater« genannt – im Gehirn.

Dennetts Entzauberung von Libets Experiment gehört in den Zusammenhang seines Versuchs, den Umriß einer strikt naturalistischen Erklärung unserer moralisch relevanten Entscheidungsfreiheit und der Genese von moralischem Verhalten zu geben. Schließlich hatte Dennett aus den ›Darwin Wars‹, in denen heftig über die Tragweite darwinistischer Erklärungen gestritten worden war, die Bezeichnung ›Ultradarwinist‹ davongetragen – und ein populäres Image, das auf eine Inversion seiner theoretischen Ambitionen hinauslief: Zuerst habe er dem Menschen das Bewußtsein abgesprochen, dann vorgeführt, daß das Prinzip der natürlichen Selektion jeder Moral das Fundament entziehe. Dennett bekam es in diesen Reaktionen mit Befürchtungen gegenüber einem naturalisierten Bild des Menschen zu tun: Wenn alles als Ergebnis des blinden Spiels darwinistischer Algorithmen genommen wird – und genau darin besteht für Dennett eine ›naturalistische‹ Erklärung –, wo bleibe dann noch Platz für den freien Willen?

Dennett hat also guten Grund, sich des freien Willens noch einmal anzunehmen. Die einzelnen Stationen seines Argumentationswegs – von der Auflösung des vermeintlichen Problems physikalischer Determiniertheit bis hin zu Überlegungen über kulturelle Evolution – sind zwar im wesentlichen aus seinen früheren Büchern bekannt. Aber die neue Darstellung gewinnt an Bündigkeit durch den Umstand, daß er sich durchgehend an Einwänden und tiefliegenden Bedenken gegen seinen naturalistischen Ansatz orientiert – und an den Intuitionen, die diesen Bedenken zugrunde liegen. Denn darum geht es zuletzt: Daß diese Intuitionen über selbstverantwortetes Handeln im naturalistischen Erklärungsrahmen Bestand haben und, recht betrachtet, nur leerlaufendes Räderwerk abgeschafft wird, wenn Freiheit nicht mehr auf tendenziell rätselhafte Weise dem Naturzusammenhang gegenübergestellt wird. Dabei bekommt es Dennett naturgemäß auch mit der Gegenseite zu tun, die im untersuchten Naturzusammenhang, oder gleich konkreter: im Gehirn, nicht findet, was Freiheit ihr verspricht – und deshalb im Namen der Wissenschaft unsere Intuitionen bestenfalls als hartnäckige Illusionen durchgehen läßt. Libets Variante, dem ›bewußten freien Willen‹ neurowissenschaftlich den Prozeß zu machen, ist dafür ein gutes Beispiel.

Dennetts Kritik an Libet ist von ironischer Eleganz: Sie läßt sich sehr weit auf die Voraussetzungen der Interpretation ein, um sie dann ausgerechnet über die insgeheim in Anspruch genommene ›cartesische‹ Vorstellung eines Orts unserer bewußten Präsenz im Gehirn – Libets »consciuos function« – stolpern zu lassen. Aber die Merkwürdigkeiten von Libets Experiment beginnen sehr viel früher, nämlich schon bei dem Anspruch selbst, mit einem solchen experimentellen Setting die Willensfreiheit auf die empirische Probe zu stellen. Max Bennett und Peter Hacker setzen daher mit ihrer Kritik an Libets Auffassung von willentlichen Bewegungen sehr viel grundsätzlicher an.[2]

Die Versuchspersonen sollen nach Libets Vorstellung die vereinbarte Handbewegung ausführen, wenn sie introspektiv ein Ereignis in ihrem Inneren wahrnehmen oder fühlen, nämlich den »Wunsch, den Drang, die Entscheidung und den Willen« (»desire, urge, decision, and will«), diese Bewegung auszuführen. Aber nichts spricht dafür, daß eine willentliche Handlung von einem vorhergehenden Wunsch, Drang etc. begleitet werden muß. Ich handle nicht unfreiwillig, wenn dies nicht der Fall ist; etwa wenn ich ohne weiter darüber nachzudenken zu meiner Füllfeder greife. Außerdem würde ein empfundener Drang im Gegenteil darauf hinweisen, daß die Handlung unwillentlich geschieht: Daß ich den Drang verspüre zu gähnen, macht mein Gähnen nicht zur willentlichen Handlung. So wie jede Handlung, die man sich *verursacht* denkt durch einen gefühlten Wunsch, Drang etc., gerade nicht als willentlich angesehen wird. Was nur darauf hinweist, daß Gründe zu handeln und kausale Ursachen eben zweierlei sind. Macht man sich dieses tiefgreifende Mißverständnis klar, gewinnt Libets Experiment fast schon eine absurde Note. Das Interessanteste an ihm ist, daß die Versuchspersonen überhaupt etwas mit der Anforderung anfangen können, innerhalb der nächsten Minute

2 M. R. Bennett und P. M. S. Hacker, *Philosophical Foundations of Neuroscience*, Oxford: Blackwell 2003.

eine willentliche Handlung auszuführen, aber dies erst dann, wenn sie eine Neigung, Absicht etc. in sich fühlten. Daß sie dann auch wirklich dergleichen zu verspüren meinen, darf freilich nicht als Existenzbeweis der stipulierten Gefühle verstanden werden. Bizarre Rahmenbedingungen bringen bizarre Phänomene zum Vorschein – zumal wenn Introspektionen beansprucht werden, die Teil einer verdrehten Auffassung von Willensakten als quasi-kausale innere Ereignisse sind.

Solchen begrifflichen Verwirrungen und Kategorienfehlern sind Bennet und Hacker in ihrem Buch auf der Spur. Die merkwürdige Theorie der Willensakte, die das Beispiel Libets vor Augen führt, ist dabei nur eine Facette unter vielen in ihrer kritischen Sichtung der Neurowissenschaften. Liest man neurowissenschaftliche Literatur, kann man sich ja schnell überzeugen, daß das Gehirn eine Vielzahl von Aktivitäten ausführt: Es rechnet, konstruiert, glaubt, fühlt, interpretiert, konstruiert Hypothesen, entscheidet. Die Liste läßt sich verlängern und umfaßt eine Menge von Tätigkeiten und Fähigkeiten, die uns allesamt recht vertraut sind. Doch auf vertrautem Terrain sind wir deshalb nicht unbedingt. Denn was das Gehirn erfährt und tut, spannt einen Raum des privaten Inneren auf, den wir im Alltäglichen gar nicht in Betracht ziehen. Wir haben es mit einem mentalen Innenraum zu tun, der von außen allenfalls indirekt erschließbar ist. Aus dem beobachtbaren Verhalten kann man nicht sicher auf das schließen, was in diesem verborgenen Inneren abläuft. Nur der Besitzer dieses Innenraums selbst hat direkten Zugang zu ihm: Introspektiv erkennt er, in welchem Zustand er bzw. sein Gehirn ist, sofern man von einer eindeutigen Korrelation mit Gehirnzuständen ausgeht, wie es wissenschaftlich naheliegt. Dieser subjektive Modus der Erfahrung des Inneren – und damit auch vieler Eigenschaften der Dinge, die ja erst im Gehirn aus Sinnesdaten konstruiert werden, und nicht schlicht da ›draußen‹ sind – ist fundamental: Mein Schmerz ist nur mir zugänglich, und ich kann nicht wissen, wie sich der Schmerz des anderen anfühlt. Und ebenso ist Bewußtsein ein privates, auf die Perspektive der ersten Person eingeschränktes Phänomen (und aus neurowissenschaftlicher Perspektive eine Eigenschaft oder ein Merkmal des Gehirns bzw.

bestimmter neuronaler Netzwerke): Nur ich weiß schließlich, wie sich meine Rotempfindung anfühlt, während die anderen vielleicht eine ganz andere Farbe sehen, die bloß von ihnen ›rot‹ genannt wird. Ich, der ich letztlich das Verhalten eine Menge von Neuronen bin, von denen wiederum bestimmte Gruppen das bewußte Ich konstituieren.

Das ist ein Kompositbild aus Elementen, die sich in verschiedenen Zusammenstellungen in fachlichen wie auch populären Veröffentlichungen prominenter Neurowissenschaftler finden. Daß sich jedes dieser Elemente tiefgreifenden Mißverständnissen verdankt, sowohl gegenüber den zu erklärenden Phänomenen wie gegenüber den neurowissenschaftlichen Forschungsprogrammen und den von ihnen sinnvoll zu traktierenden Fragestellungen, wollen Hacker und Bennett klarmachen. Max Bennett ist selbst ein renommierter Neurowissenschaftler, der Oxforder Philosoph Peter Hacker ist vor allem als Interpret und Kommentator der Schriften Ludwig Wittgensteins bekannt. Über der Arbeit an seinem großen Kommentar zu den *Philosophischen Untersuchungen* ist er durchaus nicht zum Philologen geworden, der sich selbstgenügsam in den Labyrinthen der Wittgensteinschen Texte bewegte. Von Wittgenstein ausgehend, aber ohne Wittgenstein zur Autorität zu stilisieren, hat er sich immer wieder mit Entwicklungen innerhalb der angelsächsischen Philosophie auseinandergesetzt.

Diesen Hintergrund gilt es zu beachten, will man nicht gleich über den Titel von Bennetts und Hackers Darstellung, »Philosophical Foundations of Neuroscience«, stolpern. Er zielt nicht etwa darauf, daß Philosophie ein theoretisches Fundament zur Verfügung stelle. Philosophie, wie die Autoren sie verstehen, leistet vielmehr begriffliche Klärungsarbeit: Sie steuert der fortgesetzten Versuchung gegen, unseren Wortgebrauch systematisch mißzuverstehen. Dazu gehört, sich nicht von bestimmten Beispielen des Wortgebrauchs und den mit ihnen assoziierten Bildern in Bann schlagen zu lassen, sondern den verschiedenen Gebrauchsweisen und ihren Zusammenhängen nachzuspüren. Was so umrissen wird, sind begriffliche Zusammenhänge, ist die »Grammatik« von Wörtern oder Wendungen und der von ihnen nicht abtrennbaren Handlungskontexte.

Ein wichtiger Punkt ist dabei, daß Ansprüche auf Erklärung unseres gewohnten psychologischen Vokabulars – wie etwa »denken«, »glauben«, »wissen«, »fühlen«, »bewußt sein« usw. – nur dann triftig sein können, wenn die Worte in ihrer üblichen Bedeutung expliziert werden. Selbst wenn der neurowissenschaftlichen Erklärung zugebilligt wird, diesen Gebrauch in irgendeinem Sinne zu fundieren, muß sie damit unsere üblichen Verwendungsweisen einsichtig machen. Keine Anführungszeichen helfen da und auch kein Verweis darauf, jenseits unserer üblichen Sprach- und damit Lebensformen einen neuen Bedeutungsgrund gefunden zu haben; kein Ausweg läßt sich plausibel machen, der von einer Extension der üblichen Bedeutungen ausgeht, welche dann als »folk psychology« beiseite gesetzt werden könnten. Sieht man sich aber den Gebrauch dieser Wörter unbefangen an, wird hinreichend klar, daß sie nur auf ganze Menschen – allgemeiner auf Tiere einer gewissen Entwicklungsstufe –, nicht auf ihre Teile angewendet werden können: Es ist nicht etwa empirisch falsch, vom denkenden, fühlenden, wahrnehmenden etc. Hirn zu sprechen: Es ist ein Kategorienfehler.

Dieser »mereologische Trugschluß« vom Subjekt auf einen seiner Teile, auf das Gehirn nämlich, ist grundlegend für die meisten anderen neurowissenschaftlichen Verzeichnungen. Das fatale Modell des privaten Innenraums wird nämlich durch ihn für die Hirnforschung adaptierbar. Aber dieses Modell beruht auf einem schiefes Bild: Weder müssen wir uns durch Hinwendung zu einem solchen prinzipiell privaten Inneren vergewissern, daß wir bestimmte Dinge wissen, glauben oder fühlen, noch läßt sich die Unterscheidung zwischen direktem und bloß indirektem Zugang aufrechterhalten: Ich erkenne die Schmerzen des anderen an seinem Schmerzverhalten; daß er sie verbergen oder vortäuschen kann, rechtfertigt durchaus nicht die Konstruktion eines mentalen Sonderbereichs. Und meine Schmerzen habe ich – und brauche, um das zu wissen, weder in mein Inneres noch auf mein Verhalten zu schauen.

Die Sache wird noch verquerer, wenn die »Qualia« bemüht werden und plötzlich Probleme der Art auftauchen, unsere Rotempfindung angesichts eines roten Gegenstands oder das

Schmerzhafte unserer Schmerzen irgendwie erklären zu wollen. Bennett und Hacker bemühen sich geduldig um den Nachweis, daß hier die Sprache auf fast schon paradigmatische Weise feiert. Sie tut es auch dann, wenn den Farben und Düften ›draußen‹ ihre objektive Existenz abgesprochen wird – eine recht alte Geschichte, die durch die Ankoppelung an das Gehirn nichts gewinnt. Ebensowenig wie die reduktionistischen Phantasmen, die unsere Fähigkeiten und unser Verhalten nunmehr auf die Funktion von Neuronen zurückführen wollen. Ich bin nicht das Verhalten meiner Neuronen (F. Crick), ich bin nicht einmal mein eigenes Verhalten. Das Bewußtsein oder das ›Ich‹ ist kein bestimmter Verbund von Neuronen, obwohl es eine interessante Frage ist, welche neuronale Basis bewußte Phänomene haben.

Die Neurowissenschaften sind ohne Zweifel ein fruchtbares Feld für Klärungsarbeit, aber selbstverständlich würde man in der »philosophy of mind« und angrenzenden Gebieten der Kognitionswissenschaft ebenso leicht fündig. Kaum jemand, der das besser wüßte als Peter Hacker; und so kommen durchaus auch Philosophen zu kritischen Ehren: John Searle etwa hat fast immer dann seinen Auftritt, wenn die bündige, idealtypische Formulierung einer sprachlichen Verzeichnung gefordert ist – und neben ihm bekommt auch Daniel C. Dennett als prominenter Stichwortgeber für die Neuro- und Kognitionswissenschaften einen eigenen Anhang, in dem seine Thesen zum Bewußtsein zerpflückt werden.

Warum aber dann die Konzentration auf die Neurowissenschaften, auf Autoren wie Blakemore, Chalmers, die Churchlands, Crick, Damasio, Gazzaniga, Le Doux, Edelman und andere? Die einsichtige Begründung der beiden Autoren lautet, daß sich in diesem Feld mittlerweile eine veritable Mythologie des Gehirns herausgebildet hat, welche die tatsächlichen Ansprüche und Leistungen der Neurowissenschaften überblendet. Hinzuzufügen ist, daß diese Mythologie über populäre Darstellungen auch ein breites Publikum erreicht (was bei der »philosophy of mind« nicht zu befürchten steht); wobei die Grenzen zwischen fachlichen und populären Darstellungen in diesem Gebiet ohnehin recht durchlässig sind.

Antonio Damasio ist ein Beispiel für diese schneidige Form der Popularisierung von Befunden und Spekulationen der Hirnforschung, die ihn mit »Descartes' Irrtum« auf die Bestsellerlisten brachte. Damasios Untersuchungen zum Zusammenhang von rationalem Entscheiden und konsequentem Verfolgen von Zielen auf der einen, der Fähigkeit zum Empfinden von Emotionen auf der anderen Seite haben ihm zu Recht Anerkennung eingetragen. Aber sein Anspruch reicht viel weiter. Er möchte eine neue Theorie der Emotionen geben. Sein neues Buch arbeitet weiter an dieser »somatic-marker«-Theorie der Gefühle, die als vorzügliches Exempel einiger der von Bennett und Hacker konstatierten tiefgreifenden Verwirrungen gelten darf.[3]

Tatsächlich wurde Damasios Bestimmung des Bewußtseins als strikt privates, auf die Perspektive der ersten Person beschränktes Phänomen schon in dem oben gegebenen ›Kompositbild‹ verwendet. Aber Damasio arbeitet an der heiklen Unterscheidung eines nur introspektiv zugänglichen Inneren und des Äußeren seiner körperlichen Darstellung noch entschieden weiter. Er trennt nämlich emotionales Verhalten von begleitendem Fühlen: Ersteres ist öffentlich und beobachtbar, letzteres ist im verborgenen Innenraum angesiedelt. Das Verhalten, der körperliche Ausdruck – Damasio prägt in diesem Zusammenhang sogar das Verb »to emote« –, soll dabei in doppeltem Sinn primär sein: Einerseits trete es evolutionsgeschichtlich zuerst auf, bevor eine Innenseite des Gefühls dazukäme; andererseits ist es das körperliche Reagieren, das allererst als Auslöser unserer Gefühle dient.

Der Weg geht also für Damasio von Außen nach Innen. Aber eine solche einfache Umkehrung des tatsächlich schiefen Bildes vom ›bloßen‹ körperlichen Ausdruck eines im strikt privaten Innenraum gehegten Gefühls führt nur in einen um so tieferen begrifflichen Schlamassel hinein. Gefühle werden nämlich bei Damasio zu einer Form innerer Wahrnehmung von veränderten Körperzuständen, welche ihrerseits durch bestimmte, von

3 Antonio Damasio, *Looking for Spinoza. Joy, Sorrow, and the Feeling Brain*, London: Harcourt 2003. Dt.: *Der Spinoza-Effekt. Wie Gefühle unser Leben bestimmen*, München: List 2003.

äußeren Reizen ausgelöste mentale Bilder verursacht sind oder zumindest von diesen Bildern begleitet werden – über letzteren Punkt ist sich Damasio offensichtlich nicht ganz im klaren. Zuerst also ein Objekt (›Sie‹), dann mentale Bilder dieses Objekts (›Wie hinreißend sie wieder ...‹) und körperliche Veränderungen (zum Beispiel Herzklopfen), dann das Gefühl, das auf die Körperzustände und die Bilder antwortet. Aber weder lernen wir Gefühlsausdrücke allgemein durch Verweis auf körperliche Symptome, noch lassen sich für eine Vielzahl von Gefühlen solche Symptome sinnvoll angeben, noch trägt das der Begründetheit Rechnung, die wir bei vielen Gefühlen konstatieren oder fordern; und der Gegenstand, der meine Gefühle auslöst, ist nun einmal dieser Gegenstand, nicht ein inneres Körperbild. (Von den »mentalen Bildern«, die Damasio bemüht, einmal ganz abgesehen: Sie sind ebenso spekulativ wie seine evolutionsgeschichtlichen Überlegungen.)

Solche von Grund auf schiefen Konstruktionen stellen vor die Frage, wie sie eigentlich zustande kommen. Die klinischen Befunde, die Damasio skizziert, können nicht ernsthaft als empirische Nötigung gelten. Sie werden vielmehr bereits im Lichte von Überzeugungen gelesen, für die auch Vorkämpfer geltend gemacht werden. Im Gegensatz zu Spinoza, der von Damasio als Kontrastfigur zu Descartes beschworen wird, ist William James dabei ganz zu Recht sein Held. James hatte in seinen einflußreichen »Principles of Psychology« (1890) mit Nachdruck verfochten, »daß die körperlichen Veränderungen direkt auf die Wahrnehmung des auslösenden Objekts folgen und daß unser Fühlen dieser eintretenden Veränderungen die Emotion *ist*«.[4] Auch der rhetorische Gestus von Damasio, das Hervorkehren der körperlichen Gestimmtheit »deep in the flesh«, läßt das inspirierende Vorbild James erkennen.

4 Schon bei W. James verdankt sich diese Bestimmung einer Umkehrung: »Our natural way of thinking about these standard emotions is that the mental perception of some fact excites the mental affection called emotion, and that the latter state of mind gives rise to the bodily expression. My thesis on the contrary is that bodily changes follow directly the PERCEPTION of the exciting fact, and that our feeling of the same changes as they occur IS the emotion.« W. James, *Principles of Psychology*, Cambridge 1981, Bd. II, S. 189.

Verständlich also, wenn Bennett und Hacker Neurowissenschaftlern empfehlen, eher Henry James als seinen Bruder zu lesen, wenn es um Gefühle geht bzw. eben um Emotionen. Wobei auch diese terminologische Frage einen heiklen Punkt berührt, denn bei William James und seinen Nachfolgern ist deutlich zu sehen, wie ein reichhaltiges Vokabular von Gefühlen, Stimmungen, Regungen, Leidenschaften, Aufregungen, Trieben, Gelüsten, Neigungen etc. zusammenschnurrt auf die eine Grundvokabel ›emotions‹, für die als paradigmatische Erläuterungen gerne Phänomene wie etwa Hunger und sexueller Trieb herangezogen werden. Thomas Dixon hat diesem Prozeß, in dem aus einem reichhaltigen, religiös konnotierten Vokabular die säkulare und ›wissenschaftliche‹ Kategorie der Emotionen wurde, eine interessante Studie gewidmet.[5] Bei ihm kann man auch die kritischen Reaktionen der Zeitgenossen auf William James' »Principles« nachlesen. Tatsächlich bekannte ihr Autor unter dem Eindruck dieser Kritiken rasch, daß er zu schnell generalisiert habe. Aber das tat der Karriere des Begriffs ›emotion‹ keinen Abbruch. Offensichtlich empfahl er sich der aufstrebenden Psychologie gerade durch seine Einfachheit, die so praktikabel von den älteren Distinktionen und den alltäglichen Redeweisen abstach.

Damasios Buch lädt zu Überlegungen über die Welle der popularisierenden Darstellungen von Neurowissenschaftlern ein. Schließlich kann kaum daran gezweifelt werden, daß seine verzeichnete Theorie der »somatischen Marker« und die mit ihr einhergehende krude Verkürzung unseres reichhaltigen Vokabulars von Affekten, Gefühlen und Stimmungen auf eine Form des körperlichen Eingestimmtseins die Attraktion seiner Bücher nicht gerade mindert. Die Bestimmung der »positiven« Zustände, in denen die Lebensprozesse »optimal, frei fließend und leicht« sind, und »well beeing« als Evolutionsstufe – das hat schon was. Dem deutschen Verlag fiel dazu »Plädoyer für Ganzheitlichkeit« ein und der Untertitel »Wie Gefühle unser Leben bestimmen«.

5 Thomas Dixon, *From Passions to Emotions. The Creation of a Secular Psychological Category*, Cambridge: Cambridge University Press 2003.

Nimmt man Theorien à la Damasio zum Vergleichsmaßstab, besticht der Hirnforscher Gerhard Roth in seinem neuen Buch fast durch Nüchternheit.[6] Im Fall der von Roth behandelten Frage »Verstand oder Gefühle – auf was sollen wir hören?« gilt das sogar ohne Einschränkung: Für die Einsichten, die dabei naturgemäß herauskommen, braucht es die Hirnforschung gewiß nicht, ebensowenig wie für Überlegungen über »Letzte Dinge« oder »Wissenschaft und Wahrheit«. In den Abschnitten über Freiheit und Bewußtsein ist Roth allerdings nicht so zurückhaltend. Hier bekommt man den ungebrochenen Hang des Autors zu spüren, aus der Hirnforschung philosophische Funken zu schlagen. Ohne metaphysischen *frisson* geht es bei ihm nicht ab. Das Gehirn wird zum natürlich-übernatürlichen Organ, das die Welt und uns konstruiert, und dies »führt zu der vieldiskutierten Frage: Wie kommt die Welt nach draußen? Die Antwort lautet hierauf: Sie kommt nicht nach draußen, sie verläßt das Gehirn gar nicht.« Auch so etwas kann passieren, wenn das Gehirn zum rätselhaften Scheinsubjekt promoviert wird, das konstruiert, entscheidet, prüft ...

Bennett und Hacker stellen sich die Frage, wie es eigentlich zu diesem Scheinsubjekt kommt, das hinter den diagnostizierten Mißverständnissen meist steckt: überzeugend ihr Nachweis – geführt vor dem Hintergrund einer prägnanten Darstellung der historischen und begrifflichen Wurzeln der Neurowissenschaft –, daß es letztlich durch eine einfache Ersetzung im dualistischen Schema à la Descartes zustande kommt. An die Stelle des Geistes trat das Gehirn. Womit der fatale Dualismus in anderer Gestalt, wenn auch materialisiert, weiterlebte. Mit anderen Worten: Es ist (ausgerechnet) der lange Schatten Descartes', der Neurowissenschaftler oft zu Ausritten über die Grenzen des Sinns hinaus verführt.

Den besten Gebrauch von solchen Grenzübertritten macht wohl die eingangs erwähnte Dr. Palmquist, die ihre erotischen Attacken mit neurowissenschaftlichen Exkursen begleitet. Da es auf dem Feld der Erotik keineswegs um Klarheit geht, sind

6 Gerhard Roth, *Aus Sicht des Gehirns*, Frankfurt am Main: Suhrkamp 2003.

Einwände hier zurückzustellen. Schlimm genug, daß sie das Objekt ihrer Begierde nicht herumbekommt, das im letzten Moment durch die Skrupel des Ehemanns am Vollzug gehindert wird. Statt des schönen Laufs der Natur nichts als Inhibition: Eine Neurowissenschaftlerin wie Dr. Palmquist wird man so nicht überzeugen.

Gerhard Roth
Wir sind determiniert. Die Hirnforschung befreit von Illusionen

Während meines Philosophiestudiums in Münster vertrat der bekannte Philosoph Joachim Ritter unter Kopfnicken der Kollegenschaft die Ansicht, es sei Sache der Naturwissenschaften, Dinge gewissenhaft zu erforschen, und Sache der Philosophen, diese Ergebnisse zu deuten. Hierzu seien nämlich Naturwissenschaftler nicht in der Lage. Diese Auffassung des von mir verehrten Denkers ist heute noch in der Philosophie weithin verbreitet. Als Naturwissenschaftler mag man sie als arrogant abtun, man kann aus ihr aber auch die Erwartung ableiten, daß sich mit diesem Anspruch Philosophen selbst verpflichten, in die Methoden und Forschungsergebnisse der in Frage stehenden naturwissenschaftlichen Disziplin so tief einzudringen, daß sie diese angemessen beurteilen können.

Die Autoren, die sich in jüngster Zeit kritisch zu den Ansichten von Hirnforschern und Handlungspsychologen (vornehmlich von Wolf Singer, Wolfgang Prinz und mir) zur Willensfreiheit geäußert haben, lassen in ihren Ausführungen von einem vertieften Verständnis der Hirnforschung und der Handlungspsychologie wenig erkennen, sondern beschränken sich überwiegend auf globale Kritik. Diese lautet zum ersten: Die von den Hirnforschern und Psychologen zur Unterstützung ihrer Kritik am Konzept der Willensfreiheit angeführten Experimente sind generell nicht stichhaltig. Zum zweiten: Naturwissenschaftliche Experimente vermögen grundsätzlich nichts über menschliches Handeln auszusagen, da sie überhaupt nur Ursachen erforschen können. Menschliches Handeln aber geschieht nach Gründen, nicht nach Ursachen. Zum dritten: Die kritisierten Hirnforscher begehen einen schlimmen Kategorienfehler: Sie schreiben dem Gehirn Fähigkeiten zu, die nur dem phänomenalen Ich zukommen.

Zum ersten Punkt der Kritik: Hier heißt es durchgehend, bei dem vieldiskutierten Experiment von Benjamin Libet handle es sich um ein typisches Laborexperiment, bei dem es um das willkürliche Auslösen hochtrainierter minimaler Bewegungsweisen gehe, aber niemals um freie Willensentscheidungen wie im prallen Leben. Das Pikante ist, daß Libet Dualist war und wie John Eccles an die autonome »Macht des Geistes« (so etwa Eberhard Schockenhoff in seiner Kritik) glaubte. Er wollte mit seinen Experimenten die Existenz von Willensfreiheit naturwissenschaftlich beweisen, wie er selbst einmal bekannte. Daß etwas anderes als erwartet aus seinen Experimenten herauskam, hat ihn und Eccles sehr beunruhigt. Was wäre gewesen, wenn er nachgewiesen hätte, daß der »Willensruck« dem Beginn des Bereitschaftspotentials vorausgeht und ihm nicht – wie es sich herausstellte – folgt? Ich bin sicher, viele philosophische oder theologische Verteidiger der Willensfreiheit hätten frohlockt und sich auf diese naturwissenschaftliche Evidenz berufen.

Die Libetschen Experimente, die tatsächlich einige methodische Mängel aufweisen, wurden von den Neuropsychologen Haggard und Eimer unter strengeren Bedingungen wiederholt und voll bestätigt. Es wäre aber ein Fehler, sich bei kritischen Aussagen zur Willensfreiheit lediglich auf diese Experimente von Libet oder Haggard und Eimer zu berufen. Vielmehr fügen sich deren Resultate nahtlos ein in eine große Fülle von weiteren Erkenntnissen aus der Neurophysiologie und Neurologie hinsichtlich derjenigen Prozesse, die im Gehirn vor Beginn von Handlungen ablaufen, welche vom Handelnden dann als »willentlich selbst verursacht« berichtet werden.

Hinzu kommen viele Untersuchungen von Handlungs- und Sozialpsychologen, die zeigen, daß die Überzeugung einer Person, sie habe eine bestimmte Handlung frei und willentlich ausgeführt, nicht den Tatsachen entspricht. Vielmehr ist diese als kausal empfundene Beziehung von freiem Willensakt und Handlung einerseits das Resultat komplizierter neuronaler »Zuschreibungsmechanismen« und zum anderen das Ergebnis eines erlebnismäßigen Nacheinanders und eines alltagspsychologischen Erklärungs- und Legitimierungsdranges. Menschen schreiben sich nicht selten aufrichtig Handlungen zu, die sie so oder überhaupt nicht begangen haben, während sie ebenso aufrichtig Handlungen leugnen, die sie nachweisbar gemacht haben. Es ist also falsch, zu behaupten, die Evidenzen, auf die sich Hirnforscher und Psychologen stützen, seien blutleeren Laborexperimenten entsprungen und im »richtigen Leben« gehe es anders zu. Bemerkenswert ist, wie die Kritiker die Relevanz der empirischen Evidenzen glattweg abstreiten, ohne sich die Mühe des Aufweises von empirischen Gegenbeweisen zu machen oder bessere Experimente vorzuschlagen.

Zum zweiten Punkt der Kritik: Die durchweg vorgebrachte Behauptung, Erklärungen menschlichen Handelns bezögen sich ausschließlich auf Gründe und nicht auf (kausale) Ursachen, ignoriert in bemerkenswerter Weise die Diskussion der philosophischen Handlungstheorie in den letzten Jahrzehnten. Diese konzentrierte sich nämlich auf die von Donald Davidson mit guten Argumenten untermauerte These, daß Handlungserklärungen Kausalerklärungen sind. Dies stimmt mit dem Befund der Hirnforschung überein, daß die kognitiven Prozesse, in denen wir Gründe erwägen, uns entscheiden oder unser Handeln durch Gründe rechtfertigen, durch Prozesse im Gehirn (vornehmlich im Frontalhirn) realisiert sind. Es handelt sich aus erkenntnistheoretischer Sicht um zwei Seiten desselben Gesamtprozesses, der nach heutigem Wissen deterministisch abläuft.

Hinzu kommt, daß wir uns bei der Rechtfertigung eigener Handlungen systematisch täuschen können, und auch diese Täuschung läßt sich experimentell nachweisen. Wir Menschen stehen in einem Erklärungs- und Legitimationszwang unseres Handelns, der uns bereits in der frühen Kindheit vermittelt wird und der je nach soziokulturellem Kontext verschieden ausfällt. Wir lernen, wie wir möglichst plausibel unsere Handlungsweisen erklären, und diese Erklärungen müssen nicht mit den tatsächlichen Motiven oder Ursachen unseres Handelns identisch sein (und sind es häufig auch nicht).

Wenn man der Ansicht ist, daß Handlungen durch Gründe gerechtfertigt und verständlich gemacht werden, oder wenn man meint, daß diese Gründe nicht als Ursachen verstanden werden können, so wird man dennoch bei der Frage nach der

Willensfreiheit die Ergebnisse der Neurowissenschaften und der Psychologie berücksichtigen müssen. Statt sich durch den Verweis auf den Gegensatz von Ursachen und Gründen gegen empirische Erkenntnisse zu immunisieren, wäre es – so der Magdeburger Philosoph Michael Pauen – besser, umgekehrt den philosophischen Begriff der Willensfreiheit weiter zu konkretisieren, so daß Kriterien für eine empirische Untersuchung sichtbar würden.

Der dritte Vorwurf lautet, die Hirnforscher unterstellten dem Gehirn Fähigkeiten, die nur dem bewußten Ich als Subjekt zukämen (so durchgehend Hans-Ludwig Kröber, Eberhard Schockenhoff und auch Christian Geyer in seiner Rezension meines Buches »Aus Sicht des Gehirns«). So sei es absurd, davon zu reden, das Gehirn bewerte, entscheide und so weiter, denn dies sei ein schlichter Kategorienfehler (also eine unangemessene Redeweise). Dieses Argument ist philosophisch unzutreffend. Natürlich gibt es eine generelle Nichtkongruenz von Attributen der Beschreibung aus der Ersten- und der Dritten-Person-Perspektive: Von »fühlen«, »wollen« und »glauben« kann ich nur aus der Ersten-Person-Perspektive reden, und es ist in der Tat unangemessen, vom Gehirn zu sagen, es fühle, wolle oder glaube. Hingegen ist »etwas bewerten« oder »eine Entscheidung treffen« durchaus aus der Dritten-Person-Perspektive zu erfassen.

Um festzustellen, daß ein Mensch, der einige Zeit vor Tür A und B verharrte und dann durch Tür B ging, eine »Entscheidung getroffen« hat, brauche ich mich nicht auf einen inneren Erlebniszustand zu beziehen. Sofern die Existenz oder Nichtexistenz von Willensfreiheit sich in konkreten Handlungsweisen und nicht bloß in subjektiven Erlebniszuständen ausdrükken muß (das ist ja ein wichtiger Vorwurf der Kritiker), stellt es keinen Kategorienfehler dar, vom Gehirn zu behaupten, es treffe Entscheidungen (vielleicht wäre es unverfänglicher zu sagen: »es determiniert die Entscheidung« oder »es nimmt die subjektiv empfundene Entscheidung vorweg«).

Die Aufregung einiger Strafrechtler über die neurowissenschaftliche Willensfreiheitsdebatte ist verständlich, belebt sie doch eine Diskussion, die seit langem in der Strafrechtstheorie schwelt und (so führende Strafrechtstheoretiker) aus pragmatischen Gründen verdrängt wird. Der Schuldbegriff des Strafrechts ist nach herrschender Meinung und laut Urteilen des Bundesgerichtshofs unabdingbar an die Annahme einer Willensfreiheit im Sinne des »Unter-denselben-physiologischen-Bedingungen-willentlich-andershandeln-Könnens« gebunden. In dem Maße, in dem sich die empirischen Evidenzen der Hirnforschung und der Psychologie gegen die Existenz eines solchen »Alternativismus« verstärken, sind Strafrechtler gezwungen, über diesen Widerspruch nachzudenken und ihn aufzulösen zu versuchen. Wie eine Lösung aussehen könnte, können selbstverständlich die Hirnforscher (einschließlich ihrer Gehirne) nicht entscheiden; sie können sich höchstens kompetent an der Diskussion beteiligen.

Das ärgerlichste ist, daß man Hirnforschern hartnäckig, aber fälschlich unterstellt, sie wollten das Mentale und Psychische auf das Feuern von Neuronen reduzieren oder gar aus unserer Redeweise eliminieren. Hier zeigt sich, daß solche Kritiker die kritisierten Texte nicht gelesen haben. Ich habe mehrfach ausführlich gezeigt, daß meine Auffassung, bewußtseinsbegleitete Hirnzustände hätten gegenüber unbewußten Hirnprozessen besondere Funktionen, mit einem reduktionistischen und erst recht eliminativen Ansatz unvereinbar ist. Der Aufweis der neuronalen Bedingtheit subjektiver Erlebniszustände löscht nicht deren Existenz aus. Das wäre auch schade, denn wir sind schließlich diese Zustände.

Holk Cruse
Ich bin mein Gehirn. Nichts spricht gegen den materialistischen Monismus

Der Streit ums Gehirn ist ein Streit ums Erleben. Was wir erleben, ist eine zeitlich versetzte Kopie der Aktivitäten des Erlebens-Konstruktors Gehirn. Was wir erleben, sind nicht die Daten, die die Sinnesorgane, etwa das Auge, dem Gehirn liefern. Vielmehr werden diese Daten zuvor im Zentralnervensystem verrechnet. In diese Berechnungen gehen ganz wesentlich Annahmen ein, die nicht aus den Sinnesdaten gewonnen werden, sondern aus der – phylogenetischen und ontogenetischen – Vorgeschichte des Individuums zu erklären sind. Erst das Resultat dieser »Berechnungen« wird schließlich erlebt. Es muß also in unserem Gehirn ein im Detail noch unbekanntes neuronales System geben, das den Inhalt unseres Erlebens bestimmt. Natürlich ist die Annahme plausibel, daß es Systeme, auch neuronale Systeme gibt, die kein solches Erleben konstruieren. Möglicherweise ist dies der Fall bei sehr einfachen Tieren, oder, noch wahrscheinlicher, bei Systemen, die zwar Informationen verarbeiten können, aber dies auf sehr einfache Weise tun, wie etwa Computer oder die bisher entwickelten Roboter.

Teile unseres Nervensystems hingegen sind befähigt, Erleben hervorzubringen, ein Konstrukt, das gelegentlich »inneres Weltmodell« genannt wird. Man mag darüber spekulieren, warum die Evolution ein System hervorgebracht hat, das nicht die »Realität«, sondern etwas Artifizielles abbildet. Eine mögliche Erklärung: Die Daten, die die Sinnesorgane dem Gehirn liefern, sind fast immer mehrdeutig – offensichtlich ist das bei bestimmten optischen Täuschungen, gilt aber für jeglichen Wahrnehmungsvorgang. Um dennoch eine Entscheidungsgrundlage zu haben, muß sich das Gehirn für eine dieser Interpretationen entscheiden. Der hierbei eingesetzte Mechanismus verwendet angeborene und erlernte Regeln und wählt aus vielen möglichen Interpretationen diejenige Interpretation, die zu diesen Regeln am besten paßt.

Was wir erleben, ist also das Ergebnis einer Konstruktion. Die Fülle von wissenschaftlichen Befunden hierzu faßt der Philosoph Thomas Metzinger mit dem Satz zusammen: »Wir verwechseln den Inhalt unseres Weltmodells mit der Realität.«

Was bedeutet diese Betrachtungsweise für die Frage nach dem freien Willen? Was wir subjektiv erleben, ist ein Konstrukt des Gehirns, also auch das Erleben dessen, was wir mit freiem Willen bezeichnen. Damit ist nichts darüber gesagt, ob dieser Erlebensinhalt einer Realität entspricht oder nicht. Diese Frage kann durch zwei im Prinzip sehr einfache Experimente geklärt werden. Man kann Menschen in bestimmten Gehirnbereichen, im sogenannten Thalamus, künstlich so reizen, daß sie einen Finger bewegen. Befragt danach, ob sie diese Bewegung geplant und gewollt haben, verneinen sie dies erwartungsgemäß. Man kann in einem weiteren Experiment die Fingerbewegung auch durch Reizung in einem anderen Gehirnbereich, dem motorischen Kortex, auslösen. In diesem Experiment behaupten die Versuchspersonen erstaunlicherweise, daß sie die Bewegung willentlich durchgeführt hätten. Hier liegt also das Erleben einer freien Entscheidung vor, die in diesem Falle aber nachweislich von außen ausgelöst wurde. Das Erlebenssystem kann also getäuscht werden.

Wie frei ist denn nun der Wille, den wir zweifellos als frei empfinden? Es wird niemand bestreiten wollen, daß das Funktionieren unseres Nervensystems chemisch-physikalischen Naturgesetzen unterliegt. Die Hauptaufgabe, die Gehirne zu erledigen haben, ist die Entscheidung darüber, was jeweils als nächstes zu tun ist. Dabei wägt dieses System die Argumente ab und trifft eine Entscheidung. Zum Teil werden uns diese Argumente bewußt, erreichen also unser Erlebenssystem, zum Teil nicht. Die genauen Mechanismen sind uns noch nicht bekannt. Man spekuliert über neuronale Attraktoren, die intensiv untersucht werden und die komplexe Eigenschaften besitzen können. Solche Attraktoren besitzen eine innere Dynamik, benötigen also Zeit, bis sie einen stabilen Zustand erreicht haben.

Nun wird von Philosophen gelegentlich behauptet, daß in menschliche Entscheidungen über das Spiel widerstreitender neuronaler Attraktoren hinaus auch »Gründe« eingehen, wobei mit Gründen etwas gemeint ist, das neuronal nicht repräsentiert werden könne. Hier liegt der Verdacht eines massiven Kategorienfehlers nahe. Wenn ein Geisteswissenschaftler die These vertritt, Gehirne könnten keine Gründe anerkennen, sondern folgten lediglich Kausalketten, ist dies genauso unglücklich, wie es die Aussage eines Naturwissenschaftlers ist, der behauptet, Liebe sei nichts anderes als das Zusammenwirken bestimmter Hormone. Der Fehler besteht in beiden Fällen darin, daß dasselbe Phänomen auf verschiedenen Ebenen beschrieben wird und diese unterschiedlichen Beschreibungen dann als sich ausschließende Alternativen aufgefaßt werden.

Die These, daß Gehirne keine Gründe kennen könnten, entspräche, um ein Beispiel aus der Physik zu wählen, der Aussage, daß die Temperatur eines Gegenstandes nichts mit der kinetischen Energie seiner Moleküle zu tun habe. Hier werden verschiedene Beschreibungsebenen gemischt, was offensichtlich zu falschen Schlußfolgerungen führen kann.

Die eigentliche Frage bei der Betrachtung des freien Willens besteht darin, ob das neuronale System, das den Inhalt des Erlebens konstruiert, seinerseits einen Einfluß auf die Entscheidungen hat, oder ob es dafür, wie eine Interpretation mancher Experimente nahelegen könnte, um Bruchteile von Sekunden zu spät kommt. Diese Frage ließe sich mit naturwissenschaftlichen Methoden untersuchen. Ich vermute, daß dieses neuronale System, der Erlebens-Konstruktor, sehr wohl einen Einfluß auf die Entscheidungen hat, ja, daß er sogar das Entscheidungssystem selbst, oder zumindest einen wesentlichen Teil desselben, darstellt. Auf der Ebene des Erlebens zeigt sich jedoch nur so etwas wie eine Kopie dessen, was sich in diesem Teil des Gehirns abspielt. Diese Kopie führt allerdings, aus uns noch unbekannten Gründen, nur mit einer gewissen zeitlichen Verzögerung zu einem Erleben. Zwar ist die Formulierung, daß die Entscheidung in dem Moment, in dem diese in unserem Bewußtsein auftaucht, schon getroffen wurde, nicht falsch. Sie ist aber nur sinnvoll, wenn man sich darüber klar ist, daß mit »Ich entscheide« und mit »mein Gehirn entscheidet« nicht zwei verschiedene Entitäten gemeint sind. Es wäre wiederum ein Kategorienfehler, zwischen »Ich« und »mein Gehirn« zu unterscheiden.

Zwar ist die Vermutung verbreitet, daß das Erleben an sich, also das, was ich als »Kopie« bezeichne, kausalen Einfluß ausüben kann. Es gibt aber keinen Grund, an dieser Vermutung weiterhin festzuhalten, da sie sich in diesem Licht einerseits als unnötig, da ohne Erklärungswert, erweist und darüber hinaus mit wichtigen Naturgesetzen – etwa dem Satz von der Erhaltung der Energie – nicht in Einklang zu bringen ist. Damit entfällt auch das Argument, aus der Fähigkeit zu erleben ergebe sich ein Selektionsvorteil.

Die ebenfalls mögliche Annahme, der freie Wille sei mit Zufallseffekten zu erklären, kann, außer vielleicht in Fällen knapper Entscheidungssituationen, niemanden wirklich befriedigen. Die Ursache für den Eindruck, einen freien Willen zu besitzen, also den Eindruck, das Ergebnis einer Entscheidung liege nicht von vorneherein fest, ist vielmehr so zu begründen: An der Entscheidungsfindung ist eine größere Zahl »neuronaler Attraktoren« beteiligt, also dynamischer Nervennetze, die auch nach Störungen wieder einen stabilen Zustand einnehmen können – wobei nur die Inhalte einiger dieser Attraktoren erlebt werden. Wo aber nicht alle Aspekte bewußt werden, scheint eine Entscheidung plötzlich aufzutauchen. Sie kommt unerwartet, woraus sich eine Erklärungslücke ergibt. Nun gibt es viele Beispiele dafür, wie Gehirne Erklärungslücken durch die Konstruktion plausibler Erfindungen füllen. Beispiele hierfür sind optische und kognitive Illusionen. Die Annahme liegt deshalb nahe, daß die hier beschriebene Erklärungslücke unser Gehirn veranlaßt, an dieser Stelle das Konstrukt eines freien Willens einzuführen.

Sind diese Erkenntnisse relevant für die Schuldfrage in der Rechtsprechung? Meiner Ansicht nach nicht grundsätzlich. Vielmehr scheint mir, wenn man auf ihrer Basis die Existenz von Schuld bestreitet, ein ähnlicher Kategorienfehler vorzuliegen, wie er oben schon diskutiert wurde. Bewege ich mich gedanklich auf der neuronalen Ebene, so finde ich dort keine

»Schuld«. Es ist sinnlos, danach zu suchen, genauso wie ich keine Temperatur finde, wenn ich einzelne Moleküle betrachte. Dennoch ist der Begriff »Temperatur«, ebenso wie der Begriff »Schuld«, auf der entsprechenden Betrachtungsebene sinnvoll.

Zu Problemen können diese Erkenntnisse jedoch insofern führen, als sie – falsch popularisiert und mißverstanden – als Entschuldigung für kriminelle Akte herangezogen werden. Das Erreichen einer neuen Stufe der Aufklärung – siehe Darwin, siehe Freud – bringt üblicherweise solche Mißverständnisse mit sich, denen deshalb rechtzeitig entgegengearbeitet werden muß. Vorurteilsbehaftetes Verdrängen dessen, was nicht sein kann, weil es nicht sein darf, wäre in dieser Situation alles andere als hilfreich. Vielmehr sollte uns die Erkenntnis – mitunter als die vierte kopernikanische Wende bezeichnet –, daß unser Erleben, also wir selbst, das Konstrukt eines physikalischen Systems ist, zugleich Bescheidenheit und Erstaunen lehren.

Neurobiologen können mit ihren Methoden versuchen, die dem Erlebens-Konstruktor zugrundeliegenden neuronalen Mechanismen aufzudecken. Aber selbst wenn dies gelingen sollte, wird nach wie vor eine Frage offenbleiben: Wie kommt es, daß diese neuronalen Aktivitäten dazu führen, daß wir etwas erleben? Was wir sicher wissen, ist, daß es das Phänomen des subjektiven Erlebens gibt. Denn genau das macht uns als Person aus. Wie aber ist es erklärbar, daß die Aktivität bestimmter Nervenzellen dazu führt, daß sich innerhalb eines physikalisch-biologischen Systems plötzlich eine ganz neue Dimension entwickelt, nämlich daß »in« diesem System das Phänomen des Erlebens auftritt? Offensichtlich können auch die Erkenntnisse der Neurobiologie die Frage nach dem Verhältnis zwischen Leib und Seele nicht beantworten.

Bleibt das eigentlich Unerklärliche: Wie kann es sein, daß sich in einem aus Nervenzellen bestehenden System unter bestimmten Bedingungen das Phänomen des subjektiven Erlebens entwickelt? Diese Frage, von der schon gesagt wurde, sie könne nie beantwortet werden, ist, so glaube ich, auf sehr unspektakuläre Weise zu lösen. Sie könnte in ähnlicher Weise gelöst werden wie die Frage danach, was lebende und tote Materie unterscheidet. Zur Erklärung dieser Frage wurde vor etwa hundert Jahren von den Vitalisten eine zusätzlich zu den materiellen Bedingungen notwendige »vis vitalis« gefordert. Das Problem, damals intensiv und sehr emotional diskutiert, stellt sich inzwischen nicht mehr. Es scheint offenbar gelöst zu sein. Wie das? Wir haben inzwischen erkannt, daß unter ganz bestimmten Bedingungen Materie die Eigenschaft zukommt, lebendig zu sein. Wir können mit dieser Situation gedanklich umgehen, können im Prinzip vorhersagen, welche Wirkungen bestimmte molekulare Mechanismen haben, und leben daher in dem Bewußtsein, verstanden zu haben, was Leben ist. Diese Erkenntnis hat sich ganz allmählich durchgesetzt. Auch das Leib-Seele-Problem wird, meiner Ansicht nach, eines Tages auf ebenso unspektakuläre Weise als gelöst angesehen werden.

Christof Koch
Die Zukunft der Hirnforschung. Das Bewußtsein steht vor seiner Enthüllung

Den Geisteswissenschaften ist es trotz oftmals heroischer Bemühungen über viele Jahrhunderte nicht gelungen, allgemein anerkannte Erkenntnisse zu entwickeln, wie die Kluft zwischen Körper und Geist, die als Leib-Seele-Problem bekannt ist, überwunden werden kann. Das Instrumentarium der Philosophen – eine durch Introspektion angereicherte logische Argumentation – ist der enormen Komplexität und Unzugänglichkeit des menschlichen Geistes einfach nicht gewachsen. Bei der naturwissenschaftlichen Methode ist das anders. Die Methoden der Hirnforschung werden immer feiner und genauer. Sie reichen von einer präzisen Manipulation der Moleküle auf der Ebene des Genoms über die Analyse der Aktivität von Nervenzellen bis hin zur Abbildung der Stoffwechselaktivitäten im menschlichen Gehirn. Das Ziel, empirisch, quantitativ und überprüfbar verstehen zu können, wie der bewußte, subjektive Geist aus dem physischen Gehirn hervorgeht, scheint damit in greifbare Nähe gerückt. In den letzten Jahrzehnten haben wir mehr über das Gehirn gelernt als in der gesamten Menschheitsgeschichte zuvor.

Doch noch sind wir in der Neurobiologie nicht soweit, die materielle Basis des menschlichen Selbstbewußtseins zu erklären. Zusammen mit meinem Forschungspartner Francis Crick, dem Mitentdecker der DNS, konzentriere ich mich auf das sogenannte Wahrnehmungsbewußtsein, also auf bewußtes Sehen, Hören und Riechen, das wir auch bei anderen Säugetieren vermuten. Darauf aufbauend, wird sich die Biologie dann letztendlich auch dem Selbstbewußtsein oder abstrakteren Aspekten des mit Symbolen und Sprache verbundenen Bewußtseins zuwenden, das beim Menschen seine höchste Entwicklung erfährt.

Die meisten Handlungen, die der Strom des Lebens diktiert, treten nicht direkt ins Bewußtsein. Während ich etwa dies an meinem Laptop schreibe, führe ich mit den Fingern eine Reihe fein abgestimmter Bewegungen aus, doch bewußt ist mir dabei nur der Inhalt dessen, was ich schreiben möchte, und der auch nur bedingt. Oder nehmen wir das Sprechen. Ich bin mir der Dinge, die ich sagen will, nur selten bewußt, bevor ich mich sprechen höre. Irgendein Gehirnsystem muß aber die vage Vorstellung, über die ich nachdenke, gefaßt, in grammatisch korrekte Sprache übersetzt und schließlich die motorischen Signale erzeugt haben, die meine Sprechmuskeln steuern. Wenn ich Auto fahre, einen Tennisball zurückschlage oder eine Felswand hinaufklettere, muß mein Gehirn visuelle und andere Sinnesempfindungen verarbeiten und sehr schnell eine adaptive motorische Reaktion erzeugen. Francis Crick und ich bezeichnen diese automatischen und hochgradig antrainierten sensomotorischen Systeme als »Zombie-Agenzien«.

Das ungeschickte Verhalten von Schlafwandlern oder von Patienten mit Automatismen, wie sie bei bestimmten Formen der Epilepsie auftreten, können als Beispiele für reines Zombietum gelten, bei dem das bewußte System zeitweilig ausgeschaltet ist. Diesen Menschen bleiben nur relativ stereotype Verhaltensweisen übrig, die anscheinend nicht ins Bewußtsein treten. Der Schlafwandler oder Patient kann sich später nicht an sie erinnern.

Warum reichen die neuronalen Aktivitäten, die Zombie-Verhalten zugrunde liegen, aber nicht für Bewußtsein aus? Dies führt zur Frage, wo Bewußtsein stattfindet. Ein Grund dafür, warum Verhalten unbewußt bleibt, könnte darin liegen, daß die Aktivität in den betreffenden Teilen des Gehirns nicht lange genug anhält, um auf andere, reflektierende Teile des Gehirns auszustrahlen. Eine für Bewußtsein hinreichende neuronale Aktivität muß offenbar Zugang zu den Planungsebenen des Gehirns haben, sie muß längere Zeit anhalten und entspricht wahrscheinlich dem Prinzip des Alles-oder-nichts.

Psychologen haben optische Tricks entwickelt, mit denen man die Spuren des Bewußtseins im Gehirn, die neuronalen Korrelate, verfolgen kann. Ein Beispiel dafür ist die sogenannte

»bewegungsinduzierte Blindheit«. Zwei helle gelbe Quadrate sind von einer Wolke kleiner blauer Punkte umgeben, die sich ständig bewegen. Wenn man eine Weile auf irgendeine Stelle des Bildschirms starrt, bemerkt man irgendwann, daß man eines der gelben Quadrate oder beide nicht mehr sieht. Der Grund dafür ist, daß die Wahrnehmung der blauen Wolke im Gehirn die Wahrnehmung der gelben Quadrate unterdrückt. Die Quadrate sind einfach verschwunden, für ein paar Sekunden oder auch länger, bis sie plötzlich wiederauftauchen, wenn man die Augen bewegt. Das läßt sich beliebig oft wiederholen. Die gelben Quadrate verschwinden aus dem Bewußtsein und kehren zurück, während der physikalische Reiz derselbe geblieben ist. Interessant ist nun, welche Neuronen in unserem Gehirn aktiv sind, wenn wir die gelben Quadrate bewußt sehen, und ob diese Neuronen stumm bleiben, wenn wir die Quadrate nicht bewußt sehen, obwohl sie immer noch auf dem Bildschirm vor unseren Augen sind.

Starrt jemand eine Weile auf eines dieser gelben Quadrate und dann auf einen schwarzen Computerschirm, sieht er dort ein bläuliches Nachbild. Wird er solch ein farbiges Nachbild auch dann sehen, wenn er auf die gelben Quadrate geschaut hat, ohne sie bewußt wahrzunehmen? Die Antwort lautet ja. Dauer und Stärke des Nachbilds hängen nicht von der bewußten Wahrnehmung der Quadrate ab, sondern nur davon, wie lange die Augen dem reinen physikalischen Stimulus ausgesetzt waren. Ob wir das Bild tatsächlich bewußt »sehen«, ist für dessen Nachbild vollkommen gleichgültig. Daraus folgt, daß der neuronale Ort für die bewußte Wahrnehmung der gelben Quadrate höher angesiedelt sein muß als der Ort des Nachbilds, den man in der Netzhaut vermutet. Mit so einfachen Experimenten kann man Fortschritte erzielen.

Itzhak Fried, Neurochirurg an der Medical School der University of California in Los Angeles, und ich haben in einem ähnlichen Versuchsaufbau das Verhalten einzelner Neuronen in einem höher gelegenen Teil der Gehirnrinde, dort, wo wir die Korrelate des Bewußtseins vermuten, bei epileptischen Patienten aufgezeichnet. Wenn die Nervenzellen eine starke elektrische Reaktion zeigten, »sah« der Patient den Stimulus bewußt.

Wenn diese Zellen nicht feuerten, sah der Patient ihn nicht. In dieser höheren Planungsebene des Gehirns feuerte keine Zelle bei unterdrückten, nicht gesehenen Stimuli. Wo das Freudsche Unterbewußte auch sein mag, hier ist es jedenfalls nicht. Während die Neuronen der Netzhaut und die Zellen der ersten Kortexebenen von der bewußten Wahrnehmung getrennt aktiv sein können, besteht bei diesen höheren Ebenen eine enge Verbindung zum Bewußtsein.

Um hier weitere Fortschritte zu machen, ist es wichtig, eine Reihe von Verhaltensuntersuchungen zu entwickeln, gleichsam einen Turing-Test für das Bewußtsein. Angesichts der Existenz von Zombie-Verhaltensweisen müßte es sich dabei um Verhalten handeln, das nicht instinktiv ist, bei dem Informationen zumindest kurzfristig im Gedächtnis behalten werden und gewisse Formen der Aufmerksamkeit im Spiel sind. Die entsprechenden Versuche müßte man dann an Versuchspersonen durchführen, die der Sprache nicht mächtig sind: an Kleinkindern, Erwachsenen mit schweren Hirnschäden, die nicht mehr sprechen können (etwa Patienten mit dem Locked-in-Syndrom), und an Tieren wie Affen, Mäusen oder sogar Fliegen, um herauszufinden, ob sie zumindest ein gewisses Maß an bewußter Empfindung haben.

Das Gehirn ist aufgrund seiner Größe das komplexeste Gebilde im bekannten Universum. Die Naturwissenschaft geht mit solcher Komplexität um, indem sie das Gehirn in seine Bestandteile zerlegt, diese isoliert untersucht und dann wieder zusammensetzt. Auf das menschliche Gehirn läßt sich ein solches reduktionistisches Forschungsprogramm aus ethischen Gründen natürlich nicht anwenden. Mäuse sind aber als Modellorganismen geeignet. Mit den Mitteln der Molekularbiologie können wir vorhandene Gene herauslösen oder verändern und neue Gene einführen. Gegenwärtig werden Techniken entwikkelt, die es uns ermöglichen, identifizierte Teilpopulationen von Neuronen auf gentechnischem Wege planvoll und präzise, vorübergehend und reversibel zum Schweigen zu bringen. So könnten die Wissenschaftler bestimmte Schaltkreise bei erwachsenen Tieren für kurze Zeit ein- oder ausschalten. Bestehen Tiere, bei denen man Netzwerke des Kortex ausgeschaltet hat, immer noch Tests auf bewußte Wahrnehmung? Ist es möglich, eine für das Bewußtsein wesentliche neuronale Eigenschaft abzuschalten und die Maus dadurch zu einer Art »Zombie« zu machen, der zwar wahrnimmt, dies aber nicht bewußt? So beginnt die Hirnforschung heute von der bloßen Beobachtung und der Korrelation zur Klärung kausaler Zusammenhänge voranzuschreiten.

Diese Fortschritte im Bereich der experimentellen Verfahren haben es Francis Crick und mir ermöglicht, einen begrifflichen Rahmen für das Bewußtsein zu erstellen. Dieser ist natürlich noch provisorischen Charakters, aber die zugehörigen Hypothesen gestatten es uns, neue Beobachtungen zu interpretieren, neue Experimente und Hypothesen zu entwickeln und schließlich herauszufinden, welche architektonischen Elemente des Gehirns für das Bewußtsein von entscheidender Bedeutung sind. Im Laufe der Zeit wird die Wissenschaft die neuronalen Korrelate des Bewußtseins vollständig beschreiben. Und was dann? Als Francis Crick und James Watson erkannten, daß die DNS aus zwei komplementären, zu einer Helix verbundenen und in entgegengesetzter Richtung verlaufenden Strängen besteht, war das Geheimnis der Vererbung mit einem Schlag enthüllt. Ganz ähnlich könnte es beim Bewußtsein geschehen. Es spricht aber mehr dafür, daß wir das Gehirn als Basis des Bewußtseins nicht schlagartig, sondern nur langsam und mühsam verstehen werden.

Am Ende dieses Verstehens könnte die Erkenntnis stehen, daß die traditionelle Formulierung des Leib-Seele-Problems gar keinen Sinn hatte. Konkrete Fragen werden sich dann im Testverfahren beantworten lassen: Kann dieses Tier, dieses Baby, dieser Patient für kurze Zeiten Informationen speichern und sie zum Planen nutzen? Was geschieht bei Pathologien des Bewußtseins wie Autismus oder Schizophrenie? Welche – natürlichen oder künstlichen – Systeme können bewußte Gefühle haben? Wo, auf der Ebene der Synapsen und Nervenzellen, ist die »Bedeutung« einer Wahrnehmung zu finden? Natürlich gibt es keine Garantie dafür, daß die Menschen in der Lage sind, das Wesen des Bewußtseins vollkommen zu verstehen. Ob uns eine endgültige Theorie des Bewußtseins aus praktischen, methodischen oder ontologischen Gründen versagt bleiben wird, kann allerdings nur die Neurowissenschaft ergründen.

Deutsch von Michael Bischoff

Gerd Kempermann
Infektion des Geistes. Über philosophische Kategorienfehler

Das Gespenst des Determinismus geht um in Deutschland, und eine philosophiegeschichtlich nicht mehr ganz taufrische Debatte ist wieder aktuell. Neu ist, daß die Neurobiologie die Stichworte geliefert hat und sich anschickt, den Leib-Seele-Graben in unseren Köpfen zu überspringen. Wie frei ist der Mensch von der selbstherrlichen Aktivität seiner Nervenzellen? Wie sehr determiniert die Biologie das, was den Menschen zum Menschen macht?

Jeder, der schon einmal zuviel getrunken hat, hat seine private Bestätigung für den Satz »mind is what the brain does« gefunden. Ohne Gehirn kein menschlicher Geist. Es ist ebenfalls eine Alltagserfahrung, daß der Wille so frei nicht ist. Die Psychologie der Politik und des Gesundheitsverhaltens sind Beispiele, wie Menschen anders handeln, als sie könnten und »eigentlich« wollen. Dennoch ist die Geschichte der Menschheit durchaus so verlaufen, als ob es freien Willen und verantwortliches Handeln gegeben habe. Könnten wir überhaupt als Menschen leben ohne die Überzeugung, Autonomie zu besitzen?

Die siebziger Jahre kannten die Determinismusdebatte in der Pädagogik. Aus dieser Zeit stammen fragwürdige Prozentangaben: Der Mensch sei (je nach Ideologie) zu 10, 50 oder 90 Prozent durch die Umwelt und der Rest auf hundert Prozent durch seine Gene bestimmt. Das ist Unsinn. Der Mensch ist ganz durch seine Gene und ganz durch seine Umwelt bestimmt. Diese Wechselwirkung ist wörtlich zu nehmen. Auch unser Gehirn verändert sich lebenslang durch Aktivität. Das Konzept der »Plastizität« hat die Neurowissenschaften revolutioniert. Denn es stellt einen Zusammenhang zwischen Struktur und Funktion her, der in beiden Richtungen funktioniert. Im Mikroskopischen und Biochemischen verändert sich das

Gehirn ständig. Ein starr nach Plan verdrahtetes Gehirn wäre tot.

Der Informationsgehalt des Genoms reicht um Zehnerpotenzen nicht aus, um den Schaltplan des Gehirns mit seinen Myriaden von Verknüpfungen zu bestimmen. Der Organismus und sein Gehirn entwickeln sich buchstäblich selbst, und diese Selbstorganisation ist das eigentliche Rätsel des Lebens. Genetische Information ist kontextsensitiv. Nur so kann aus dreißigtausend Genen ein Mensch werden. Von der Befruchtung an ist Entwicklung eine Interaktion zwischen Genom und Umwelt. Umwelt ist hierbei alles außerhalb des Genoms, inklusive der Bestandteile der gleichen Zelle. Für neun Monate ist die Gebärmutter die prägende äußere Umwelt. Erst vergleichsweise spät tritt Erziehung in diese Interaktion. Dann hat das Gehirn die wichtigsten Prägungen längst erhalten. Aber die plastische Interaktion geht lebenslang weiter.

Wie aber kann in diesem Prozeß »freier Wille« entstehen? Vielleicht ist die Frage falsch gestellt. Denn was wir damit assoziieren, ist nicht primär in der Sphäre der Naturwissenschaften zu Hause. Der freie Wille gehört wie die Menschenwürde in die Kategorie der Konstrukte, die Zuschreibungen sind. Freier Wille bleibt schon in der Eigenwahrnehmung unscharf. Man mag prinzipiell viel auf die eigene Autonomie halten, um sie doch in schwierigen Situationen, nicht nur in Strafverfahren, bereitwillig über Bord zu werfen und auf biologische Entlastungsgründe zurückzugreifen. Wir sind uns unserer Natur und der Abhängigkeit von ihr durchaus bewußt. Aber das befreit uns nicht davon, verantwortlich zu handeln. Denn es ist ja nicht nur Natur in uns.

Die Naturwissenschaften können einiges über die Voraussetzungen, daß wir »freien Willen« erleben können, aussagen. Ohne Gehirn gäbe es freien Willen nicht. Aber das heißt nicht, daß freier Wille biologisch restlos zu erfassen und zu erklären wäre. Ein solches Phänomen wird immer ganz Biologie und ganz Geist, ganz Gene und ganz Umwelt bleiben. Das Beispiel der modernen Psychiatrie zeigt, daß viele der Probleme um »Person«, »Autonomie« und »freien Willen« längst – zum Wohle der Patienten – eine pragmatische Lösung gefunden haben. Wenn man in Zusammenhängen, die wir bisher der Psyche zugeschrieben haben, die Erkenntnisse der Biologie zuläßt, brechen nicht gleich die moralischen Fundamente des Abendlandes weg. Durch Berücksichtigung der »Natur des Menschen« gelingt es oft erst, zu wirklich menschlichen Lösungen zu gelangen. Die forensische Psychiatrie beschäftigt sich seit langem mit diesen Fragen, und auch sie lernt nicht nur durch soziopsychologische Forschung, sondern auch durch Neurobiologie dazu.

Ein Extrembeispiel ist der Bericht über einen Mann, der pädophile Neigungen entwickelte, die so restlos wieder verschwanden, wie sie aufgetaucht waren, nachdem er an einem Hirntumor operiert worden war. In der Psychiatrie gilt die Regel, daß bei allen unklaren psychischen Symptomen ein Tumor oder eine andere organische Schädigung ausgeschlossen werden muß. Auch wenn selbstredend nicht umgekehrt gilt, daß immer Tumoren, Infarkte oder Verletzungen die Ursachen psychischer Symptome sind, so gilt doch, daß auch weniger augenfällige Ursachen als ein Tumor »geistige« Phänomene bewirken könnten. Viele sitzen dem Irrtum auf, daß solch ein Zusammenhang nur im Krankheitsfalle gälte – als überwältige die Biologie hier plötzlich den Geist, halte sich sonst aber vollständig zurück. Diese Sicht ist durch die Neurobiologie immer weniger haltbar. Wenn es eine konstante biologische Komponente in unseren Handlungen gibt, verbietet es sich auch, sie einseitig zu bemühen, wenn uns die Bürde des freien Willens zuviel geworden ist.

Schizophrenie und Depression sind sehr häufige Erkrankungen, die mit einem unsagbaren Leid für die Betroffenen und ihre Angehörigen einhergehen. Niemand ist vor diesen Krankheiten gefeit. Sie können zum sozialen Abstieg und zum Selbstmord führen. Im Gegensatz zur Einstufung als »Geisteskrankheiten« ohne biologisches Korrelat stand aber schon lange die Erfahrung, daß beide Krankheiten mit Medikamenten in einem gewissen Rahmen gut behandelt werden können. Das heißt, hier können soziales Elend und unzeitiger Tod »biologisch« verhindert werden.

Es ist vorhersehbar, daß Depression und Schizophrenie ihren Status als »Geisteskrankheiten« ganz verlieren werden. Noch im 19. Jahrhundert bestimmte das heute praktisch ausgestorbene Krankheitsbild der »progressiven Paralyse« die psychiatrische Arbeit. Sie war von schweren Wesensänderungen und psychotischen Symptomen gekennzeichnet, darin der Schizophrenie ähnlich. Als aber Antibiotika entdeckt waren, wurde die Syphilis und mit ihr deren Gehirnstadium, die Neurosyphilis und eben die progressive Paralyse, behandelbar. Eine der typischsten »Geisteskrankheiten« verschwand, weil wir eine Infektion zu behandeln lernten!

Die Psychiatrie wird der Rätsel aber prinzipiell nie vollständig Herr werden können. Zwar kann man ungeachtet verbreiteter Vorurteile auch Depression und Schizophrenie behandeln. Kein guter biologischer Psychiater käme aber auf die Idee, es dabei bewenden zu lassen. Dem »Organischen« des Gehirns auf die Sprünge zu helfen ist unverzichtbar und hat die therapeutischen Durchbrüche in der Psychiatrie erst ermöglicht. Aber auch biologische Psychiatrie beinhaltet Psychotherapie; sie verläßt sich nur in der Regel nicht allein auf sie und konstruiert hier keinen Gegensatz.

Psychiatrische Erkrankungen sind Ausdruck einer fehlgesteuerten Interaktion zwischen biologischer Disposition und der Lebensgeschichte des Patienten. So gibt es Menschen, die viele Schicksalsschläge hinnehmen und nie depressiv werden, während andere aus denkbar größtem Glück heraus in die schwerste Depression verfallen. Biologische Psychiatrie heißt gerade nicht, einseitig mechanistisch zu denken, sondern den Menschen in seiner ganzen Natur, also der Biologie und den psychosozialen Bezügen, zu begreifen und zu behandeln. Diese Ganzheitlichkeit ist eine andere als die der Wartezimmerzeitschriften. Die bestimmende Interaktion zwischen Natur und persönlicher Lebensgeschichte gilt selbstverständlich nicht nur für die Psychiatrie. Bei Herzinfarkten, Typ-II-Diabetes und bestimmten Krebsformen ist das Zusammenspiel von Disposition und Lebensführung Allgemeingut geworden. Was ist Lebensführung anderes als der persönliche, »freie« Umgang mit Disposition, das verantwortliche Leben der eigenen Natur?

In der Debatte um die Stammzellforschung an Embryonen

ging es um die Frage, wann individuelles Leben und die Person beginnen. In der Determinismusdebatte geht es um die Frage, wo in der Person ihr »Ich« beginnt. In beiden Fällen suchen wir nach einer Abgrenzung von der Natur und erwarten von der Biologie, sie uns zu liefern. Die Natur verweigert uns die klare Antwort, denn die gesuchten Kategorien sind immer vom Menschen gesetzt. Sie konfrontiert uns mit einer unendlich komplexen Wechselwirkung, aus der wir selbst Sinn machen müssen, so gut es geht. Gerade diese Setzung ist aber die Leistung, die uns vom Diktat der Natur abhebt.

Eine Ethik können nur Menschen haben. Biologische Fakten anzuerkennen heißt nicht, der Verantwortung ledig zu sein, eine solche Ethik zu entwickeln. Die Hirnforschung und die biologische Psychiatrie mahnen uns, daß wir es uns mit der Entwicklung ethischer Kategorien nicht zu einfach machen dürfen. Komplexe Abwägungen stehen bevor. Sie sind eine Herausforderung, die der Anstrengungen der ganzen Wissenschaft, Geistes- und Naturwissenschaft, wert ist.

Christian Schwägerl
Neurodämmerung. Wer den Geist schützen will, sollte seine Moleküle kennen

Warum das Gehirn? Weil das ganze geballte Wissen der Forscher, die auf den Ebenen der Moleküle, der Zellen und der Informationsnetze arbeiten, im 21. Jahrhundert dort zusammenfließen wird, woher es stammt. Konflikte künden sich an um menschliche Identität und Autonomie. Der neurobiologische Aufbruch ruft Zweifel, Ängste und Antipathie hervor. Dabei haben Gehirnforscher in erster Linie Bewunderung verdient. Bemerkenswert ist allein schon der Mut der Forscher, es auf der Grundlage von widerlegbaren Hypothesen und empirischer Erkundung überhaupt mit dem Gehirn aufzunehmen. Eine Milliarde flackernder Nervenzellen, die mit jeweils bis zu zehntausend Verbindungen verknüpft sind, etwa 500 000 Kilometer Leitungen, ein galaktisches Konzert von Gen- und Proteinaktivität – hier konnte man sich, zumindest bevor die biologische Methodik es zur Feinstanalyse gebracht hatte, nur verlieren. Jeder, der sich auf den Weg begab, wußte, daß das Ziel andere erreichen würden.

Jahrhundertelang waren nachdenkliche Menschen darauf angewiesen, ohne empirische Basis Vermutungen über das Menschsein aufzustellen und darauf Denksysteme zu bauen, die in sich geschlossen, aber unüberprüfbar sind. Der Gehirnforscher ist in dieser Hinsicht bescheidener und anspruchsvoller zugleich. Er hat sich für die kleinen Schritte entschieden, gründet aber jeden auf mühsam erlangte und zugleich nachvollziehbare Anschauung. Die Liebe zum Detail, zur Proteinanalyse jedes Ionenkanals, sollte man ihm nicht vorwerfen. Das Gehirn ist noch so unverstanden, daß jede Kleinigkeit wichtig für sein Verständnis ist – man denke nur an die jüngste Hypothese des nobelpreisgeehrten Forschers Kandel, daß Erinnerungen in Prioneneiweißen verschlüsselt sein könnten.

Bewundernswert ist an Gehirnforschern auch, wie sie Extremzustände des menschlichen Geistes, unter denen Betroffene und ihre Mitmenschen oftmals qualvoll leiden, dem Dunkel der Unerklärbarkeit und der Mystifizierung entlocken, und wie sie Wege zurück in ein ausgeglicheneres Dasein eröffnen. Es ist noch nicht lange her, daß Menschen der Schizophrenie, der Depression, der Epilepsie oder einer Traumatisierung ausgeliefert waren, soziale Ächtung erfuhren oder absurden Therapien unterzogen wurden, unter denen die Quälerei in Eiswasserbecken noch die harmloseste ist. Die Aufklärung der Mechanismen, die zu solchen Zuständen führen, ermöglicht es, zielgenaue Medikamente und unterstützende Psychotherapie zu entwickeln. Damit ist man erst am Anfang, doch schaffen Großvorhaben wie der »Allen-Gehirnatlas« – eine dreidimensionale Inventur der Gen- und Proteinaktivität im Gehirn, für die Microsoft-Mitgründer Paul Allen soeben hundert Millionen Dollar gestiftet hat – die Infrastruktur, um den Mechanismen leidvoller mentaler Zustände näherzukommen.

Auch andere, von vielen Betroffenen als furchtbar empfundene Zustände des Daseins können durch neurobiologische Forschung gelindert oder behoben werden. In Hamburg haben die ersten klinischen Versuche mit Retina-Implantaten, sogenannten Neurochips, begonnen, die es Erblindeten ermöglichen sollen, gewisse Lichtreize wieder wahrzunehmen. Es ist noch offen, wie gut dies funktioniert und wie einfach es für einen Erblindeten ist, mit Sehwahrnehmungen umzugehen, doch allein von der Chance auf Heilung wurde seit Jahrtausenden nur geträumt.

Ähnlich verhält es sich mit der »Tiefenstimulation«, die am Forschungszentrum Jülich erprobt wird. Menschen mit Schüttellähmung wird eine Metallsonde ins Gehirn implantiert, die sich elektrisch reizen läßt. Dies führt dazu, daß das unkontrollierte Zittern und Stolpern, unter dem Parkinsonkranke leiden, abrupt aufhört und daß diese Menschen sich wieder koordiniert bewegen können. Eine weitere Patientengruppe, vollständig Gelähmte, die mit wachem Geist im regungsunfähigen Körper eingeschlossen sind, profitiert von der Möglichkeit, Computer darauf zu dressieren, ihren mentalen Befehlen zu gehorchen, ja sogar Intentionen und Gedanken zu verstehen. Damit können Menschen aus jahrelanger Isolation befreit werden. Die Gehirnforschung ist auch von großer Bedeutung für die alternde Gesellschaft. Kommt die Forschung nicht voran, könnte sich ein immer größerer Teil der Bevölkerung in neurodegenerativen Zuständen befinden, von der einfachen Gedächtnisschwäche bis zur Alzheimer-Erkrankung. Was dies für die Kreativität und Erneuerungsfähigkeit einer Gesellschaft bedeuten würde, läßt sich ausmalen.

Zwar richtet sich der Widerstand gegen die Gehirnforschung nicht unbedingt gegen ihre medizinische Seite, doch wird im Eifer des Gefechts nicht immer differenziert. Kritiker ignorieren das humane Potential der Neurobiologie, Menschen Bewußtsein, Autonomie und Entscheidungsfähigkeit zurückzugeben – Fähigkeiten also, die wegzudefinieren den Biologen vorgeworfen wird. Tief sitzen die philosophisch akzentuierten Vorbehalte. So bedarf die weitverbreitete Ansicht, die Neurobiologie erkläre den Menschen zu einer Art Bioroboter, der Überprüfung. In den vergangenen Jahren hat sich die Gehirnforschung nämlich mehr und mehr von der Hypothese verabschiedet, das Gehirn verwandele sich spätestens mit dem Abschluß der frühkindlichen Phase zu einer fixierten Masse, die nur noch der altersbedingten Degeneration preisgegeben sei. Inzwischen sind die Mikroskope und Sonden entwickelt, um genau hinzusehen.

Nun fasziniert gerade die Regenerationskraft und Verwandlungsfähigkeit des Gehirns, seine »Plastizität«, die Forscher. Es war eine Sensation, als erstmals gezeigt werden konnte, daß zumindest im Hippocampus unter förderlichen Umweltbedingungen und durch Übung neue Nervenzellen wachsen. Auch das sekündliche Wachsen und Schrumpfen kleinster Fortsätze auf den Nervenverbindungen, die Vorgänge des Lernens, Erinnerns und Vergessens vermitteln, überraschte. Das Gehirn gilt seither als äußerst wandelbares Organ, das sich durch Erfahrung und eigenes Handeln ständig strukturell verändert.

Dieser konstruktive Prozeß ermöglicht dem Menschen einen Willen, der so frei ist wie bei keinem anderen Organismus auf der Erde. Zugleich gibt es aber biologische, gehirnarchitektonische, evolutiv und biographisch gewachsene Grenzen des freien Willens. Der Gegensatz von biologischem Prozeß und freiem Willen, von unbewußten chemischen Reaktionen und Selbstbewußtsein, ist daher konstruiert. Je schärfer die Biologie die neuronalen Prozesse beschreibt, desto stärker werden diese als ermöglichende Kräfte von Lernen, Abwägen und freiem Willen hervortreten anstatt als einschränkende Determinanten, von denen die Neurobiologen Wolf Singer und Gerhard Roth schreiben.

Fragwürdig wird zugleich die Sichtweise, die Gehirnforschung bedeute letztlich, daß auch die höchsten geistigen Leistungen des Menschen »nur« eine Sache von Atomen, also der Materie, seien. Gerade wenn man sich vor Augen hält, daß den Prämissen der Neurobiologie zufolge das menschliche Selbstbewußtsein auf drei Milliarden Jahren biologischer Evolution gründet, ausgehend von einfachen geochemischen Reaktionen in einem Urmeer, es also in seiner ungeheuren Komplexität ganz entgegen der Neigung des Kosmos zur Entropie entstanden ist, könnte dies vielmehr Bewunderung und Vorsicht hervorrufen. Wenn das Geistige nicht ein plötzliches Geschenk des Himmels ist, sondern den feuchten Tälern des Evolutionsgeschehens entwachsen konnte, warum sollte dies ein abschätziges »Nur« verdienen? Ein molekular arbeitendes Selbstbewußtsein muß nicht von minderer Qualität sein gegenüber einem ätherischen Selbstbewußtsein.

Philosophen, die auf die Unerklärbarkeit und naturwissenschaftliche Unzugänglichkeit des Bewußtseins und des Willens pochen, müssen sich fragen, mit welchem Ziel sie ihre Disziplin ohne Not von den Einsichten der Gehirnforscher abkoppeln. Fürchtet man nach Kopernikus und Darwin eine weitere Kränkung? Das neunzehnte und zwanzigste Jahrhundert sind mit Grabenkriegen der Wissenschaftskulturen vergangen, angefangen bei Goethes wohlmeinendem Rat an den Hirnforscher Soemmerring, die Seele nicht zu erwähnen, um nicht »die Philosophen« aufzubringen. Man kann der Hirnforschung, wie dies auch heute getan wird, genußvoll ihre Irrtümer auftischen, Soemmerrings These, die Spinalflüssigkeit berge die Seele, oder Franz Joseph Galls Ableitung von Charaktereigenschaften aus der Schädelform, morgen vielleicht Kandels Memory-Prionen. Doch die Fähigkeit zum Irrtum und seiner Korrektur ist gerade die Stärke dieser Disziplin, die eine Annäherung der Deskription an die realen Phänomene ermöglicht.

Für die Philosophie besteht angesichts der massiv gewachsenen Kraft biologischer Forschung die einmalige Chance, relevante Erkenntnisse für ihre Fragen zu gewinnen. Das heißt nicht, daß alles philosophische Fragen neurobiologisch werden müßte. Es geht nur darum, die Neurobiologie als eine Beschreibungsebene ernst zu nehmen. Hirnforscher könnten zu den Handlangern und Handwerkern der Philosophie werden, doch solange man ihrer Disziplin verklemmt, verängstigt oder feindselig gegenübertritt, können Gehirnforscher sich beliebig in Philosophie versuchen. Was dabei herauskommt, ist nicht immer beeindruckend. »Schlechte Philosophie« (Habermas) von Naturwissenschaftlern ist nicht besser als schlechte Naturwissenschaft von Philosophen.

Es spricht viel dafür, die Schützengräben zu verlassen. Beide Sphären, Neurobiologie und Philosophie, erkunden eine einzige Welt. Solange Neurobiologen aber nicht von naturwissenschaftlich kompetenten Geisteswissenschaftlern Orientierung erhalten, bieten sich zahlreiche gefährliche Möglichkeiten, von der methodischen Selbstüberschätzung bis zum neurotechnologischen Mißbrauch des Wissens.

Wenn die Neurobiologie nämlich in ihre technologische Phase tritt, werden die Manipulierbarkeit und die Fragilität von Gedanken, Willen und Bewußtsein besonders offenkundig. Gehirnscanner im Anti-Terror-Kampf, Vergessenspillen für Soldaten, Konsumlockstoffe im Kaufhaus – diese futuristisch anmutenden Techniken sind näher, als man denken würde. Zum Beispiel besteht die Gefahr, daß in Zukunft jene Traurigkeit, mit der man negative Erlebnisse verarbeitet, stigmatisiert und wegbehandelt wird. Solche gesellschaftlichen Prozesse kann aber nur ernsthaft gestalten, wer die reale Deutungskraft der Neurobiologie, aus der sich gute und schlechte technologische Anwendungen ergeben, ernst nimmt. Wer Denken, Wollen und Bewußtsein als freischwebende, über Molekulares erhabene Phänomene schützen zu können glaubt, den wird die Neurotechnologie eines Besseren belehren.

Karl Clausberg und Cornelius Weiller
Wie Denken aussieht. Zu den bildgebenden Verfahren der Hirnforschung

Der »radikale Konstruktivismus« des Bewußtseins ist tot. Es lebe der Konstruktivismus des Unbewußten. Was immer dem »Ich« an spontanen Entscheidungen einfallen mag, es ist auf neuronaler Ebene immer schon längst – Millisekunden zuvor – beschlossene Sache gewesen. Mehr noch: Viele Entscheidungen werden ganz ohne das »Ich« getroffen. Das ist die Botschaft, die namhafte deutsche Neurowissenschaftler in neuesten Büchern, Artikeln und Vorträgen propagieren. Der wimmelnde Ameisenhaufen von zigmilliarden Neuronen in unseren Köpfen als der eigentliche »Konstrukteur« jener Wirklichkeit, die wir wenigstens teilweise zu steuern glauben? Ein gigantisches Einzeller-Parlament en miniature mit ständig wechselnden Koalitionen und Oppositionen, dessen Arbeit und Entscheidungen wir am Fernseher unseres Bewußtseins zu verfolgen versuchen, ohne wirklich eingreifen zu können? Im letzten Jahrzehnt haben sich Befundinterpretationen gehäuft, denen zufolge Bewußtsein nur eine nachgeschaltete Begleiterscheinung neuronal, aber auch zum Beispiel hormonell ausgelöster Verhaltensweisen ist. Was bleibt also vom Bewußtsein als Träger ethisch-moralischer und schließlich auch strafrechtlicher Verantwortlichkeiten? Ein illusionäres Bild unter Bildern?

Die sogenannte »funktionelle Hirnbildgebung«, die in den letzten Jahren zunehmend wieder zu einer strukturellen geworden ist, hat es erstmals ermöglicht, Hirnstoffwechselprozesse lebender Menschen direkt darzustellen. Aber man muß sich darüber im klaren sein, daß solche Bildgebung immer noch Anatomie des menschlichen Gehirns ist; nicht mehr, aber auch nicht weniger. Einsichten der Philosophie und Theologie, Regeln der Linguistik, Gesetzgebungen des Strafrechts oder Begriffsbestimmungen wie »Bewußtsein« sind Artefakte, das heißt: von Menschen geschaffene mentale Konstrukte. Mit den neuen Bildgebungsmethoden nach anatomischen Korrelaten dieser Konstrukte im Gehirn zu suchen ist naheliegend und attraktiv. Derartige epigenetische Veranlagungen mögen auch für viele andere generative Produkte des menschlichen Geistes mitverantwortlich sein. Doch Befunde der funktionellen Hirnbildgebung können darüber hinausgehenden Theoriekonstrukten keine Legitimität verleihen oder für das alltägliche Handeln relevante Konsequenzen verantworten; noch können letztere mit dieser Bildtechnologie entkräftet werden. Der Aufstieg zu interpretatorischen Metaebenen oder gar zu metaphorischen Deutungen ist mit neurobiologischen Befunden nicht zu rechtfertigen.

Natürlich ist der jeweilige Aktivitätszustand von Gehirnen auch durch ihre unmittelbare Geschichte bestimmt. Gehirne sind aber wegen der Zahl der einzelnen Elemente und noch mehr wegen deren unzähliger Verbindungen und durch die Fähigkeit zur Plastizität außerordentlich komplexe Systeme mit inhärentem Vermögen, unvorhergesehen oder offen zu reagieren. Eine eventuelle Determinierung ist auch mit neuesten neurowissenschaftlichen Techniken derzeit nicht annähernd begründbar.

Das justitiable Leitbild des bewußt eigenverantwortlichen Menschen war bis jetzt aus guten Gründen unberührt geblieben. Sollen wir nun durch Hirnforschungsergebnisse, genauer gesagt: aufgrund pointierter Interpretationen, überredet werden, andere Bilder zu benutzen oder alte zu retuschieren? Bilder von mikroskopischen Zell-Republiken und Neuronen-Imperien der Hirnzentren, wie sie schon von Virchow und Flechsig bemüht wurden? Als zeitgenössisches Gegenbild auf der Makroebene dazugehören würde dann zum Beispiel auch die Vorstellung vom »Ich« als verantwortungslosem Tagträumer oder umnachtetem Triebtäter. Derartige Vorstellungen wandern bereits seit dem neunzehnten Jahrhundert in den Geisterwelten mitunter gespaltener und multipler Persönlichkeiten durch die Bewußtseinssphären.

Für das Bewußtsein sei auch der Leib ein Teil der vorgestellten räumlichen Außenwelt, hatte Ewald Hering 1862 in seinen bahnbrechenden, gleichwohl heute kaum noch bekannten Beiträgen zur Physiologie geschrieben. Der Leib sei also selbst ein Vorstellungsbild, das laufend aus dem Gedächtnis vervollständigt und in den Sehraum mit hineingedacht werde, soweit nicht einzelne Teile wie Hand oder Fuß tatsächlich sichtbar seien. Und weiter: Inwiefern das Bild einer Raumwelt, welches wir bei offenen Augen träumen, bestimmt werde durch das jeweilige Netzhautbild, sei von der Physiologie rein empirisch festzustellen, so Hering. 1896 verlieh Henri Bergson solchen Ansichten in seinem Erstlingswerk »Matière et mémoire« eine deutlich spekulativere Wendung: »Materie« nannte er die Gesamtheit der Bilder und »Wahrnehmung der Materie« die mögliche Einwirkung eines bestimmten Bildes, nämlich des eigenen Leibes, auf die anderen Bilder. Einen irrationalen Schluß- und Fluchtpunkt solcher Bildperspektiven hat 1921 der umstrittene Ausdruckstheoretiker Ludwig Klages in seiner Schrift »Vom Wesen des Bewußtseins« gesetzt: »Nicht Dinge, sondern Bilder sind beseelt: Das ist der Schlüssel zur ganzen Lebenslehre.« Diesen Schlüssel aber könnten Naturwissenschaften nicht besitzen, weil sie anstelle der ursprünglichen Wirklichkeit der Bilder, so Klages, die abgeleitete Wirklichkeit bloß unterstellter Dinge setzten.

Im Mai 2003 erschien in der Zeitschrift *Nature* ein Artikel von Antonio Damasio, einem der bekanntesten Neurowissenschaftler in den Vereinigten Staaten. Unter der Überschrift »The Person Within« skizzierte Damasio einen Grundgedanken seines neuesten, kurz zuvor erschienenen Buchs mit dem philosophischen Titel »Looking for Spinoza«. Einige Teile des Gehirns, so Damasio, hätten die Freiheit, durch die Welt zu schweifen, und was immer die Sinne an Klängen, Formen, Geschmäcken und Gerüchen auffaßten, zu kartieren (to map) und in bildartigen Mannigfaltigkeiten (images) zum Bewußtsein zu bringen. Andere Teile des Gehirns jedoch, nämlich jene, welche Struktur und Status des eigenen Körpers repräsentieren, hätten keinerlei Freiheit zum beliebigen Umherschweifen; sie könnten nichts anderes als den Leib kartieren; sie seien – platonisch gesprochen – die gefangenen Zuschauer des Körpers (the body's captive audience).

Es sei durchaus folgerichtig, so Damasio, zu erwarten, daß Eigenwahrnehmung die Quelle jener Kontinuitätsempfindungen sei, welche das mentale Selbst im Körper verankerten. Laufend aktualisierte Kartierungen des Körpers seien notwendig, damit das Gehirn seinen Steuerungsaufgaben nachkommen könne. Höchst verlockend sei also der Gedanke, daß die Natur bei gleicher Gelegenheit und mit denselben Mitteln auch das mentale Selbst erzeuge.

Damasios Bildvorstellungen bewegen sich für befundorientierte Fachkollegen wohl in unverbindlichen Assoziationen; für Wissenschaftshistoriker und Philosophen eröffnen sie bemerkenswerte Rück- und Ausblicke: Könnten uns seine inneren Körperbilder (images from the flesh) vor jener »Unrettbarkeit des Ich« bewahren, die Ernst Mach 1886 in seiner Analyse der Empfindungen verkündet hat? Sein beunruhigendes Urteil glaubte Mach mit jener enigmatischen Zeichnung untermauern zu können, die einen Blick aus dem linken Auge zeigt. Wäre das in Damasios Perspektive das unstete Passepartout der wechselnden Außenweltbilder, die nur von den »Körperbildern« zusammengehalten und auf ein mentales Selbst bezogen werden?

In der Gegenüberstellung treten zwei Einsichten hervor: Für Mach war auch die Teilanwesenheit seines Körpers im Sehfeld kein Garant mehr für die Beständigkeit des Ichs. Bei Damasio aber fehlt gerade jene eigentümliche Doppelprojektion der inneren und äußeren Bilder, die im sichtbaren Vorhandensein eigener Körperteile in der Außenwelt sinnfällig wird. Beide Bildentwürfe oder Bildinterpretationen sind einseitig, aber sie ergänzen sich in der historischen Betrachtung. Die eigenartige Bildtradition der »Selbstschauung Ich«, die man bis zum »großen Physiologen« Johannes Müller (1801-1858) und zum Fichte-Schüler Karl Christian Friedrich Krause (1781-1832) zurückverfolgen kann, bietet sich an zur Vervollständigung und Verschränkung der Doppelperspektiven von Damasio. Und Mach hätte in seiner gezeichneten Selbstschau auch jene andauernd kontinuitätsvermittelnde Körpergegenwart bestätigt finden können, die im verbal von Krause und Müller formulierten und dann auch zum Beispiel von Hering übernommenen Bildtypus ursprünglich angelegt war.

Warum aber hat Damasio überhaupt zum altmodischen Bildtypus der Selbstschau gegriffen, um das mutmaßliche Zustandekommen des Bewußtseins als Bilderkomplex zu fassen? Mit dieser Frage lassen sich die verschiedenen Ebenen der Bildgebung und Bildbetrachtung in der gegenwärtigen Hirnforschung mit größter Schärfe voneinander absetzen: Die partikulären Außenansichten der »funktionellen Hirnbildgebung« können nicht bis zum eigentlichen Wesen des Bewußtseins vordringen. Ganzheitlich bildhafte Binnensichten des Selbst jedoch lassen sich nur bedingt und eingeschränkt auf funktionale Zusammenhänge zurückführen, weil uns ein echter Rückspiegel für die neuronalen Prozesse fehlt. Gerade deshalb könnte die Innen und Außen verschränkende Doppelperspektive der »Selbstschau«, wie sie im neunzehnten Jahrhundert entwickelt wurde, von besonderem Interesse für die heutige Hirnforschung sein.

Seeing is believing, so lautet ein Wahlspruch der neuen Bildgebungsverfahren, deren faktensuggerierende Macht gerade im Lichte neurowissenschaftlicher Forschungen auch als Bedrohung verstanden werden muß. Sobald sachgerechte Bildgebung übergeht zur interpretierenden Metaphorik oder zu weit ausholenden Analogien, ist Vorsicht geboten. Diese Vorsicht ist nur von einer kritischen Bilderwissenschaft zu leisten, die von allen beteiligten Disziplinen getragen wird.

Michael Hagner

Homo cerebralis. Eine wissenschaftsgeschichtliche Einschätzung

Normal. Das war das einzige Wort, das der Münchner Neuropathologe Walter Spielmeyer auf die Befundkarte schrieb, nachdem er 1931 das Gehirn des Düsseldorfer Massenmörders Peter Kürten untersucht hatte. Diese Diagnose richtete sich gegen die Behauptungen von Spielmeyers Gegenspieler, des legendären Oskar Vogt, der zu jener Zeit mit der Untersuchung von Lenins Gehirn großes Aufsehen erregt hatte. Vogt war der Überzeugung, daß sich Lenins außerordentliche Fähigkeiten auf eine besondere Entwicklung der dritten Zellschicht der Hirnrinde zurückführen ließen. Umgekehrt hatte er bei sogenannten »asozialen Verbrechern« eine Verminderung jener Zellen gefunden, und er war ziemlich erbost, daß Kürtens Gehirn nach München und nicht an das von Vogt geleitete Kaiser-Wilhelm-Institut für Hirnforschung nach Berlin gegeben wurde.

Vogts Versuch einer zerebralen Charakterologie, die Elite, Kriminalität und Psychopathie an der zellulären Physiognomik der Hirnrinde festmachen wollte, ist Bestandteil einer längeren Tradition innerhalb der Hirnforschung, die das Wesen des Menschen auf seine zerebralen Determinanten hin untersucht. Vogts Ambitionen in dieser Richtung wurden nicht durch eine wissenschaftliche Debatte beendet, sondern durch die Nationalsozialisten, die es Vogt nicht verziehen, daß er Lenin einen »Assoziationsathleten« genannt hatte. Gleichwohl glaubte er bis an sein Lebensende an die Existenz von Verbrechergehirnen: Im Zuge der Nürnberger Prozesse fragte er 1946 vergeblich bei Robert Kempner an, dem Chefankläger in Nürnberg, ob man ihm nicht die Gehirne der hinzurichtenden Angeklagten überlassen könne, um die verbrecherische Natur des Nationalsozialismus in den Gehirnen seiner Protagonisten nachzuweisen.

Folgt man einigen Postulaten in der aktuellen Debatte über die Willensfreiheit, so hätten die Angeklagten der Nürnberger Prozesse nicht hingerichtet, womöglich hätten sie nicht einmal bestraft werden dürfen. Denn, so lautet das Argument, eine Gesellschaft dürfe niemanden bestrafen, nur weil er in irgendeinem Sinne schuldig geworden sei. Das wäre nur dann sinnvoll, wenn dieses denkende Subjekt die Möglichkeit gehabt hätte, anders zu handeln, als tatsächlich geschehen. Der Verbrecher gegen die Menschlichkeit als Sklave seines Gehirns. Abgesehen davon, daß es in den Geisteswissenschaften überhaupt nicht ausgemacht ist, ob Schuld und Verantwortung überhaupt etwas mit der Willensfreiheit zu tun haben (ein Umstand, den Gerhard Roth und Wolf Singer beharrlich ignorieren), gibt es offensichtlich auch in der Hirnforschung zwei unterschiedliche Annäherungen an den Gegenstand.

Die einen – dazu zählen Vogt und beispielsweise auch diejenigen zeitgenössischen Neuroanatomen, die eine Untersuchung des Gehirns von Ulrike Meinhof befürwortet haben – gehen davon aus, daß es spezifische, genetisch oder durch Verletzung bedingte Hirnläsionen gibt, die eine Prädisposition für verbrecherische Aktivitäten darstellen und dementsprechend die Frage nach der Schuldfähigkeit aufwerfen. Nach dieser Ansicht wäre ein Mensch ohne jene Hirnläsion selbstverständlich ein verantwortliches Subjekt und also auch schuldfähig. Die anderen gehen davon aus, daß alle Menschen nicht schuldfähig sind, weil das Gehirn ihnen trügerischerweise vorspielt, im moralischen Sinne verantwortlich zu sein. Im einen Fall schränkt also nur das defizitär arbeitende Gehirn die Willensfreiheit ein, im anderen ist es der Determinator schlechthin. Über diesen Punkt herrscht in der Hirnforschung seit langem Uneinigkeit, und es ist einer der enttäuschenden, weil die Wirklichkeit verzerrenden Aspekte an der gegenwärtigen Debatte um die Willensfreiheit, daß sie weitgehend nach einem festgelegten Schema abläuft. Die Determinierung erfolgt jedoch nicht durch Nervenzellen (es sei denn, man glaubte an die Existenz eines Philosophen-Bashing-Neurons bei einigen Hirnforschern), sondern durch kulturell vermittelte Muster, die sich entlang des Schemas der zwei Kulturen entwickelt haben. Hier die Philosophen, Theologen, Juristen und andere Geisteswissenschaftler, dort die Hirnforscher, die gegen Ignoranz und Vorurteile der ersteren ankämpfen. Insofern erscheint es angezeigt, einige Mythen der Hirnforschung selbst zu entzaubern.

Es ist einfach nicht richtig, daß die Hirnforschung erst vor kurzem den Dualismus, den unabhängigen Geist und den obskuren Homunculus im Gehirn abgeschafft hätte. Tatsächlich geht die überwiegende Mehrzahl der Hirnforscher seit mehr als hundert Jahren davon aus, daß menschspezifische Qualitäten wie Denken, Sprache oder Verantwortungsbewußtsein auf spezifischen Eigenschaften des Gehirns basieren, die sich in der Evolution ausgebildet haben. In den Worten des vielleicht immer noch bedeutendsten modernen Neurowissenschaftlers, des Spaniers Santiago Ramón y Cajal: »Die lebende Materie hat innerhalb der Evolution einen Apparat entwickelt, der durch seine Komplexität und die transzendierenden Funktionen, mit denen er ausgestattet ist, Ausdruck der höchsten tierischen Organisation zu sein scheint. Dieser Apparat ist das Nervensystem. Es hat (dem Organismus) auf der Stufe der zoologischen Reihe solche hervorragenden Steuerungsinstrumente der vitalen Integrität gegeben wie Empfindung, Denken und Willen.« Ramón y Cajal sagt nichts darüber, daß das Gehirn uns einen freien Willen vorgaukelt. Im Gegenteil: Die Evolution hat überhaupt erst die Freiräume zur Verfügung gestellt, die die Menschen (und nicht Gehirne) mit der Ausbildung kommunikativer und kultureller Fähigkeiten (die von keiner Evolution geplant worden sind) bespielen.

Daß die Evolution keineswegs ausreicht, um die spezifisch menschlichen Fähigkeiten zu erklären, haben zahlreiche neurowissenschaftliche und anthropologische Untersuchungen der letzten Jahrzehnte gezeigt. Deswegen geht man davon aus, daß sich beim Menschen besondere Formen soziokultureller Interaktionen und Organisationen herausgebildet haben, die ihn deutlich vom Affen unterscheiden. Diese These wird beispielsweise von dem Leipziger Anthropologen Michael Tomasello vertreten. Kumulative kulturelle Evolution bedeutet, daß Menschen zunächst eine neue Form sozialer Kognition entwickelten, die wiederum neue Formen kulturellen Lernens ermöglichte, wodurch neue Prozesse der Soziogenese in Gang kamen. Solche Vorstellungen passen gut mit der Sichtweise vom Gehirn als einem interaktiven, hochgradig plastischen und anpassungsfähigen Organ zusammen, doch ob es gelingen wird, beide Beschreibungsebenen auf einer neuen Ebene zu vereinen, ist eine andere, jedenfalls offene Frage.

Ob sich der Graben zwischen Hirn- und Lebenswelt überbrücken läßt, ist auch unter Hirnforschern umstritten. Der vor einigen Jahren verstorbene Göttinger Neurophysiologe Otto Creutzfeldt hegte prinzipielle Zweifel: »Denken ist also zwar gebunden an den Apparat des Gehirns mit seinen uns bereits bekannten und von uns immer verstandenen Mechanismen, aber es ist damit nicht hinreichend erklärt. Denn Denken setzt Symbole der Wirklichkeit voraus und kombiniert diese Symbole nach Gesetzen, die dieser Symbolwelt inhärent sind. Weder die Symbole dieser Welt noch die Logik ihrer Kombinationen sind aber durch neurale Strukturen festgelegt. Kein Hirnmechanismus meines Erkenntnisapparats hindert mich daran, eine rote Rose grün zu nennen.« Auch Benjamin Libets Experimente haben Creutzfeldt nicht von seiner Überzeugung abgebracht. Den Nervenzellen ist es völlig egal, ob der Irakkrieg als berechtigt oder als unberechtigt angesehen wird. Uns Menschen als politische Wesen, den meisten jedenfalls, ist das nicht gleichgültig, und auf diesen Unterschied kommt es an.

Es wird immer wieder einmal vorsichtig darauf hingewiesen, daß Libet keineswegs zu einer deterministischen Deutung seiner Experimente neigt. Seine Interpretation setzt an einem anderen Punkt an: »Ein normal funktionierendes Gehirn ist eine notwendige, aber keine hinreichende Voraussetzung für das Auftauchen einer bewußten Erfahrung. Um die subjektive Erfahrung zu zerebralen Aktivitäten in Beziehung setzen zu können, benötigt man willige menschliche Subjekte.« Anders gesagt: Mit einem Gehirn im Glas ließen sich solche Experimente nicht durchführen. Auch der kognitive Neurowissenschaftler benötigt zur Beantwortung bestimmter Fragen nicht nur ein aufwendiges Laborinstrumentarium und Gehirne, sondern auch Individuen, die freiwillig mitspielen. Genau mit Hilfe dieser Individuen zu der Vorstellung zu gelangen, daß der freie Wille eine Illusion ist, ist zumindest gewöhnungsbedürftig.

Seit zweihundert Jahren beteiligen sich Hirnforscher an Diskussionen über die gesellschaftlichen Konsequenzen ihrer Forschungen. Das begann mit Franz Joseph Galls Organologie, der auch schon für eine Reform des Strafrechts plädierte, und wird auch über die gegenwärtigen Diskussionen hinausgehen. Es erscheint mir unverzichtbar, daß Hirnforscher sich am öffentlichen Diskurs beteiligen, aber dabei sollte man auch nicht übersehen, daß sie in ihren Forschungen immer noch viel mehr mit Nichtwissen als mit Wissen konfrontiert sind. Weder die genaue Anordnung der Nervenzellverbindungen in der Großhirnrinde noch deren funktionelle Gewichtung sind hinreichend bekannt. Und wie die enorme Plastizität des Gehirns mit der relativen Stabilität unserer Welt- und Selbstwahrnehmung zusammenhängt, ist ein völliges Rätsel.

Schließlich herrscht bei der Deutung der bereits vorliegenden Resultate sowie der Einschätzung der Möglichkeiten und Grenzen der Hirnforschung ein großes Spektrum an neurowissenschaftlichen Ansichten vor. In dieser Situation benötigen wir keine Jubelarien, die darauf abheben, was alles erreicht und welche Probleme man in Kürze zu lösen in der Lage sei, und auch keine Forderungen, noch unsichere Kenntnisse vorschnell in gesellschaftlich relevante Erkenntnisse umzumünzen. Damit hat die Hirnforschung in der Geschichte bislang ziemlich schlechte Erfahrungen gemacht. Von einem so nachhaltig faszinierenden Gegenstand wie der Erforschung des Gehirns und des Geistes, der zudem eine reichhaltige Geschichte vorweisen kann, darf ein reflexives Problembewußtsein vorausgesetzt werden. Ansonsten steht zu befürchten, daß die Welt der Neuronen und die Welt, in der wir leben, tatsächlich nichts mehr miteinander zu tun haben.

Martin Stingelin

Ort, undenkbar. Friedrich Dürrenmatts Sicht vom Gehirn

In der aktuellen Debatte über die Erklärungskraft und -macht neuronaler Vorgänge in unserem Zentralnervensystem darf – nicht nur aus geisteswissenschaftlicher Perspektive – ein literarischer Text erhöhte Aufmerksamkeit für sich in Anspruch nehmen, der das fragliche Organ schon im Titel führt: »Das Hirn« von Friedrich Dürrenmatt, erschienen im September 1990, kurz vor dem Tod des Autors, als neunter und letzter Teil seiner *Stoffe*.[1] Der Text stellt weniger ein Vermächtnis dar – das war in Dürrenmatts Selbstverständnis der im Jahr zuvor erschienene Roman »Durcheinandertal« – als eine anhaltende Herausforderung, sich dem äußersten Wagnis des Denkmöglichen zu stellen. Wohin führt das Gedankenexperiment, sich die Welt als Ausgeburt des Gehirns und nicht das Gehirn als entwicklungsgeschichtliche Hervorbringung der Welt zu denken?

Die Aussagekraft dieses Gedankenexperiments im Zusammenhang mit der aktuellen Debatte rührt daher, daß es einer Poetik des radikalisierten Konstruktivismus verpflichtet ist, die sich in vielen Voraussetzungen mit der Studie von Gerhard Roth über »Erkenntnis und Realität: Das reale Gehirn und seine Wirklichkeit« trifft, die der Hirnforscher schon 1984 in einem Sammelband über »Erklären. Verstehen. Begründen« veröffentlicht[2] und in den Konsequenzen in sein jüngstes Buch

1 Vgl. Friedrich Dürrenmatt, »Das Hirn«, in: ders., *Turmbau. Stoffe IV-IX: Begegnungen, Querfahrt, Die Brücke, Das Haus, Vinter, Das Hirn* (1990), Zürich: Diogenes Verlag 1998 (= *Werkausgabe in siebenunddreißig Bänden*, Band 29), S. 233-263.

2 Vgl. den Wiederabdruck von Gerhard Roth, »Erkenntnis und Realität: Das reale Gehirn und seine Wirklichkeit«, in: Siegfried J. Schmidt (Hg.), *Der Diskurs des Radikalen Konstruktivismus*, Frankfurt am Main: Suhrkamp Verlag 1987, S. 229-255.

»Aus Sicht des Gehirns« übernommen hat.[3] Doch Dürrenmatt kommt aufgrund der geteilten Voraussetzungen zum gegenteiligen Schluß, und zwar gerade im Hinblick auf die Verantwortlichkeit für das, was Menschen Menschen anzutun vermochten und vermögen.

Der Schriftsteller nimmt die neurobiologische Erkenntnis, daß unser Ich keine eigene Instanz, sondern ein spezifisch hervorgehobener komplexer Zustand des Gehirns sei, als gegeben, weil der fiktionale Vorbehalt im Wechselverhältnis zwischen Ich und Gehirn, der sich unter dieser Voraussetzung gegenseitig einstellt, ein literarisches Stoffreservoir bildet, aus dem er eines der Weltwahrnehmungsmodelle seines Spätwerks schöpfen kann, die an die Stelle der Weltmodelle seiner früheren Texte getreten sind.[4] Die Perspektiven verkehren sich aufs befremdlichste, und die uns vertrauten Schöpfungsmythen, seien sie theologischer, seien sie kosmologischer Provenienz, weichen Dürrenmatts Glauben, »das Wunderbarste sei das menschliche Hirn, wunderbarer noch als der Gott, den es sich auszudenken vermag, und der Weltraum, den es sich vorzustellen versucht« (so als Auftakt im unmittelbar vorangehenden Stoff mit dem Titel »Vinter«).[5] Man halte nur den ersten Satz der »kleinen Hirnkunde« aus Gerhard Roths »Aus Sicht des Gehirns« daneben, um die Vergleichbarkeit der Ausgangslagen zu erkennen: »Manche Menschen, darunter Hirnforscher, sind der Meinung, unser Gehirn sei das komplizierteste System im Universum.«[6]

Auch den Grundeinfall von Dürrenmatts literarischem Gedankenexperiment teilt Roth, wenn er 1984 schreibt: »Unser Ich, das wir als das unmittelbarste und konkreteste, nämlich als

3 Vgl. Gerhard Roth, *Aus Sicht des Gehirns*, Frankfurt am Main: Suhrkamp Verlag 2003, und dazu den Artikel von Christian Geyer, »Leider ohne Anführungszeichen. Jürgen [recte: Gerhard] Roth glaubt zu wissen, wie der Mensch im Innersten tickt«, in: *Frankfurter Allgemeine Zeitung* Nr. 214, 15. September 2003, S. 37 (»Neue Sachbücher«), der den Anstoß zur Debatte gegeben hat, die in diesem Sammelband dokumentiert ist.

4 Vgl. dazu grundsätzlich die Beiträge zu Peter Rusterholz und Irmgard Wirtz (Hg.), *Die Verwandlung der »Stoffe« als Stoff der Verwandlung. Friedrich Dürrenmatts Spätwerk*, Berlin: Erich Schmidt Verlag 2000.

5 Friedrich Dürrenmatt, »Vinter«, in: ders., *Turmbau. Stoffe IV-IX* (Anm. 1), S. 189-231, hier S. 231.

6 Roth, *Aus Sicht des Gehirns* (Anm. 3), S. 9.

uns selbst, empfinden, ist – wenn man es etwas poetisch ausdrücken will – eine Fiktion, ein Traum eines Gehirns, von dem wir, die Fiktion, der Traum, nichts wissen können. Darum sind wir uns selbst notwendigerweise die einzige Wirklichkeit.«[7] Aus diesem Grundeinfall entwickelt Friedrich Dürrenmatt eine komplizierte Evolutionsgeschichte des Gehirns unter der Voraussetzung, daß es sich, zusammen mit eben dieser Evolutionsgeschichte, selbst eingefallen ist, ein autopoietisches System, als dessen Motor sich allerdings Angst, Furcht, Langeweile und Ohnmacht erweisen, die sich jeweils einstellen, wenn das Hirn sich an sich selbst aufzuhalten beginnt. So strebt es über sich selbst hinaus, erst, indem es die Idee einer – zählbaren – Ordnung aus sich hervorbringt, dann die Idee einer – erzählbaren – geordneten Schöpfungsgeschichte des Universums, in der es schließlich auf sich selbst, das »Ich«, damit aber auch auf seine Endlichkeit und den Tod stößt. Der unerschöpfliche literarische Einfallsreichtum, den Dürrenmatt aus diesen zahlreichen, in sich selbst verschlungenen Implikationen gewinnt, die bis zu den letzten Dingen reichen, kann hier nur angedeutet werden. Auf dem poetischen Höhepunkt des Textes jedenfalls kann selbst der Autor sich von seinem Gedankenexperiment nicht mehr ausnehmen, »und ganz zufällig, ein nebensächliches Detail in der Gedankenflut, ein flüchtiger Nebengedanke eines Nebengedankens, werde auch ich dem Hirn einfallen. [...] Doch ob das Hirn mich denkt, *Das Hirn* schreibend, oder ob ich *Das Hirn* schreibe, das mich denkt, gehört zum Unentscheidbaren aber Denkbaren.«[8]

Doch nun führt Friedrich Dürrenmatt das als autopoietisches System konzipierte Gehirn unvermittelt an seine ethische Grenze, indem er das Gedankenexperiment weitertreibt, bis es sich selbst erschöpft und auf das Undenkbare stößt, dem im Konjunktiv nicht mehr beizukommen ist. Es verbietet sich, Auschwitz als bloße Fiktion oder Möglichkeit zu denken: »Es gibt Gelände, da hat Kunst nichts zu suchen. [...] Der Ort wurde weder von meinem fingierten Hirn ausgedacht oder ge-

7 Roth, »Erkenntnis und Realität« (Anm. 2), S. 253.
8 Dürrenmatt, »Das Hirn« (Anm. 1), S. 257-258.

träumt, weder« – Reminiszenzen an Dürrenmatts letzten Roman »Durcheinandertal« – »vom Hirn des Gottes mit Bart, noch von jenem des Gottes ohne Bart, der in Jamaika im Bademantel auf dem Bett dem Schreibmaschinengeklapper Gabriels, dem Rauschen des Regens und dem Schleifen der Palmblätter zuhört, und auch ich habe ihn nicht erdacht oder geträumt. Er ist undenkbar, und was undenkbar ist, kann auch nicht möglich sein, weil es keinen Sinn hat.«[9] Dürrenmatt unternimmt das Paradox, den Konjunktiv des Denkmöglichen gegen sich selbst ins Feld zu führen, um seiner Verführung zu entgehen und gegen das zwar Denkbare, aber im Möglichen Aufgehobene das Undenkbare, aber Wirkliche zu gewinnen: die Sinnlosigkeit einer Welt, in der sich die Greuel der Konzentrationslager ereignet haben.

An diesem Punkt scheitert der Stoff – der sich gänzlich in sich selbst erfüllt zu haben schien, ehe Friedrich Dürrenmatt nach seinem Besuch im Konzentrations- und Vernichtungslager Auschwitz Anfang Mai 1990 diesen neuen Schluß hinzufügt – ästhetisch, indem er vor der radikalsten logischen Konsequenz des Konstruktivismus zurückschreckt und in seiner formvollendeten Anlage unfertig bleibt. Er entläßt seine Leser ohne Gefühl jener Evidenz für die Selbsterklärungskraft des Gehirns und all dessen, was es sich auszudenken vermag, die sich von Seite zu Seite zu steigern schien. Doch gerade darin zeugt der Text von der Qualität der »Stoffe«: Sie sind aus Dürrenmatts Ringen mit der Welt hervorgegangen. Daher das ebenso Titanische wie Vergebliche, das allen Gleichnissen eignet, in denen Dürrenmatt das Weltgeschehen in seiner Zwei-, Drei-, Vier- und Mehrdeutigkeit bannen will, sei es das dokumentarische Ideal einer »wirklichen Weltgeschichte«, die die geringste menschliche und zwischenmenschliche Regung verzeichnet und in Minutenschnelle zu einer Bibliothek von kosmischem Ausmaß anwächst, sei es »Der Winterkrieg in Tibet«, der die Ausweglosigkeit von Platons Höhlengleichnis ins Apokalyptische steigert,[10] sei es der gemeinsam mit Max Frisch

9 Ebd., S. 262-263.

10 Vgl. Friedrich Dürrenmatt, »Der Winterkrieg in Tibet«, in: ders., *Labyrinth. Stoffe I-III: Der Winterkrieg in Tibet, Mondfinsternis, Der Rebell*

konzipierte zweite Teil von »Biedermann und die Brandstifter«[11] oder die Schweizer Historie als Vereinsgeschichte des »F. C. Helvetia 1291«.[12]

Diese Gleichnisse sind maßlos in ihrem allumfassenden Anspruch, die Welt in ihrer chaotischen Komplexität darzustellen; nicht im kleinen, wo das Chaos für Momente die Ordnung bedroht, sondern im großen, wo das Chaos jede menschlich faßbare Ordnung sprengt. Friedrich Dürrenmatts Perspektive ist kosmologisch, nicht mikrologisch. Daher sein Hang zu astronomischen Gleichnissen, der seinen schönsten Ausdruck im ironisch gebrochenen, hinkenden Vergleich von Dürrenmatt und Frisch mit dem Doppelgestirn Kastor und Pollux findet, »wobei es unklar ist, wer von uns beiden Kastor und Pollux darstellt, sind doch die beiden nur scheinbar ein Doppelgestirn: Kastor ist 42 und Pollux 31 Lichtjahre von uns entfernt«.[13]

Friedrich Dürrenmatts Größe, wie sie in den »Stoffen« als Gebirgsmassiv zum Ausdruck kommt, das die Schweizer Gegenwartsliteratur nach dem Zweiten Weltkrieg überragt, besteht im Verzicht auf eine Poetik des Gelingens, das sich bei anderen Schriftstellern noch im Kunstvollen des Scheiterns erfüllt. Dürrenmatt unternimmt in den »Stoffen« das Vergebliche in anderer Absicht: Die Unausweichlichkeit und Notwendigkeit des Scheiterns soll der chaotischen Komplexität dieser Welt wenigstens für Augenblicke eine faßbare Form abringen, ohne sich dagegen zu verschließen. Das ist, bei geteilter Ausgangslage, das entgegengesetzte Programm zur aktuellen Hirnforschung, für die sich Welthaltigkeit darin erschöpft, wie sich das Gehirn aus evolutionärer Notwendigkeit in sich selbst eingerichtet hat.

Von der chaotischen Komplexität, der sich Dürrenmatts Spätwerk stellt, zeugt nicht zuletzt die Entstehungsgeschichte

(1981, 1990), Zürich: Diogenes Verlag 1998 (= *Werkausgabe in siebenunddreißig Bänden*, Band 28), S. 11-170, zum Archiv einer ›wirklichen Weltgeschichte‹ insbes. S. 54-58.

11 Vgl. Friedrich Dürrenmatt, »Querfahrt«, in: ders., *Turmbau. Stoffe IV-IX* (Anm. 1), S. 23-84, insbes. S. 64-76 (*»Der Brandstifter zweiter Teil«*).

12 Vgl. ebd., insbes. S. 76-84 (*»Das gemästete Kreuz«*).

13 Ebd., S. 75.

des dreißigseitigen literarischen Textes »Das Hirn« selbst, der sich in vielen Jahren, gleich der von ihm beschriebenen Evolution, aus einem über achtzig Mal umfangreicheren, im Schweizerischen Literaturarchiv in Bern rund 2600 Seiten umfassenden Dossier von Vorstufen, Vorstufen zu Vorstufen und Vorstufen zu Vorstufen zu Vorstufen entwickelt hat und so gleichzeitig eine Allegorie von Friedrich Dürrenmatts unabschließbarem Schreiben darstellt.[14] Ob dieser komplizierte, sich gleichzeitig selbst thematisierende, reflektierende und problematisierende schöpferische Entwicklungsprozeß durch wechselhafte chemisch-physikalische Zustände des Gehirns tatsächlich erschöpfend erklärt oder durch Elektroenzephalographie und funktionelle Kernspintomographie auch nur zureichend aufgezeichnet werden könnte?

14 Vgl. dazu Verf., »Ein Selbstporträt des Autors als Midas. Das Spannungsverhältnis zwischen Schrift und Bild in Friedrich Dürrenmatts Spätwerk«, erscheint in: Davide Giuriato und Stephan Kammer (Hg.), *Bilder der Handschrift. Paradoxien, Provokationen*, Basel-Frankfurt am Main: Stroemfeld Verlag 2005 (im Druck).

Gerhard Kaiser
Warum noch debattieren? Determinismus als Diskurskiller

»Ihre Zeit hat auch die Rose. Wer wird, wenn sie erblüht, um sie herumspringen und rufen: He! Dies ist nichts als Pottasche und einige andere Stoffe...« Das hält Gottfried Kellers Romanheld, der Grüne Heinrich, im Rückblick auf seine Studienzeit einem Professor und »ausgezeichneten Naturalisten« entgegen, bei dem er Anthropologie gehört hat. Als Realbezug anzusetzen ist Kellers eigene Universitätszeit in Heidelberg von 1848 bis 1850. In einem, wie der Ich-Erzähler der Romanerstfassung sagt, »auf die Spitze getriebenen materialistischen Sinne« ritt der Gelehrte bei jeder Gelegenheit sein Steckenpferd, die leidenschaftliche Polemik gegen den freien Willen des Menschen: »[...] der Professor konnte sich von der Vorstellung des ununterbrochenen aktiven und passiven Verhaltens des Gehirnes und der Nerven, als des hervorbringenden lebendigen Ackergrundes, niemals trennen zugunsten des Hervorgebrachten, der moralischen Frucht, als ob eine Ähre und eine Erdscholle nicht unzweifelhaft zwei Dinge, zwei Gegenstände wären.« (681)

Das aktuelle Kontroversthema Willensfreiheit ist ein uraltes Kulturgut. Es wurde in der Antike in der Philosophie, im Mittelalter in der Theologie, seit dem neuzeitlichen Siegeszug der Naturwissenschaften im Berührungs- und Durchdringungsfeld von Naturwissenschaften und Philosophie bewegt. Vom neuen Begriff des Naturgesetzes her ist Determination in der neuzeitlichen Philosophie formuliert, seit der Relativierung der klassischen Physik durch die Quantentheorie auch in den Naturwissenschaften in Frage gestellt. Die gegenwärtig laufende Debatte ist von der heutigen Leitwissenschaft der Neurobiologie, also einer Naturwissenschaft, ausgelöst, und ihre Determinismusthese ist eher ein Nebenprodukt der praktischen Erforschung der neuronalen Gesetzmäßigkeiten im Gehirn. Auf der anderen Seite sind es vor allem Juristen, die gleichfalls aus praktischem Interesse die Seite des Indeterminismus stark machen – ohne freies Handeln keine Schuld, ohne Schuld keine Justiz –, so daß insgesamt die Sache der Philosophie zurücktritt. Dabei werden häufig alte Argumente weitergereicht, so der vom Grünen Heinrich erhobene Vorwurf des Reduktionismus, speziell des Kategoriensprungs zwischen Materiellem und Mentalem, an die Deterministen unter den Hirn- und Nervenforschern seiner Zeit, die sich schon damals auf einem stürmischen Entdeckungszug befanden.

Wo stehen wir beim Blick auf Nerven und Gedanken im Determinismusstreit 150 Jahre später? Der Frankfurter Neurobiologe Wolf Singer, neben Gerhard Roth einer der Hauptexponenten der Determinismus-These, spricht vom »ästhetisch Befriedigenden« einer wissenschaftlichen Theorie als Richtigkeitskriterium,[1] was ja keine traditionell naturwissenschaftliche oder naturwissenschaftlich begründbare Bestimmung ist; er zeigt Skepsis gegenüber anderen Forschern, indem er die Konstruktion künstlicher Intelligenz mit dem Argument für unmöglich erklärt, das menschliche Gehirn sei als Produkt der Evolution und der Kulturgeschichte des Menschen, die historisch und nicht logisch ablaufen, nicht rekonstruierbar (ebd., S. 10, 17, 35 ff. u. ö.) – ich füge hinzu: Wie ja auch die Evolution, wiederholte sie sich, anders ablaufen würde, als sie abgelaufen ist. Den Menschen und damit den Determinismusstreit könnte es auch nicht geben. Und auch darin zeigt Singer Zurückhaltung, daß er »zwischen unserem subjektiven Erleben und der wissenschaftlichen Beschreibung der Hirnprozesse, die diesem Erleben zugrunde liegen, derzeit unüberbrückbare Konflikte« konstatiert (S. 12). Er spricht selbst, statt von Kausalbeziehungen, von neuronalen Substraten und Korrelaten gedanklicher Abläufe (S. 15, 17, 29 u. ö.), ohne allerdings darauf einzugehen, daß Korrelat und Substrat ja offensichtlich zweierlei sind; ja er konstatiert die Komplementarität der naturwissenschaftlichen

1 Wolf Singer, *Ein neues Menschenbild? Gespräche über Hirnforschung*, Frankfurt am Main: Suhrkamp 2003, S. 107.

und der geisteswissenschaftlichen Beschreibungssysteme im Blick auf Gehirn und Geist (S. 12).

Das impliziert aber: als komplementär sind diese Betrachtungsweisen inkompatibel, kann die eine sowenig auf die andere zurückgeführt werden wie die Wellensicht und die Korpuskularsicht in der Physik. Tatsächlich haben Wolfgang Pauli, einer der kritischsten Köpfe der modernen Physik, und der Tiefenpsychologe C. G. Jung in ihrem Briefwechsel auf der Basis dieses Komplementaritätsansatzes von Wellensicht und Teilchensicht das Modell einer universalen Komplementarität der kausalitätsorientierten naturwissenschaftlichen Betrachtungsweise und der sinnorientierten Betrachtungsweise der Geisteswissenschaften entwickelt, die zwar einander ausschließen, aber nur einander ergänzend die *eine* Welt ganz erfassen. Kausalität und damit Determination kann jedenfalls zwischen komplementären Sphären nicht statuiert werden. Aber derselbe Wolf Singer, der von Komplementarität spricht, verwendet fortgesetzt grenzüberschreitend das Kausalitätsschema (S. 29), nennt Gedanken »Folge neuronaler Prozesse« (S. 15) und weitet die deterministische Position sogar dahin aus, daß »auch die kulturelle Umwelt determiniert« (S. 23). Die strikte Determination der geistigen Zustände und Aktivitäten des Menschen letztendlich durch die neuronalen Gegebenheiten gewinnt so die Qualität eines Glaubenssatzes.

Es ist ein Glaube, der weit über alles hinausgreift, was sich experimentell nachweisen läßt. Wie Singer wiederholt feststellt, gibt es enorme qualitative Sprünge von der immer noch relativ einfachen neuronalen Bearbeitung von Sinneseindrücken bis hin etwa zum Verstehen von Sprache (als nicht nur Sinneseindruck, sondern Mitteilung). Ähnlich weit ist der Sprung von der Verknüpfung neuronaler Reizzustände mit einfachen Handlungsentscheidungen etwa für die Öffnung einer rechten oder linken Tür, wie sie auch Primaten treffen, bis hin zur neuronalen Entsprechung für Wallensteins Erwägung: »Wär's möglich? Könnt' ich nicht mehr, wie ich wollte?« (»Wallensteins Tod«, IV, 4) oder zu der Überlegung: Determinieren neuronale Erregungszustände mein Denken und Handeln? Abgesehen davon wäre auch bei relativ einfachen experimentellen

Ergebnissen in einem derartig sensiblen Bereich wie der Hirnforschung das Grundprinzip der Elementarteilchen-Physik zu bedenken: daß nämlich der beobachtete Vorgang durch den Vorgang der Beobachtung beeinflußt wird, daß dem Experiment also die Beobachterposition eingeschrieben ist.

Und nicht nur das. Naturwissenschaftliche Experimente gliedern ihr Beobachtungsfeld ab ovo aus der Lebenswelt des Beobachters aus, reduzieren ihren Gegenstand auf das Wiederholbare und Quantifizierbare und versachlichen den Experimentator selbst zur neutralen Beobachterinstanz. Die methodisch bewußte Herstellung derartig präparierter Weltausschnitte wird möglich erst aufgrund einer langen kulturellen Entwicklung – durchgreifend seit der Renaissance –, so daß man sagen könnte, die Natur der Naturwissenschaften ist ein Konstrukt und damit ein Kulturprodukt. Der experimentelle Ansatz kann umgekehrt auf Kultur nicht angewandt werden, weil sich kulturelle Phänomene nicht in der Weise isolieren und abstrahieren lassen wie Naturphänomene. Schon eine durchaus mögliche prinzipiell individuelle Struktur des Gehirns könnte experimentell allenfalls ex negativo erschlossen, aber nicht positiv dargestellt werden. Vollends wenn Singer Ich- und Willensfreiheitserfahrung für kulturelle Welt- und Selbstwahrnehmungsweisen erklärt, die zwar nachweislich hoch wirksam, aber neuronal ohne Entsprechung sind (S. 12f. u. ö.), desgleichen wenn er biologische Evolution und Kulturentwicklung als Faktoren einfach addiert, überschreitet er den Bereich der experimentellen Naturwissenschaften und gibt kulturwissenschaftliche Deutungen ab, die ohne reflexiven Rückbezug des Deutenden auf sich selbst als konkretes Individuum in einer konkreten Lebenswelt nicht denkbar wären. Tatsächlich gibt er Beispiele dafür aus dem lebensweltlichen Bereich. Damit sind solche Ergebnisse nicht im naturwissenschaftlichen Sinne objektivierbar.

Alles in allem spricht aus dem deterministischen Weltbild der an der Diskussion beteiligten Neurobiologen ein erkenntnistheoretisch naiver Empirismus, der methodisch und systematisch nicht konsequent bedenkt, was es heißt, wenn er im Erklärungsschritt von neurobiologischen Sachverhalten zu spezifisch menschlichen mentalen Vorgängen Phänomene verknüpft, die ihm in kategorial verschiedener Weise gegeben sind. Jedenfalls ist die von Singer und Roth vorgenommene Unterscheidung zwischen Aussagen in erster und dritter Person (S. 11, 22ff. u. ö.) für eine solche Unterscheidung ungeeignet, weil objektivierbare Sachaussagen überhaupt nicht in personaler Perspektive gemacht zu werden pflegen. Beispiel: »Das Thermometer zeigt 20° Celsius.« Die objektive Sachaussage ist personunabhängig. Auch Aussagen zu mentalen Vorgängen können grammatisch personunabhängig gemacht werden, sind es aber inhaltlich nicht, und hier liegt die kategoriale Differenz. Die Aussage »Er hat Angst« setzt genau so wie die Aussage »Ich habe Angst« einen Begriff von Angst voraus, der ohne Rückbezug auf eigene mentale Erfahrung von Angst nicht gebildet werden kann. Erst recht gilt das für Sinnaussagen, Wertungen und Deutungen wie »Der Mensch ist determiniert bzw. ist frei«, weil hier die Sachäußerung immer zugleich eine Selbstexplikation mit biographischem, gesellschaftlichem und historischem Erfahrungshintergrund einschließt, also selbstreflexiv ist. Zwar dringt Singer mit seiner Aufmerksamkeit vor bis zu »kommunikativen Prozessen«, in denen sich »Gehirne«, »kognitive Systeme« – sprich Menschen – »gegenseitig bespiegeln« (S. 12), aber auch Tiere kommunizieren ja mental, ohne daß sie dadurch Menschen werden. Daß der qualitative Sprung, in dem menschliches Denken erscheint, die spiegelnde Faltung des Geistes in sich, der Ebenenwechsel vom Bewußtsein zum Selbstbewußtsein ist, wird in seiner Bedeutung als Eckpunkt nicht erfaßt. Und Gerhard Roth gar formuliert in seinem Beitrag im Blick auf die »neuronale Bedingtheit subjektiver Erregungszustände« forsch: »Wir sind schließlich diese Zustände.« Aber nein! Wir sind die, die wissen können, daß wir *in* diesen Zuständen sind.

Willensfreiheit ist relativ – menschliche Freiheit ist nie so gedacht worden, daß dem Menschen alle je denkbaren Optionen auch offenstehen. Sie findet statt innerhalb eines individuellen und historischen Ermöglichungs- und Bedingungsrahmens. Und sie ist, jedenfalls auf der Stufe des reflexiven Bewußtseins, ein Spezifikum des Menschen. Naturwissenschaftlich konzipierter Determinismus hingegen ist ganz oder gar nicht im Recht, denn er schließt den Menschen mit der Natur kausal zusammen. Deshalb sind die Folgen einer deterministischen Sicht des Menschen viel radikaler, als die deterministischen Neurobiologen zu meinen scheinen (Singer, a. a. O., S. 33, 65). Ohne Wollen gibt es kein Sollen, und ohne Urteilen und Handeln nach Gründen – und nicht lediglich nach Ursachen – kein Richtig und kein Falsch. Wir können zwar, wie Singer für angebracht hält, unsere Kinder für einen dummen Streich verantwortlich machen (S. 12) und Verbrecher ohne Urteil aus bloßer Zweckmäßigkeit wegsperren, aber das wäre in sich unlogisch und der etablierte Widerspruch zwischen Theorie und Praxis. Wir würden nicht toleranter und demütiger gegenüber Abweichlern, sondern es gäbe keine Abweichler mehr oder wir wären alle welche.

Könnte man sich aber im Bereich der Ethik ein praktisches Weiterwursteln bei Wegfall der theoretischen anthropologischen Begründungen allenfalls noch vorstellen, so führte ein konsequenter Determinismus im Bereich des Urteilens zu absurden Konsequenzen, denn dann fielen das Prinzip trial and error, alle Argumentationsregeln, alles Wissen und alle Wissenschaften, also auch die Hirnforschung, in sich zusammen. Es wäre determiniert, daß sich der Determinismus durchsetzt, und es wäre auch determiniert, wie wir darauf reagieren. Die Hirnforscher wären zum Hirnforschen determiniert, und sie argumentierten nicht mehr für den Determinismus, weil sie diese Hypothese für richtig halten, sondern weil sie dazu determiniert sind, sie für richtig zu halten. Die Welt wäre eine schnurrende deterministische Maschine, und die Hirnforscher wären die eingebauten Scheinwerfer für eine ewige Nachtfahrt der Vernunft.

Die Neurophysiologen werfen den Nicht-Naturwissenschaftlern vor, daß sie die Determinismus-Diskussion führen, ohne sich ernsthaft auf die Hirnforschung einzulassen. Aber die hier anzustellenden Überlegungen sind prinzipieller Art und liegen im Vorfeld der spezifischen Hirnforschung. Deshalb scheint mir der Gegenvorwurf, daß sich die Hirnforschung bei der Determinismusdiskussion nicht ernsthaft auf Philosophie und Geisteswissenschaften einläßt, gewichtiger, denn sie greift in deren traditionelle Felder ein, wo sie ein entscheidendes Wort zu sprechen haben, und sie tut das nicht ohne Arroganz. So Wolf Singer, wenn er die Geisteswissenschaftler tröstet, die Hirnforscher könnten »schon aus Zeitgründen nicht« deren Territorien übernehmen (S. 20) und die Hirnforschung formuliere ja bestimmte Probleme in der Sprache der Geisteswissenschaften, um sie dann freilich naturwissenschaftlich zu erklären (S. 17). Damit relationiert er Naturwissenschaften und Geisteswissenschaften wie Sprache und Metasprache, zwischen denen ein Gespräch nicht möglich ist. Noch einmal ist hier ein Kategoriensprung verborgen, wie ihn der Grüne Heinrich an seinem Professor rügt.

Als Germanist möchte ich noch einen sehr schönen Vergleich weiterspinnen, den der Arzt und Neurobiologe Joachim Bauer anstellt:[2] Die gesamte Theaterverwaltung und der gesamte Technikbereich des Theaters ist notwendig, damit Theater gespielt werden kann. Es gibt sogar eine strikte Relation zwischen der bestimmten Spielszene, sagen wir dem »Hamlet«-Schluß, und allen technischen Operationen, die dafür benötigt werden. Es gibt diese strikte Relation aber nicht zwischen allen technischen Operationen und allen Wörtern und schauspielerischen Aktionen, die in dieser Szene stattfinden, und erst recht nicht zwischen allen technischen Operationen und dem Beitrag dieser Szene zum Weltbild dieses Dramas. Aus der benötigten Technik könnte man weder die Szene noch das Stück in seinen intertextuellen Relationen erschließen. Der Regisseur aber könnte durchaus die eigenartige Interdependenz zwischen Theater und Technik im Programmheft thematisieren.

2 In: ders., *Das Gedächtnis des Körpers*, Frankfurt am Main 2002.

Anhang:
Benjamin Libet
Haben wir einen freien Willen?

Ich habe mich dieser Frage auf experimentelle Weise genähert. Freien Willenshandlungen geht eine spezifische elektrische Veränderung im Gehirn voraus (das ›Bereitschaftspotential‹, BP), das 550 ms vor der Handlung einsetzt. Menschliche Versuchspersonen wurden sich der Handlungsintention 350–400 ms nach *Beginn von BP bewußt, aber 200 ms vor der motorischen Handlung. Der Willensprozeß wird daher unbewußt* eingeleitet. *Aber die Bewußtseinsfunktion kann den Ausgang immer noch steuern; sie kann die Handlung durch ein Veto verbieten. Willensfreiheit ist daher nicht ausgeschlossen. Diese Befunde stellen Beschränkungen für mögliche Ansichten darüber dar, wie der freie Wille funktionieren könnte; er würde eine Willenshandlung nicht einleiten, würde aber den Vollzug der Handlung* steuern. *Die Befunde haben auch Implikationen für Ansichten über Schuld und Verantwortung.*

Die tiefere Frage bleibt jedoch: Unterliegen freie Willenshandlungen makro-deterministischen Gesetzen, oder können sie ohne solche Beschränkungen auftreten, so daß sie von Naturgesetzen nicht-determiniert und ›wirklich frei‹ sind? Ich werde die Sichtweise eines Experimentalisten auf diese grundlegenden philosophischen Gegensätze darlegen.

Die Frage nach der Willensfreiheit geht an die Wurzel unserer Ansichten über die Natur des Menschen und darüber, welche Beziehungen wir zum Universum und zu den Naturgesetzen unterhalten. Sind wird vollständig durch die deterministische Natur physikalischer Gesetze bestimmt? Ein von Gott auferlegtes unausweichliches Schicksal erzeugt ironischerweise einen ähnlichen Endeffekt. In beiden Fällen wären wir im Grunde raffinierte Automaten, wobei unsere bewußten Gefühle und Intentionen ohne kausale Kraft nur als Epiphänomene aufgesetzt wären. Oder sind wir in gewisser Weise unabhängig beim Treffen von Entscheidungen und beim Handeln, und nicht vollständig durch die bekannten physikalischen Gesetze determiniert?

Ich habe für zumindest einige Aspekte der Frage einen experimentellen Ansatz gewählt. Die operationale Definition von Willensfreiheit in diesen Experimenten stimmte mit allgemein verbreiteten Ansichten überein. Erstens sollte es keine äußere Kontrolle oder Hinweisreize geben, die das Auftreten oder Auftauchen der untersuchten Willenshandlung beeinflussen, d. h. sie sollte endogen verursacht sein. Zweitens sollte die Versuchsperson das Gefühl haben, daß sie die Handlung aus eigener Initiative tun wollte und daß sie einen Einfluß auf die Handlung, auf den Handlungszeitpunkt und darauf haben kann, ob sie überhaupt handelt. Vielen Handlungen fehlt dieses zweite Merkmal. Wenn beispielsweise das primäre motorische Areal der Gehirnrinde gereizt wird, können Muskelkontraktionen an bestimmten Stellen des Körpers erzeugt werden. Die Versuchsperson (ein neurochirurgischer Patient) berichtet jedoch, daß diese Handlungen durch den Versuchsleiter erzwungen wurden, d. h. daß sie diese Handlungen nicht tun wollte. Und es gibt zahlreiche klinische Störungen, bei denen eine ähnliche Diskrepanz zwischen Handlungen und dem Willen auftritt. Diese beinhalten die unwillkürlichen Bewegungen bei zerebraler Lähmung, Parkinson, Chorea Huntington, Tourette-Syndrom und sogar quälende Handlungszwänge. Ein schlagendes Beispiel ist das ›Syndrom der fremden Hand‹. Patienten mit einer Schädigung im fronto-medialen Teil des prämotorischen Areals haben manchmal den Eindruck, daß die Hand oder der Arm der betroffenen Seite eigenartige zweckgerichtete Handlungen ausführt, wie zum Beispiel das Aufknöpfen eines Hemdes, wenn die Versuchsperson den Versuch unternimmt, es zuzuknöpfen; alle diese Dinge geschehen ohne oder sogar gegen die Intention und den Willen der Versuchsperson.[1]

1 Vgl. Spence und Frith 1999, S. 23.

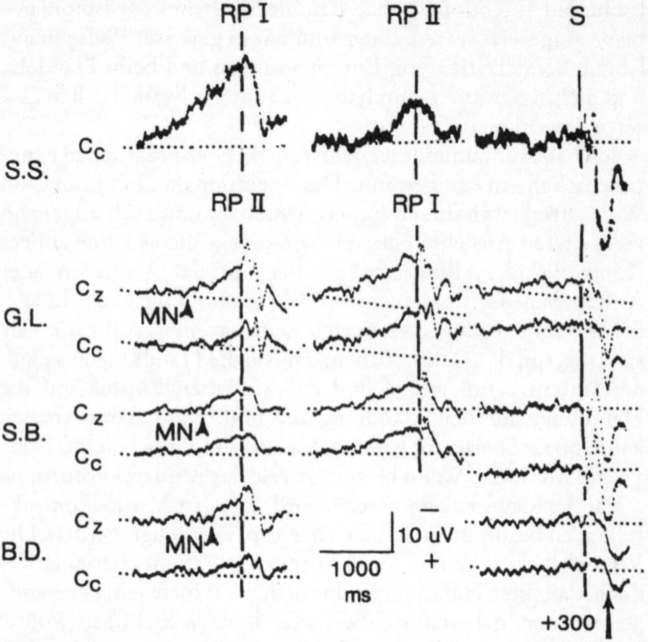

Abbildung 1:
Bereitschaftspotentiale (BP), die selbst eingeleiteten Willenshandlungen vorangehen. Jede horizontale Reihe ist der von einem Computer berechnete Durchschnitt über 40 Versuche, gemessen von einem Gleichstromsystem mit einer aktiven Elektrode auf der Kopfhaut, entweder auf der Kopfspitze in der Mitte (C_z) oder auf der linken Seite (kontralateral zur ausführenden rechten Hand) ungefähr über dem motorischen/prämotorischen Rindengebiet, das die Hand steuert (C_c).

Wenn jede selbst eingeleitete schnelle Beugung der rechten Hand (Finger oder Handgelenk) in der Reihe von 40 Versuchen subjektiv so erlebt wurde, daß sie spontan und ohne vorherige Planung durch die Versuchsperson auftrat (bzw. wenn die Versuchspersonen über ein solches Erleben berichteten), wurden BPs vom Typ II festgestellt. (Die Pfeilspitzen mit der Bezeichnung MN zeigen den Beginn der ›negativen Hauptphase‹ (main negative phase) der auf der Kopfspitze gemessenen BPs vom Typ II in dieser Abbildung an.[2] Die Anfangspunkte dieser Phase wurden au-

2 Siehe Libet et al. 1982.

ßerdem für 90% der gesamten Ausdehnung des BP gemessen.) Wenn über ein Bewußtsein einer allgemeinen Absicht oder eines Planens der Handlung irgendwann innerhalb der nächsten Sekunde berichtet wurde, und zwar vor einigen der 40 Handlungen in der Reihe, wurden BPs vom Typ I gemessen.[3] In der letzten Spalte, die mit S bezeichnet ist, wurde ein nahe am Schwellenwert liegender Hautreiz bei jedem der 40 Versuche verabreicht, und zwar zu einer zufälligen Zeit, die die Versuchsperson nicht kannte, ohne daß eine motorische Handlung vollzogen wurde; die Versuchsperson wurde gebeten, die Zeit ihres Bewußtwerdens jedes Reizes zu erinnern und zu berichten, und zwar sollte sie das in derselben Weise tun, wie sie über den Zeitpunkt ihres Bewußtseins berichtete, daß sie eine Bewegung ausführen wollte im Falle der selbst eingeleiteten motorischen Handlungen.

Die dicke vertikale Linie in jeder Spalte stellt den Nullzeitpunkt dar, zu dem das Elektromyogramm (EMG) des aktivierten Muskels im Fall der Reihe von BPs beginnt oder zu dem der Reiz im Fall der S-Reihe verabreicht wurde. Die punktierte horizontale Linie stellt die Neigung der Grundlinie des Gleichstroms dar.

Bei der Versuchsperson S. S. wurde das erste BP (Typ I) gemessen, bevor die Anweisung, ›den Drang von sich aus und spontan entstehen zu lassen‹, gegeben wurde; das zweite BP (Typ II) wurde gemessen, nachdem diese Anweisung in derselben Sitzung gegeben worden war, in der das erste BP gemessen wurde. Bei den Versuchspersonen G. L., S. B. und B. D. wurde diese Anweisung zu Beginn aller Sitzungen gegeben. Trotzdem berichtete jede dieser Versuchspersonen ein Erlebnis von vager Vorplanung in einigen der 40 Versuchsreihen; diese Reihen zeigten eher BPs vom Typ I als vom Typ II. Man beachte, daß die langsame negative Veränderung des Potentials der Kopfhaut, die einem EMG selbst eingeleiteter Handlungen vorhergeht (BP), dem Hautreiz in der S-Reihe nicht vorhergeht. Evozierte Potentiale, die auf den Reiz folgen, haben jedoch regelmäßig eine große positive Komponente mit einer Spitze bei etwa +300 ms (der Pfeil zeigt diesen Zeitpunkt an); von diesem P300 ereignisbezogenen Potential hatten andere Forscher gezeigt, daß es mit Entscheidungen über ungewisse Ereignisse verbunden ist (in diesem Fall: der zufällige Zeitpunkt des verabreichten Reizes). Dieses Potential zeigt außerdem an, daß die Versuchsperson ihre Aufmerksamkeit auf die experimentellen Bedingungen konzentriert.

3 Libet et al. 1982.

Der zeitliche Verlauf von Gehirnprozessen und der bewußte Wille

Überraschenderweise fand man, daß dem Vollzug ›selbstgesteuerter‹ Willenshandlungen eine langsame elektrische Veränderung vorangeht, die man oben an der Kopfhaut messen kann.[4] Der Beginn dieses elektrischen Indikators bestimmter Gehirnaktivitäten ging der tatsächlichen Bewegung bis zu einer Sekunde und mehr voraus. Es wurde ›Bereitschaftspotential‹ (BP) genannt. Um das BP zu messen, mußte man aus den Messungen vieler selbstgesteuerter Handlungen einen Durchschnitt bilden. Die Versuchspersonen wurden daher gebeten, ihre Handlungen innerhalb von Zeitintervallen von 30 sec zu vollziehen, um die gesamte Untersuchung durchführbar zu machen. In unseren Experimenten haben wir jedoch diese Beschränkung der Handlungsfreiheit aufgehoben; die Versuchspersonen machten eine einfache Schnippbewegung oder eine Beugung des Handgelenks zu einer beliebigen Zeit, wenn sie den Drang oder den Wunsch verspürten, es zu tun. Diese Willenshandlungen sollten also auf unberechenbare Weise vollzogen werden und frei sein von jeglichen äußeren Begrenzungen oder Beschränkungen.[5] Die BPs begannen bei diesen Handlungen im Durchschnitt 550 ms vor der Aktivierung des beteiligten Muskels (Abb. 1).

Das Gehirn begann offenbar den Willensprozeß bei dieser Willenshandlung deutlich vor der Aktivierung des Muskels, der die Bewegung erzeugte. Meine Frage war dann: *Wann* tritt der *bewußte* Wunsch oder die bewußte Absicht (die Handlung auszuführen) auf? Nach der traditionellen Vorstellung des bewußten und freien Willens würde man erwarten, daß der bewußte Wille vor dem oder beim Einsetzen des BP erscheint und so dem Gehirn befiehlt, die beabsichtigte Handlung zu vollziehen. Aber die Erscheinung des bewußten Willens 550 ms oder mehr vor der Handlung schien intuitiv unwahrscheinlich zu

4 Kornhuber und Deecke 1965.
5 Libet et al. 1982.

sein. Es war natürlich wichtig, den Zeitpunkt des bewußten Willens im Verhältnis zum Beginn des Gehirnprozesses (BP) festzustellen; wenn der bewußte Wille dem Beginn von BP *folgen* sollte, würde das eine grundlegende Wirkung auf unsere Vorstellung von Willensfreiheit haben.

Um diese zeitliche Beziehung festzustellen, war eine Methode für die Messung des Zeitpunkts des Erscheinens des bewußten Willens bei jeder solchen Handlung erforderlich. Am Anfang schien mir dieses Ziel unerreichbar zu sein. Aber nach einiger Zeit kam ich darauf, den Versuch zu machen, die Versuchsperson eine ›Uhrzeit‹ berichten zu lassen, zu der sie *zuallererst das Bewußtsein* des Wunsches oder Drangs zu handeln hatte (Abb. 2).[6] Die Uhr mußte viel schneller als gewöhnliche Uhren sein, damit Zeitunterschiede im Bereich von einigen Hundert Millisekunden erfaßt werden konnten. Bei unserer Uhr wurde es so eingerichtet, daß der Lichtfleck eines Kathodenstrahloszilloskops sich um die Scheibe des Oszilloskops bewegte, ähnlich wie der Sekundenzeiger einer gewöhnlichen Uhr, aber mit einer etwa 25mal höheren Geschwindigkeit. Jede der markierten ›Sekunden‹ entlang der Peripherie der Scheibe entsprach damit etwa 40 ms. Als wir diese Methode ausprobierten, waren wir wirklich überrascht, daß jede Versuchsperson die Zeitpunkte ihres *ersten Bewußtseins des Handlungswunsches* (W) mit einer Zuverlässigkeit von 20 ms für jede Gruppe von 40 Versuchen berichtete. Ein Test der Korrektheit dieser Berichte war ebenfalls ermutigend. Bei diesem Test blieb die Versuchsperson entspannt und vollzog *keine* Willenshandlung. Statt dessen wurde ein schwacher elektrischer Reiz auf die Haut derselben Hand gegeben. Der Reiz wurde zu zufällig gewählten Zeitpunkten bei den verschiedenen Versuchen verabreicht. Die Beobachter des Experiments kannten den tatsächlichen Zeitpunkt für jeden Reiz. Die Versuchsperson kannte diese Zeit nicht, wurde aber gebeten, die Uhrzeit zu berichten, zu der sie jeden dieser Reize spürte. Die Versuchspersonen erfüllten diese Aufgabe mit einem Fehler von nur -50 ms.

6 Libet at al. 1983a.

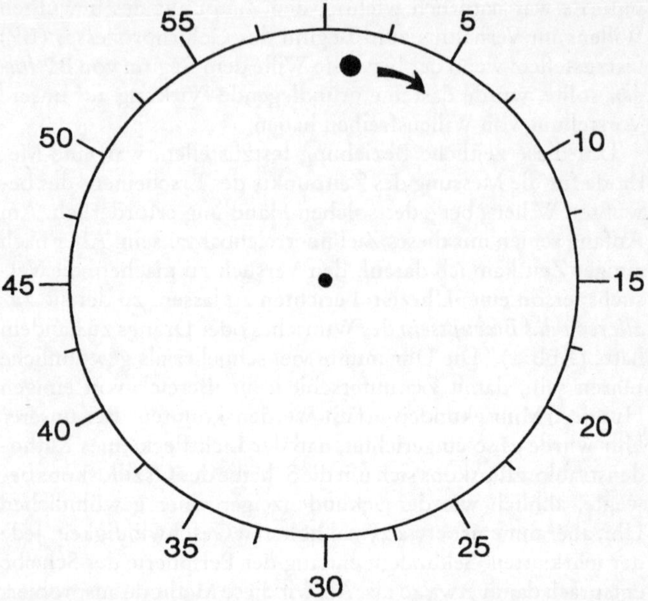

Abbildung 2:
Die Oszilloskop-Uhr. Ein Lichtfleck bewegt sich an der Peripherie des Bildschirms einmal in 2,56 sec im Kreis herum (anstatt in 60 sec wie der Sekundenzeiger einer gewöhnlichen Uhr). Jede markierte Sekunde (bei einer Gesamtzahl von 60 Markierungen) repräsentiert 43 ms wirklicher Zeit. Die Versuchsperson hält ihren Blick auf das Zentrum des Bildschirms gerichtet. Die Versuchsperson wurde gebeten, bei jeder vollzogenen schnellen Beugung des Handgelenks zu jeder frei gewählten Zeit sich die Stellung des Lichtflecks zu dem Zeitpunkt zu merken, zu dem sie sich ihres Handlungswunsches oder ihrer Handlungsabsicht bewußt wurde. Diese entsprechende Uhrzeit wurde von der Versuchsperson später nach Beendigung des Versuchs berichtet.

Das Experiment

Im Experiment wurde dann jedes BP aus einer Durchschnittsbildung von elektrischen Messungen über 40 Versuche ermittelt. Bei jedem dieser Versuche vollzog die Versuchsperson das plötzliche Schnippen des Handgelenks, wann immer sie sich frei dazu entschloß. Nach jedem dieser Versuche berichtete die Versuchsperson W, die Uhrzeit, die mit dem einsetzenden Bewußtsein der Bewegungsabsicht verbunden war.[7]

Das Gehirn leitet Willenshandlungen unbewußt ein

Die Ergebnisse vieler solcher Versuchsgruppen sind in Abb. 3 dargestellt. Bei Gruppen, bei denen alle Willenshandlungen frei und spontan und ohne Berichte über eine vage Vorplanung des Handlungszeitpunktes stattfanden, war der Beginn des BP im Durchschnitt -550 ms (vor der Muskelaktivierung). Die Zeitpunkte W des ersten Bewußtseins einer Handlungsabsicht lag im Durchschnitt bei allen Gruppen bei -200 ms. Dieser Wert war derselbe, auch wenn die Versuchspersonen berichteten, daß sie den Handlungszeitpunkt vage vorausgeplant hatten! Wenn wir W um den Fehler von -50 ms korrigieren, den die Berichte der Versuchspersonen über die Zeitpunkte der Hautreize aufwiesen, erhalten wir ein durchschnittlich korrigiertes W von etwa -150 ms. Der Gehirnprozeß (BP) der Vorbereitung dieses Willensaktes begann etwa 400 ms deutlich vor dem Auftreten des bewußten Handlungswillens (W). Diese Beziehung galt für jede Gruppe von 40 Versuchen und für jede der neun untersuchten Versuchspersonen. Man sollte auch beachten, daß der tatsächliche Unterschied der Zeitpunkte wahrscheinlich größer als 400 ms ist; der Gehirnprozeß, der die Bewegung tatsächlich einleitet, beginnt wahrscheinlich vor unserem gemessenen BP in einem unbekannten Areal, wodurch dann das supplementäre motorische Areal in der Hirnrinde aktiviert wird. Das supplementäre motorische Areal befindet sich in der Mitte in der Nähe der Kopfspitze und gilt als Quelle für unser gemessenes BP.

7 Libet et al. 1983.

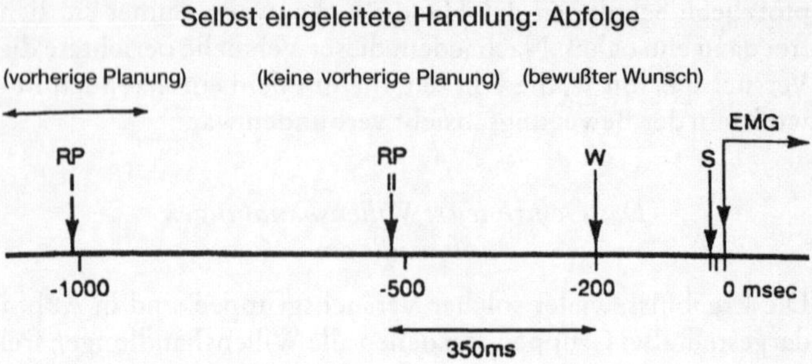

Abbildung 3:
Diagramm der Abfolge von zerebralen und subjektiven Ereignissen, die einem vollständig selbst eingeleiteten Willensakt vorausgehen. Bezogen auf die Null-Zeit, die durch das Elektromyogramm (EMG) des plötzlich aktivierten Muskels bestimmt wird, beginnt das Bereitschaftspotential (BP) (ein Indikator entsprechender neuronaler Aktivitäten im Gehirn) zuerst bei ungefähr -1050 ms, wenn über eine vorherige Planung berichtet wird (BP I), oder bei ungefähr -550 ms, wenn die Handlungen spontan sind und keine unmittelbare vorherige Planung stattfindet (BP II). Das subjektive Bewußtsein des Bewegungswunsches (W) erscheint bei etwa -200 ms, ungefähr 350 ms nach dem Beginn von BP II; W erscheint jedoch vor der Handlung (EMG). Die subjektiven Zeitpunkte, die für das Bewußtsein des zu zufällig gewählten Zeitpunkten verabreichten Hautreizes S berichtet wurden, liegen durchschnittlich bei -50 ms bezogen auf die tatsächliche Zeit der Verabreichung.[8]

Gibt es irgendeine Rolle für den bewußten Willen?

Die Einleitung der frei gewollten Handlung scheint im Gehirn unbewußt einzusetzen, und zwar deutlich bevor die Person sich dessen bewußt ist, daß sie handeln will! Gibt es also irgendeine Rolle für den bewußten Willen beim Vollzug einer Willenshandlung?[9] Um diese Frage zu beantworten, muß man beachten, daß der bewußte Wille (W) etwa 150 ms vor der Aktivation des Muskels auftritt, obwohl er auf den Beginn des BP

8 Aus Libet 1989.
9 Siehe Libet 1985.

folgt. Ein Intervall von 150 ms würde genügend Zeit zur Verfügung stellen, in der die Bewußtseinsfunktion das Endergebnis des Willensprozesses beeinflussen könnte. (Tatsächlich stehen nur 100 ms für eine solche Wirkung zur Verfügung. Die letzten 50 ms vor der Aktivation des Muskels braucht der primäre motorische Kortex, um die Motorneuronen des Rückenmarks zu aktivieren. Während dieser Zeit wird die Handlung ausgeführt, ohne daß die übrige Hirnrinde diese Ausführung stoppen könnte.)

Eine grundsätzliche Möglichkeit für die Bewußtseinsfunktion besteht darin, das Fortschreiten des Willensprozesses zur schließlichen Bewegung aufzuhalten oder zu verhindern, so daß keine wirkliche Muskelbewegung erfolgt. *Der bewußte Wille beeinflußt also das Ergebnis* des Willensprozesses, auch wenn letzterer durch unbewußte Gehirnprozesse eingeleitet wurde. Der bewußte Wille könnte den Prozeß blockieren oder verbieten, so daß keine Bewegung auftritt.

Die Existenz einer Veto-Möglichkeit steht außer Zweifel. Die Versuchspersonen berichteten in unseren Experimenten manchmal, daß ein bewußter Wunsch oder Drang zu handeln auftrat, daß sie diesen Drang aber unterdrückten. In den Fällen, in denen kein elektrisches Signal vom Muskel herkam, gab es auch keinen Auslöser, um die Messung eines BP durch den Computer einzuleiten, das dem Veto hätte vorausgehen können; es gab also keine *gemessenen* BPs, wenn die Handlungsabsicht unterdrückt wurde. Wir konnten jedoch zeigen, daß die Versuchspersonen eine Handlung unterdrücken konnten, die zu einem vorher festgelegten Zeitpunkt stattfinden sollte. Sie waren in der Lage, ihr Veto innerhalb des Intervalls von 100 bis 200 ms vor dem festgelegten Zeitpunkt auszuüben.[10] Ein starkes BP ging dem Veto voraus, was bedeutete, daß die Versuchsperson tatsächlich eine Handlung *vorbereitete*, auch wenn die Handlung von der Versuchsperson abgebrochen wurde. Wir alle, und nicht nur die Versuchspersonen des Experiments, haben die Erfahrung gemacht, daß wir einen spontanen Drang zu irgendeiner Handlung unterdrücken können. Das kommt häu-

10 Libet et al. 1983b.

fig dann vor, wenn der Handlungsdrang eine sozial inakzeptable Konsequenz beinhaltet, wie beispielsweise der Drang, dem Professor eine Obszönität entgegenzuschreien. (Tatsächlich rufen die Patienten, die unter dem Tourette-Syndrom leiden, spontan Obszönitäten aus. Diese Handlungen sollten nicht als frei gewollt betrachtet werden. Vor einer solchen Handlung gibt es kein BP. Einer schnellen Reaktion auf einen unvorhergesehenen Reiz geht auch kein BP voraus, und sie ist auch kein frei gewollter Akt.)

Eine andere hypothetische Funktion des bewußten Willens könnte darin bestehen, daß er als notwendiger ›Auslöser‹ dafür fungiert, daß der Willensprozeß tatsächlich durch eine Handlung abgeschlossen wird. Dafür gibt es jedoch keine Belege, wie etwa für die Vetofunktion, und diese ›Auslöser‹-Möglichkeit scheint auch aus anderen Gründen unwahrscheinlich zu sein. Beispielsweise können Willensakte, die auf gewisse Weise ›automatisiert‹ werden, ohne berichtbare bewußte Absicht ausgeführt werden; das BP hat eine ziemlich kleine Amplitude und Dauer vor solchen automatischen Handlungen. Automatische Handlungen werden klarerweise vollendet, ohne daß es einen bewußten Auslöser gibt.

Hat das bewußte Veto einen vorhergehenden unbewußten Ursprung?

Man sollte an dieser Stelle die Möglichkeit in Erwägung ziehen, daß das bewußte Veto selbst seinen Ursprung in vorausgehenden unbewußten Prozessen hat, wie es der Fall bei der Entwicklung und dem Auftreten des bewußten Willens ist. Wenn das Veto selbst unbewußt eingeleitet und entwickelt werden würde, würde die Entscheidung zur Unterdrückung eine unbewußte Entscheidung sein, der wir uns bewußt *werden* würden, und nicht ein bewußtes kausales Ereignis. Unsere eigenen zuvor erhobenen Daten haben gezeigt, daß das Gehirn ein Bewußtsein von etwas erst nach einer etwa 0,5 sec dauernden Periode geeigneter neuronaler Aktivierung erzeugt.[11]

11 Siehe die Übersichten bei Libet 1993; 1996.

Einige haben vorgeschlagen, daß selbst eine unbewußte Einleitung einer Veto-Entscheidung dennoch eine echte Entscheidung der Person wäre und immer noch als ein Prozeß freien Willens angesehen werden könnte.[12] Ich finde eine solche Ansicht der Willensfreiheit inakzeptabel. Nach dieser Ansicht würde die Person ihre Handlungen nicht bewußt steuern; sie würde sich nur einer unbewußt eingeleiteten Entscheidung bewußt werden. Sie hätte keine direkte bewußte Kontrolle über die Eigenart irgendeines vorhergehenden bewußten Prozesses. Ein Prozeß freien Willens impliziert jedoch, daß man bewußt verantwortlich für die eigene Entscheidung zu handeln oder nicht zu handeln gemacht werden kann. Wir halten Menschen nicht verantwortlich für Handlungen, die unbewußt und ohne die Möglichkeit bewußter Kontrolle vollzogen werden. Beispielsweise gelten Handlungen einer Person während eines psychomotorischen epileptischen Anfalls oder einer Person mit einem Tourette-Syndrom nicht als Handlungen aus freiem Willen. Warum sollte dann eine Handlung, die von einer normalen Person unbewußt entwickelt wird, ein Prozeß, über den sie ebenfalls keine bewußte Kontrolle hat, als ein Akt des freien Willens betrachtet werden?

Ich schlage statt dessen vor, daß das bewußte Veto *keine* unbewußten Prozesse erfordert oder deren direktes Resultat ist. Das bewußte Veto ist eine *Kontrollfunktion*, die verschieden ist von einem bloßen Bewußtsein des Handlungswunsches. Es gibt keinen logischen Zwang in irgendeiner Geist-Gehirn-Theorie, nicht einmal in der Identitätstheorie, der eine spezifische neuronale Aktivität erfordert, welche das Wesen der bewußten Kontrollfunktion bestimmt und ihr vorhergeht. Und es gibt keine experimentellen Belege gegen die Möglichkeit, daß der Kontrollprozeß ohne die Entwicklung von vorherigen unbewußten Prozessen auftreten kann.

Zugegeben, wenn man sich der Veto-Entscheidung bewußt ist, bedeutet das, daß man sich des Ereignisses bewußt ist. Wie läßt sich das mit meinem Vorschlag in Einklang bringen? Vielleicht sollten wir den Begriff des Bewußtseins erneut unter-

12 Z. B. Velmans 1991.

suchen, seine Beziehung zum Inhalt des Bewußtseins und zu den Gehirnprozessen, die sowohl das Bewußtsein als auch seine Inhalte entwickeln. Unsere eigenen früheren Untersuchungen weisen darauf hin, daß *Bewußtsein* an sich ein einzigartiges Phänomen ist, das sich von den Inhalten unterscheidet, die bewußt werden können. Beispielsweise kann das Bewußtsein eines Sinnesreizes eine ähnliche Dauer von Reizzügen zum somatosensorischen Kortex und zum medialen Lemniscus haben. Aber der *Inhalt* des Bewußtseins in diesen beiden Fällen ist verschieden im Hinblick auf die subjektiven Zeitpunkte der Empfindungen.[13] Der Inhalt eines unbewußten mentalen Prozesses (z. B. die korrekte Erfassung eines Signals im Gehirn *ohne jegliches Bewußtsein* des Signals) kann derselbe sein wie der *bewußte* Inhalt des Signals. Damit man sich jedoch dieses selben Inhalts bewußt wird, muß die Reizdauer um etwa 400 ms erhöht werden.[14]

Bei einem endogen erzeugten, frei gewollten Akt tritt das Bewußtsein der Handlungsabsicht mit einer Verzögerung von etwa 400 ms auf, nachdem Gehirnprozesse diesen Vorgang unbewußt einleiten.[15] Man kann sich das hier entwickelte Bewußtsein so vorstellen, daß es sich auf den gesamten Willensprozeß bezieht; das würde den Inhalt des bewußten Drangs zu handeln und den Inhalt von Faktoren, die ein bewußtes Veto beeinflussen können, einschließen. Man braucht sich das Bewußtsein eines Ereignisses nicht so vorzustellen, daß es auf ein einziges inhaltliches Detail im ganzen Prozeß beschränkt ist.

Die Möglichkeit ist nicht ausgeschlossen, daß Faktoren, auf denen die Veto- oder Kontrollentscheidung *beruht*, durch unbewußte Prozesse entwickelt werden, die dem Veto vorangehen. Die *bewußte Veto-Entscheidung* könnte jedoch trotzdem ohne eine direkte Spezifikation dieser Entscheidung durch die vorangehenden unbewußten Prozesse getroffen werden. Man könnte also das Programm, das von der ganzen Bandbreite vorausgehender Gehirnprozesse angeboten wird, bewußt annehmen oder ablehnen. Man könnte sich vorstellen, daß das *Be-*

13 Libet 1979.
14 Siehe Libet et al. 1991.
15 Libet et al. 1983a; Libet 1985.

wußtsein der Veto-Entscheidung auf vorausgehende unbewußte Prozesse angewiesen ist, daß aber der *Inhalt* dieses Bewußtseins (der tatsächlichen Veto-Entscheidung) ein gesondertes Merkmal ist, das nichts dergleichen erfordert.

Welche Bedeutung haben unsere Befunde für Willenshandlungen im allgemeinen?

Können wir annehmen, daß andere Willensakte als der einfache, den wir untersucht haben, ebenfalls dieselben zeitlichen Beziehungen zwischen unbewußten Gehirnprozessen und der Erscheinung des bewußten Handlungswillens haben? Es ist bei wissenschaftlichen Forschungen üblich, daß man aus technischen Gründen auf die Untersuchung eines Prozesses in einem einfachen System beschränkt ist; und daß man dann feststellt, daß das grundsätzliche Verhalten, das man in dem einfachen System entdeckt hat, tatsächlich ein Phänomen darstellt, das auch in anderen und komplizierteren Systemen erscheint und diese beherrscht. Beispielsweise wurde die Ladung eines einzelnen Elektrons von Milliken an einem isolierten System gemessen, sie gilt aber für Elektronen in allen Systemen. Man sollte auch beachten, daß andere Forscher gefunden haben, daß die BPs anderen komplexeren Willenshandlungen, wie beispielsweise dem Beginn des Sprechens oder Schreibens, vorausgehen; sie untersuchten jedoch nicht den Zeitpunkt des Auftretens der bewußten Absicht, solche Handlungen einzuleiten. Wir können uns deshalb gestatten, die Frage zu betrachten, welche allgemeinen Implikationen unsere experimentellen Befunde haben, wobei wir anerkennen, daß es sich bei der Ausdehnung auf Willenshandlungen im allgemeinen um eine Extrapolation handelt.

Wir sollten außerdem zwischen *Überlegungen* bezüglich der Frage, welche Handlung gewählt werden soll (einschließlich einer vorherigen Planung des Handlungszeitpunkts nach einer solchen Wahl), und der endgültigen Absicht, ›jetzt zu handeln‹, unterscheiden. Schließlich kann man den ganzen Tag über eine Entscheidung nachdenken, ohne jemals zu handeln; in diesem

Fall gibt es *keine Willenshandlung*. Bei unseren experimentellen Untersuchungen fanden wir, daß bei manchen Versuchen die Versuchspersonen bewußt vorher planten, wann sie ungefähr handeln sollten (etwa in der nächsten Sekunde). Aber selbst in diesen Fällen berichteten die Versuchspersonen Zeitpunkte des bewußten Wunsches, wirklich zu handeln, die bei ungefähr -200 ms lagen; dieser Wert lag sehr nahe bei den Werten, die bei ganz spontanen Willenshandlungen ohne vorherige Planung berichtet wurden. Der Beginn des unbewußten Gehirnprozesses (BP) für die Vorbereitung der Handlung lag in allen Fällen deutlich vor der endgültigen bewußten Absicht, ›jetzt zu handeln‹. Diese Befunde wiesen darauf hin, daß die Abfolge der Willensprozesse, ›jetzt zu handeln‹, für alle Willenshandlungen gilt, ungeachtet ihrer Spontaneität oder Vorgeschichte bewußter Überlegungen.

Ethische Implikationen dessen, wie der freie Wille funktioniert

Die Rolle des bewußten freien Willens wäre also nicht, eine Willenshandlung einzuleiten, sondern vielmehr zu *kontrollieren*, ob die Handlung stattfindet. Wir können die unbewußten Initiativen zu Willenshandlungen als ein ›Hochsprudeln‹ im Gehirn verstehen. Der bewußte Wille entscheidet dann, welche dieser Initiativen sich in einer Handlung niederschlagen soll oder welche verhindert und abgebrochen werden sollen, ohne daß es zur Handlung kommt.

Diese Art von Rolle für den freien Willen stimmt tatsächlich mit religiösen und ethischen Mahnungen überein. Diese befürworten gewöhnlich, daß man ›sich selbst unter Kontrolle hat‹. Die meisten der zehn Gebote geben die Anweisung, daß man etwas *nicht* tun soll.

Wie verhalten sich unsere Befunde zu den Fragen nach Schuld und Sünde in den verschiedenen religiösen und philosophischen Systemen? Wenn man einen bewußten Wunsch oder Drang erlebt, eine gesellschaftlich inakzeptable Handlung zu vollziehen, sollte das als Sünde betrachtet werden, selbst wenn der Drang unterdrückt wurde und keine Handlung aufgetreten ist? Manche religiösen Systeme antworten mit ›ja‹. Präsident Jimmy Carter gab zu, verschiedentlich einen Drang nach einer lüsternen Handlung gehabt zu haben. Obwohl er dem Drang nicht nachgab, fühlte er sich anscheinend dennoch sündig, weil er einen lüsternen Drang erlebt hat.[16] Jeder solche Drang würde nach unseren Befunden jedoch im Gehirn unbewußt eingeleitet und entwickelt werden. Das bloße Auftreten einer Handlungsabsicht unterliegt keiner bewußten Kontrolle; nur die Vollendung in einer motorischen Handlung kann bewußt kontrolliert werden. Deshalb würde ein religiöses System, das eine Person heftig dafür tadelt, daß sie bloß eine mentale Absicht oder den Impuls hatte, etwas Inakzeptables zu tun, auch wenn diesem Drang nicht nachgegeben wird, eine physiologisch unüberwindliche Moral und psychologische Schwierigkeit erzeugen. In der Tat würde ein Bestehen darauf, daß ein inakzeptabler Handlungsdrang als sündig angesehen werden soll, so gut wie alle Personen zu Sündern machen. In diesem Sinne könnte eine solche Ansicht eine physiologische Basis für die ›Erbsünde‹ bereitstellen! Natürlich kann der Begriff der ›Erbsünde‹ auch auf andere Ansichten über Sündhaftigkeit gegründet werden.

Ethische Systeme haben mit moralischen Kodizes oder Konventionen zu tun, die sich darauf beziehen, wie man sich zu anderen Personen verhält; sie haben allem Anschein nach mit Handlungen zu tun, und nicht bloß mit Impulsen oder Absichten. Nur eine motorische Handlung einer Person kann direkt auf das Wohlergehen einer anderen einwirken. Da es der Vollzug einer Handlung ist, der bewußt gesteuert werden kann, sollte es legitim sein, daß man Personen aufgrund ihrer Handlungen für schuldig und verantwortlich hält.

16 Präsident Carter berief sich auf eine christliche Tradition, die sich von den folgenden beiden Versen der ›Bergpredigt‹ ableitet: [Jesus sagte], »Ihr habt gehört, daß gesagt worden ist: *Du sollst nicht die Ehe brechen*. Ich aber sage euch: Wer eine Frau auch nur lüstern ansieht, hat in seinem Herzen schon Ehebruch mit ihr begangen.« (Matthäus, 5.27-8)

Determinismus und Willensfreiheit

Es bleibt eine tiefere Frage zum freien Willen übrig, die die vorangehenden Betrachtungen nicht berührt haben. Was wir durch unsere Experimente erreicht haben, ist ein Wissen darüber, wie der freie Wille funktionieren könnte. Wir haben jedoch die Frage nicht beantwortet, ob unsere bewußt gewollten Handlungen völlig von Naturgesetzen determiniert sind, die die Aktivitäten von Nervenzellen im Gehirn beherrschen, oder ob Handlungen und die bewußten Entscheidungen, sie zu vollziehen, bis zu einem bestimmten Grad unabhängig vom Determinismus der Natur vonstatten gehen können. Die erste dieser Optionen würde die Willensfreiheit zu einer Illusion machen. Das bewußte Gefühl, daß man seinen Willen ausübt, würde man dann als ein Epiphänomen ansehen, als ein bloßes Nebenprodukt der Aktivitäten des Gehirns, aber ohne eigene kausale Kräfte.

Erstens kann man darauf hinweisen, daß freie Entscheidungen oder Handlungen *nicht vorhersagbar* sind, selbst wenn sie vollständig determiniert sein sollten. Das Heisenbergsche ›Unschärfeprinzip‹ schließt aus, daß wir ein vollständiges Wissen über die zugrundeliegenden molekularen Aktivitäten haben. Die Quantenmechanik zwingt uns dazu, mit Wahrscheinlichkeiten anstatt mit Gewißheiten von Ereignissen umzugehen. Und nach der Chaostheorie kann ein zufälliges Ereignis das Verhalten eines ganzen Systems auf nicht vorhersagbare Weise verändern. Auch wenn die Ereignisse praktisch nicht vorhersagbar sind, könnten sie dennoch in Übereinstimmung mit Naturgesetzen stehen und deshalb determiniert sein.

Wir wollen unsere Grundfrage folgendermaßen formulieren: *Müssen* wir den Determinismus akzeptieren? Ist der Indeterminismus eine lebensfähige Option? Wir sollten erkennen, daß beide dieser alternativen Ansichten (der Determinismus der Naturgesetze gegenüber dem Indeterminismus) unbewiesene Theorien sind, d. h. unbewiesen in bezug auf die Existenz von Willensfreiheit. Der Determinismus war im großen Ganzen für die physikalische beobachtbare Welt erfolgreich. Diese

Tatsache hat viele Wissenschaftler und Philosophen dazu geführt, jede Abweichung vom Determinismus als absurd und albern und einer weiteren Betrachtung nicht wert anzusehen. Es gab jedoch keine Belege oder gar den Vorschlag eines experimentellen Versuchsplans, der endgültig und überzeugend die Gültigkeit des Determinismus der Naturgesetze als Vermittler oder Werkzeug der Willensfreiheit beweist.

Es gibt eine unerklärte Lücke zwischen der Kategorie der physischen Phänomene und der Kategorie der subjektiven Phänomene. Schon bei Leibniz wurde darauf hingewiesen, daß, wenn man in das Gehirn mit einem vollständigen Wissen seines physischen Aufbaus und der Aktivitäten von Nervenzellen schauen würde, man nichts sehen würde, was subjektive Erfahrung beschreibt. Die ganze Grundlage unserer eigenen experimentellen Untersuchungen der Physiologie bewußter Erfahrung (die in den späten 50er Jahren begannen) bestand darin, daß die von außen beobachtbaren und manipulierbaren Gehirnprozesse und die damit verbundenen subjektiven introspektiven Erlebnisse gleichzeitig als unabhängige Kategorien untersucht werden müssen, um ihre Beziehung zu verstehen. Die Annahme, daß die deterministische Natur der physikalisch beobachtbaren Welt (in dem Maß, in dem sie zutrifft) subjektive bewußte Funktionen und Ereignisse erklären kann, ist ein spekulativer *Glaube* und keine wissenschaftlich bewiesene Aussage.

Der Indeterminismus, die Ansicht, daß der bewußte Wille manchmal Wirkungen ausüben kann, die nicht mit bekannten physikalischen Gesetzen übereinstimmen, ist natürlich ebenfalls ein nicht bewiesener, spekulativer Glaube. Die Ansicht, daß der bewußte Wille die Funktion des Gehirns unter Verletzung bekannter physikalischer Gesetze beeinflussen kann, erscheint in zwei Formen. Nach der einen wird behauptet, daß die Verletzungen nicht meßbar sind, da die Handlungen des Geistes auf einer Ebene liegen, die sich unterhalb der Ebene der Unschärfe befindet, die von der Quantenmechanik zugelassen wird. (Ob letzterer Vorbehalt aufrechterhalten werden kann, muß noch geklärt werden.) Diese Position würde also einen indeterministischen freien Willen ohne eine wahrnehmbare Verletzung der Gesetze der Physik zulassen. Nach einer zweiten Ansicht wird behauptet, daß die Verletzungen bekannter physikalischer Gesetze groß genug sind, um entdeckt zu werden, zumindest im Prinzip. Man kann aber dafür argumentieren, daß die Meßbarkeit in der wirklichen Praxis unmöglich ist. Diese Schwierigkeit der Messung wäre vor allem dann der Fall, wenn der bewußte Wille in der Lage ist, seinen Einfluß durch minimale Aktionen an relativ wenigen neuronalen Elementen auszuüben; diese Aktionen könnten als Auslöser von verstärkten Mustern neuronaler Aktivität im Gehirn dienen. Jedenfalls haben wir keine wissenschaftliche Antwort auf die Frage, welche Theorie (Determinismus oder Indeterminismus) die Natur des freien Willens beschreibt.

Wir müssen jedoch anerkennen, daß die nahezu universale Erfahrung, daß wir aus freier, unabhängiger Entscheidung handeln können, eine Art von *prima facie*-Beleg darstellt, daß bewußte mentale Prozesse bestimmte Gehirnprozesse kausal steuern können.[17] Als Experimentalwissenschaftler bin ich der Meinung, daß diese Tatsache eine größere Schwierigkeit für eine deterministische als für eine indeterministische Option darstellt. Die phänomenale Tatsache ist einfach, daß die meisten von uns das Gefühl haben, daß unser Wille frei ist, zumindest bei einigen unserer Handlungen und innerhalb bestimmter Grenzen, die uns vom Status unseres Gehirns und von unserer Umgebung auferlegt werden. Das intuitive Gefühl bezüglich des Phänomens der Willensfreiheit bildet eine fundamentale Basis für Ansichten über unsere menschliche Natur, und man sollte große Sorge dafür tragen, daß man angeblich wissenschaftliche Schlußfolgerungen über dieses Gefühl nicht glaubt, welche in Wirklichkeit von verborgenen *ad-hoc*-Annahmen abhängen. Eine Theorie, die das Phänomen der Willensfreiheit bloß als Illusion deutet und die Gültigkeit dieser phänomenalen Tatsache leugnet, ist weniger attraktiv als eine Theorie, die diese phänomenale Tatsache akzeptiert und sich ihr anpaßt.

Bei einer Frage, die von so grundlegender Bedeutung ist für unser Selbstverständnis, sollte die Behauptung der illusori-

17 Libet 1994.

schen Natur von Willensfreiheit auf recht direkte Belege gegründet werden. Solche Belege gibt es aber nicht; und die Deterministen schlagen auch keinen Entwurf eines Experiments vor, um die Theorie zu prüfen. Tatsächlich habe ich selbst einen Versuchsplan vorgeschlagen, der die Frage prüfen könnte, ob der bewußte Wille die Aktivitäten von Nervenzellen im Gehirn beeinflussen kann, und zwar über ein angenommenes ›bewußtes mentales Feld‹, das ohne jegliche neuronale Verbindungen als Vermittler wirken könnte.[18] Dieses schwierige, aber durchführbare Experiment ist leider immer noch nicht durchgeführt worden. Wenn seine Ergebnisse die Vorhersage jener Feldtheorie bestätigen würden, hätte das einen radikalen Wandel unserer Ansichten bezüglich der Geist-Gehirn-Interaktion zur Folge.

Meine Schlußfolgerung zur Willensfreiheit, die wirklich frei im Sinne der Nicht-Determiniertheit ist, besteht dann darin, daß die Existenz eines freien Willens zumindest eine genauso gute, wenn nicht bessere wissenschaftliche Option ist als ihre Leugnung durch die deterministische Theorie. Die spekulative Natur von sowohl deterministischen als auch indeterministischen Theorien vorausgesetzt, warum sollen wir nicht die Sichtweise annehmen, daß wir einen freien Willen haben (bis wirklich widersprechende Belege auftauchen, wenn es überhaupt jemals dazu kommen sollte)? Eine solche Sichtweise würde uns zumindest gestatten, auf eine Weise vorzugehen, die unser eigenes tiefes Gefühl akzeptiert und sich ihm anpaßt, nämlich daß wir einen freien Willen haben. Wir bräuchten uns nicht als Maschinen zu verstehen, die auf eine Weise handeln, die völlig von den bekannten physikalischen Gesetzen beherrscht wird. Eine solche liberale Option wird auch von dem Neurobiologen Roger Sperry befürwortet.[19]

18 Libet 1994.

19 Siehe Doty 1998. Die Überzeugung, die viele Leute teilen, daß das eigene Schicksal durch eine mystische Wirklichkeit oder durch göttliche Eingriffe bestimmt ist, erzeugt ein schwieriges Paradox für jene, die außerdem glauben, daß wir einen freien Willen haben und für unsere Handlungen verantwortlich sind. Dieses Paradox entsteht in der jüdisch-christlichen Sichtweise, daß (a) Gott allmächtig ist, im voraus weiß, was man tun wird, und das eigene Schicksal bestimmt, während (b) ebenfalls stark die Position vertreten wird, daß wir unsere Handlungen frei be-

Ich schließe nun mit einem Zitat des großen Romanciers Isaac Bashevis Singer, das an die eben beschriebenen Ansichten anknüpft. Singer brachte seinen starken Glauben daran, daß wir einen freien Willen haben, zum Ausdruck. In einem Interview gab er folgende Behauptung zum besten: »Das größte Geschenk der Menschheit ist die freie Wahl. Es ist richtig, daß wir beim Gebrauch dieser freien Wahl begrenzt sind. Aber das Wenige an freier Wahl, das wir haben, ist ein solch großes Geschenk und ist potentiell so viel wert, daß es sich lohnt, gerade dafür zu leben.«[20]

Deutsch von Jürgen Schröder

Literatur

Doty, R. W. (1998), »Five mysteries of the mind, and their consequences«, in: A. Puente (Hg.), *Views of the Brain – A Tribute to Roger W. Sperry*, Washington, im Druck.

Kornhuber, H. und Deecke, L. (1965), »Hirnpotentialänderungen bei Willkürbewegungen und passiven Bewegungen des Menschen: Bereitschaftspotential und reafferente Potentiale«, in: *Pflügers Archiv für die Gesamte Physiologie* 284, S. 1-17.

Libet, B. (1985), »Unconscious cerebral initiative and the role of conscious will in voluntary action«, in: *Behavioral and Brain Sciences* 8, S. 529-566.

Libet, B. (1989), »Conscious subjective experience vs. unconscious mental functions: A theory of the cerebral processes involved«, in: R. M. J. Cotterill (Hg.), *Models of Brain Function*, New York.

Libet, B. (1993), »The neural time factor in conscious and unconscious mental events«, in: Ciba Foundation Symposium #174, *Experimental and Theoretical Studies of Consciousness*, Chichester.

stimmen können und für unser Verhalten zurechnungsfähig und verantwortlich sind. Diese Schwierigkeit hat zu einigen theologischen Versuchen geführt, das Paradox aufzulösen. Beispielsweise haben die Kabbalisten vorgeschlagen, daß Gott seine Macht zu wissen, was der Mensch tun wird, willentlich aufgegeben hat, um dem Menschen zu ermöglichen, frei und verantwortlich zu wählen, und damit einen freien Willen zu besitzen.

20 Singer 1968.

Libet, B. (1994), »A testable field theory of mind-brain interaction«, in: *Journal of Consciousness Studies* 1 (1), S. 119-126.

Libet, B. (1996), »Neural time factors in Conscious and Unconscious Mental Function«, in: S. R. Hameroff, A. Kaszniak, A. Scott (Hg.), *Toward a Science of Consciousness*, Cambridge, Mass. Libet, B., Gleason, C. A., Wright, E. W. und Pearl, D. K. (1983a), »Time of conscious intention to act in relation to onset of cerebral activity (readiness potential): The unconscious initiation of a freely voluntary act«, in: *Brain* 106, S. 623-642.

Libet, B., Wright, E. W. und Gleason, C. A. (1983b), »Preparation – or intention-to-act, in relation to pre-event potentials recorded at the vertex«, in: *Electroencephalographic and Clinical Neurophysiology* 56, S. 367-372.

Libet, B., Pearl, D. K., Morledge, D. E., Gleason, C. A., Hosobuchi, Y., Barbaro, N. M. (1991), »Control of the transition from sensory detection to sensory awareness in man by the duration of a thalamic stimulus. The cerebral time-on factor«, in: *Brain* 114, S. 1731-1757.

Libet, B., Wright, E. W., Jr., Feinstein, B., Pearl, D. K. (1979), »Subjective referral of the timing for a conscious sensory experience: A functional role for the somatosensory specific projection system in man«, *Brain* 102, S. 191-222.

Libet, B., Wright, E. W. und Gleason, C. A. (1982), »Readiness potentials preceding unrestricted spontaneous pre-planned voluntary acts«, in: *Electroencephalographic and Clinical Neurophysiology* 54, S. 322-325.

Singer, I. B. (1968), Interview von H. Flender, in: G. Plimpton (Hg.), *Writers at Work* (1981), New York.

Spence, S. A. und Frith, C. D. (1999), »Towards a functional anatomy of volition«, in: *Journal of Consciousness Studies* 6 (8-9), S. 11-29.

Velmans, M. (1991), »Is human information processing conscious?«, in: *Behavioral and Brain Sciences* 3, S. 651-669.

Hinweise zu der Autorin und den Autoren

Niels Birbaumer, Professor für Klinische und Physiologische Psychologie and der Universität Tübingen.

Reinhardt Brandt, Professor für Rechtsphilosophie an der Philipps-Universität Marburg.

Thomas Buchheim, Professor für Philosophie an der Ludwig-Maximilians-Universität München.

Karl Clausberg, Professor für Kunst- und Bildwissenschaft an der Universität Lüneburg.

Holk Cruse, Professor für Biologie, leitet die Abteilung für Biologische Kybernetik und Theoretische Biologie der Universität Bielefeld.

Johannes Fried, Professor für Mittelalterliche Geschichte an der Johann Wolfgang Goethe-Universität Frankfurt am Main.

Christian Geyer, Ressortleiter »Neue Sachbücher« im Feuilleton der *Frankfurter Allgemeinen Zeitung*.

Friedrich Wilhelm Graf, Professor für Systematische Theologie und Ethik an der Ludwig-Maximilians-Universität München.

Michael Hagner, Professor für Wissenschaftsforschung an der Eidgenössischen Technischen Hochschule Zürich.

Herbert Helmrich, Minister a. D. und Jurist.

Otfried Höffe, Professor für Politische Philosophie und Rechtsphilosophie an der Universität Tübingen.

Gerhard Kaiser, em. Professor für Neuere Deutsche Literaturgeschichte an der Albert-Ludwigs-Universität in Freiburg im Breisgau.

Gerd Kempermann, Professor für Molekulare Medizin, leitet die Arbeitsgruppe »Neuronale Stammzellen« am Max-Delbrück-Centrum für Molekulare Medizin in Berlin.

Christof Koch, Professor für Informationsverarbeitung und neuronale Systeme am California Institute of Technology in Pasadena.

Hans-Ludwig Kröber, Professor für Forensische Psychiatrie an der Freien Universität Berlin.

Hans-Peter Krüger, Professor für Politische Philosophie und Philosophische Anthropologie an der Philosophie Potsdam.

Benjamin Libet, em. Professor für Neurophysiologie am Center for Neuroscience an der University of California at Davis.

Klaus Lüderssen, em. Professor für Strafrecht, Strafprozeßrecht, Rechtsphilosophie und Rechtssoziologie an der Johann Wolfgang Goethe-Universität Frankfurt am Main.

Helmut Mayer arbeitet als Lektor und Autor in Frankfurt am Main.

Reinhard Olivier, em. Professor für Mathematik an der Rheinischen Friedrich-Wilhelms-Universität in Bonn.

Wolfgang Prinz, Professor für Psychologie und Direktor des Max-Planck-Instituts für Kognitions- und Neurowissenschaften, Arbeitsbereich Psychologie, in München.

Gerhard Roth, Professor für Verhaltensphysiologie an der Universität Bremen und Rektor des Hanse-Wissenschaftskollegs in Delmenhorst.

Eberhard Schockenhoff, Professor für Moraltheologie an der Albert-Ludwigs-Universität in Freiburg im Breisgau.

Christian Schwägerl, Redakteur mit Schwerpunkt Biopolitik in der Berliner Redaktion der *Frankfurter Allgemeinen Zeitung*.

Wolf Singer, Professor für Neurophysiologie und Direktor des Max-Planck-Instituts für Hirnforschung in Frankfurt am Main.

Martin Stingelin, Professor für Neuere deutsche Literaturwissenschaft an der Universität Basel.

Markus Völkel, Professor für Geschichte der Neuzeit an der Universität Rostock.

Bettina Walde, wissenschaftliche Assistentin am Arbeitsbereich Theoretische Philosophie der Johannes-Gutenberg-Universität Mainz, wo sie sich mit einer Arbeit über Freiheit und Gehirnforschung habilitiert.

Cornelius Weiller, Professor für Neurologie und Direktor der Klinik für Neurologie des Universitätsklinikums Hamburg-Eppendorf.

Lutz Wingert, Professor für Praktische Philosophie und ihre Didaktik an der Universität Dortmund.

Nachweise

Wolfgang Prinz, »Der Mensch ist nicht frei«, in: *Das Magazin*, Wissenschaftszentrum Nordrhein-Westfalen, 14. Jg., Heft 2, Düsseldorf 2003.

Niels Birbaumer, »Hirnforscher als Psychoanalytiker«, *Frankfurter Allgemeine Zeitung*, 8. Juli 2004.

Wolf Singer, »Selbsterfahrung und neurobiologische Fremdbeschreibung«, in: *Deutsche Zeitschrift für Philosophie*, 52. Jg., Heft 2, Akademie Verlag, Berlin 2004. Erstveröffentlichung als gekürzte Fassung unter dem Titel »Keiner kann anders, als er ist« in: *Frankfurter Allgemeine Zeitung*, 8. Januar 2004.

Gerhard Roth, »Worüber dürfen Hirnforscher reden – und in welcher Weise?«, in: *Deutsche Zeitschrift für Philosophie*, 52. Jg., Heft 2, Akademie Verlag, Berlin 2004.

Christian Geyer, »Hirn als Paralleluniversum«, in: *Frankfurter Allgemeine Zeitung*, 30. Juni 2004.

Herbert Helmrich, »Das verbiete ich mir«, in: *Frankfurter Allgemeine Zeitung*, 30. Dezember 2003.

Klaus Lüderssen, »Wir können nicht anders«, in: *Frankfurter Allgemeine Zeitung*, 4. November 2003.

Hans-Ludwig Kröber, »Das limbische System – ein moralischer Limbus«, in: *Frankfurter Allgemeine Zeitung*, 11. November 2003.

Johannes Fried, gekürzte Fassung des Beitrags »Geschichte und Gehirn«, in: *Abhandlungen der Akademie der Wissenschaften und der Literatur*, Nummer 7, Franz Steiner Verlag, Stuttgart 2003.

Christian Geyer, »Frieds Brainstorming«, in: *Frankfurter Allgemeine Zeitung*, 5. Juli 2004

Markus Völkel, »Gehirn und Geschichtswissenschaft«, in: *Frankfurter Allgemeine Zeitung*, 17. Juli 2004.

Friedrich Wilhelm Graf, »Denk mal höher!«, in: *Frankfurter Allgemeine Zeitung*, 23. Juli 2004.

Bettina Walde, »Ein Fingerschnipsen ist noch keine Partnerwahl«, in: *Gehirn & Geist. Das Magazin für Psychologie und Hirn-*

forschung, Heft 2, 2003, Verlag Spektrum der Wissenschaft, Heidelberg.

Reinhard Olivier, »Wonach sollen wir suchen?«, in: *Frankfurter Allgemeine Zeitung*, 13. Dezember 2003.

Thomas Buchheim, »Der Zorn des Gehirns«, in: *Frankfurter Allgemeine Zeitung*, 19. Januar 2004.

Eberhard Schockenhoff, »Wir Phantomwesen«, in: *Frankfurter Allgemeine Zeitung*, 17. November 2003.

Reinhard Brandt, »Der unsichtbare Vierte«, in: *Süddeutsche Zeitung*, 14. Januar 2004.

Otfried Höffe, »Der entlarvte Ruck«, in: *Frankfurter Allgemeine Zeitung*, 11. Februar 2004.

Hans-Peter Krüger, »Das Hirn im Kontext exzentrischer Positionierungen«, in: *Deutsche Zeitschrift für Philosophie*, 52. Jg., Heft 2, Akademie Verlag, Berlin 2004.

Lutz Wingert, Erstveröffentlichung als gekürzte Fassung unter dem Titel »Mein Ärger verraucht« in: *Frankfurter Allgemeine Zeitung*, 12. Januar 2004.

Helmut Mayer, »Ach, das Gehirn«, in: *Neue Rundschau*, 114. Jg., Heft 4, Frankfurt 2003.

Gerhard Roth, »Wir sind determiniert«, in: *Frankfurter Allgemeine Zeitung*, 1. Dezember 2003.

Holk Cruse, »Ich bin mein Gehirn«, in: *Frankfurter Allgemeine Zeitung*, 5. April 2004.

Christof Koch, »Wir sind keine Zombies«, in: *Frankfurter Allgemeine Zeitung*, 20. Februar 2004.

Gerd Kempermann, »Infektion des Geistes«, in: *Frankfurter Allgemeine Zeitung*, 2. März 2004.

Christian Schwägerl, »Neurodämmerung«, in: *Frankfurter Allgemeine Zeitung*, 23. Januar 2004.

Karl Clausberg und Cornelius Weiller, »Mach dir ein Bild vom Hirn«, in: *Frankfurter Allgemeine Zeitung*, 31. Januar 2004.

Michael Hagner, »Homo cerebralis?«, in: *Frankfurter Allgemeine Zeitung*, 22. März 2004.

Martin Stingelin, »Ort undenkbar«, in: *Frankfurter Allgemeine Zeitung*, 26. Februar 2004.

Gerhard Kaiser, »Wär's möglich?«, in: *Frankfurter Allgemeine Zeitung*, 17. April 2004.

Benjamin Libet, »Haben wir einen freien Willen?«, deutsche Erstveröffentlichung, zuerst erschienen unter dem Titel »Do we have a free will?« in: *Journal of Consciousness Studies* 6, No. 8-9, 1999, S. 47-57.

edition suhrkamp
»Kultur und Konflikt«

Unter dem Titel »Kultur und Konflikt« ist 1994 eine Publikationsreihe des Forschungsschwerpunktes in der *edition suhrkamp* eröffnet worden, die von Wilhelm Heitmeyer, Günter Albrecht, Otto Backes und Rainer Dollase herausgegeben wird.

Das Gewalt-Dilemma. Gesellschaftliche Reaktionen auf fremdenfeindliche Gewalt und Rechtsextremismus. Herausgegeben von Wilhelm Heitmeyer. es 1905. 464 Seiten

Die bedrängte Toleranz. Ethnisch-kulturelle Konflikte, religiöse Differenzen und die Gefahren politisierter Gewalt. Herausgegeben von Wilhelm Heitmeyer und Rainer Dollase in Zusammenarbeit mit Johannes Vossen. es 1979. 507 Seiten

Bundesrepublik Deutschland: Auf dem Weg von der Konsens- zur Konfliktgesellschaft. Herausgegeben von Wilhelm Heitmeyer. Zwei Bände in Kassette. es 2004 und es 2034. 1138 Seiten

Verlockender Fundamentalismus. Türkische Jugendliche in Deutschland. Von Wilhelm Heitmeyer, Jochen Müller und Helmut Schröder. es 1767. 277 Seiten

Die Krise der Städte. Analysen zu den Folgen desintegrativer Stadtentwicklung für das ethnisch-kulturelle Zusammenleben. Herausgegeben von Wilhelm Heitmeyer, Rainer Dollase und Otto Backes. es 2036. 470 Seiten

NF 316/1/11.00

Die Bindung der Unverbindlichkeit. Mediatisierte Kommunikation in modernen Gesellschaften. Von Uwe Sander. es 2042. 297 Seiten

Politisierte Religion. Ursachen und Erscheinungsformen des modernen Fundamentalismus. Herausgegeben von Heiner Bielefeldt und Wilhelm Heitmeyer. es 2073. 494 Seiten

Schattenseiten der Globalisierung. Rechtsradikalismus, Rechtspopulismus und separatistischer Regionalismus in westlichen Demokratien. Herausgegeben von Dieter Loch und Wilhelm Heitmeyer. es 2093. 544 Seiten

NF 316/2/11.00

- Die Körnung der Stimme. Übersetzt von A. Bucaille-Euler, B. Spielmann und G. Mahlberg. es 2278. 400 Seiten
- Kritik und Wahrheit. Übersetzt von Helmut Scheffel. es 218. 91 Seiten
- Mythen des Alltags. Übersetzt von Helmut Scheffel. es 92. 152 Seiten
- Das Reich der Zeichen. Übersetzt von Michael Bischoff. Mit zahlreichen Abbildungen. es 1077. 154 Seiten
- Das semiologische Abenteuer. Übersetzt von Dieter Hornig. es 1441. 298 Seiten
- Die Sprache der Mode. Übersetzt von Horst Brühmann. es 1318. 380 Seiten

Roland Barthes. Eine intellektuelle Biographie. Von Ottmar Ette. es 2077. 520 Seiten

Benjamins Begriffe. Herausgegeben von Michael Opitz und Erdmut Wizisla. Zwei Bände. es 2048. 880 Seiten

Karl Heinz Bohrer
- Die Kritik der Romantik. Der Verdacht der Philosophie gegen die literarische Moderne. es 1551. 311 Seiten
- Plötzlichkeit. Zum Augenblick des ästhetischen Scheins. es 1058. 262 Seiten
- Der romantische Brief. Die Entstehung ästhetischer Subjektivität. es 1582. 268 Seiten

Jacques Derrida
- Das andere Kap. Die vertagte Demokratie. Zwei Essays zu Europa. Übersetzt von Alexander García Düttmann. es 1769. 97 Seiten
- Vergessen wir nicht – die Psychoanalyse! Herausgegeben und übersetzt von Hans-Dieter Gondek. es 1980. 234 Seiten
- Die unbedingte Universität. Übersetzt von Stefan Lorenzer. es 2238. 77 Seiten

NF 314/2/3.02

Gilles Deleuze
- Die Logik des Sinns. Aesthetica. Herausgegeben von Karl Heinz Bohrer. Übersetzt von Bernhard Dieckmann. es 1707. 397 Seiten
- Unterhandlungen 1972-1990. Übersetzt von Gustav Roßler. es 1778. 262 Seiten

Manfred Frank
- Einführung in die frühromantische Ästhetik. Vorlesungen. es 1563. 466 Seiten.
- Die Grenzen der Verständigung. Ein Geistergespräch zwischen Lyotard und Habermas. es 1481. 103 Seiten
- Kaltes Herz. Unendliche Fahrt. Neue Mythologie. Motiv-Untersuchungen zur Pathogenese der Moderne. es 1456. 118 Seiten
- Der kommende Gott. Vorlesungen über die Neue Mythologie I. Teil. es 1142. 360 Seiten
- Gott im Exil. Vorlesungen über die Neue Mythologie. II. Teil. es 1506. 350 Seiten
- Die Unhintergehbarkeit von Individualität. Reflexionen über Subjekt, Person und Individuum aus Anlaß ihrer postmodernen Toterklärung. es 1377. 131 Seiten
- Was ist Neostrukturalismus? es 1203. 615 Seiten

Werner Hamacher. Entferntes Verstehen. Studien zur Philosophie und Literatur von Kant bis Celan. Aesthetica. es 2026. 320 Seiten

Dieter Henrich
- Eine Republik Deutschland. Reflexionen auf dem Weg aus der deutschen Teilung. es 1658. 102 Seiten
- Nach dem Ende der Teilung. Über Identitäten und Intellektualität in Deutschland. es 1813. 233 Seiten

NF 314/3/3.02

Otfried Höffe. Medizin ohne Ethik? Standpunkte.
es 2245. 240 Seiten

Jochen Hörisch
- Brot und Wein. es 1692. 295 Seiten
- Ende der Vorstellung. Die Poesie der Medien. es 2115. 292 Seiten
- Kopf oder Zahl. Die Poesie des Geldes. es 1998. 370 Seiten

Konstruktionen praktischer Vernunft. Philosophie im Gespräch. Herausgegeben von Herlinde Pauer-Studer.
es 2181. 304 Seiten

Die List. Herausgegeben von Harro von Senger.
es 2039. 500 Seiten

Paul de Man
- Allegorien des Lesens. Übersetzt von Werner Hamacher und Peter Krumme. Mit einer Einleitung von Werner Hamacher. es 1357. 233 Seiten
- Die Ideologie des Ästhetischen. Herausgegeben von Christoph Menke. Übersetzt von Jürgen Blasius. Aesthetica. es 1682. 300 Seiten

Dieter Mersch. Ereignis und Aura. Untersuchungen zu einer »performativen Ästhetik«. Aesthetica. es 2219. 250 Seiten

Martha C. Nussbaum. Gerechtigkeit oder Das gute Leben.
es 1739. 316 Seiten

Die Organisation der Philosophen. Herausgegeben von Wilhelm Berger und Peter Heintl. es 2069. 324 Seiten

Richard Rorty. Die Schönheit, die Erhabenheit und die Gemeinschaft der Philosophen. es 2149. 87 Seiten

NF 314/4/3.02

Peter Sloterdijk

- Der Denker auf der Bühne. Nietzsches Materialismus. es 1353. 190 Seiten
- Eurotaoismus. Zur Kritik der politischen Kinetik. es 1450. 346 Seiten
- Kopernikanische Mobilmachung und ptolemäische Abrüstung. Ästhetischer Versuch. es 1375. 126 Seiten
- Kritik der zynischen Vernunft. 2 Bände. es 1099. 954 Seiten
- Luftbeben. An den Quellen des Terrors. es 2286. 112 Seiten
- Regeln für den Menschenpark. Ein Antwortschreiben zu Heideggers Brief über den Humanismus. Sonderdruck edition suhrkamp. 60 Seiten
- Der starke Grund, zusammen zu sein. Erinnerungen an die Erfindung des Volkes. Sonderdruck edition suhrkamp. 56 Seiten
- Tau von den Bermudas. Versuch über das Verlangen nach Neuzeit. Rede zur Eröffnung der Salzburger Festspiele 2001. Sonderdruck edition suhrkamp. 60 Seiten
- Versprechen auf Deutsch. Rede über das eigene Land. es 1631. 82 Seiten
- Weltfremdheit. es 1781. 381 Seiten
- Zur Welt kommen – Zur Sprache kommen. Frankfurter Vorlesungen. es 1505. 175 Seiten

Peter Sloterdijks »Kritik der zynischen Vernunft«.
es 1297. 388 Seiten

Peter Strasser

- Journal der letzten Dinge. es 2051. 301 Seiten
- Philosophie der Wirklichkeitssuche. es 1518. 235 Seiten
- Die verspielte Aufklärung. es 1342. 164 Seiten
- Der Weg nach draußen. Skeptisches, metaphysisches und religiöses Denken. es 2177. 270 Seiten

NF 314/5/3.02